卓越工程师教育培养计划配套教材

电气工程系列

电子技术课程设计实用教程

张莉萍 李洪芹 吴健珍 邹睿 编著

清华大学出版社
北京

内 容 简 介

"电子技术课程设计"实践教学分为软件仿真和硬件设计两个方面。实践项目包括验证性试验、综合性系统实验和创新型试验,实验内容涵盖了电子电路的主要知识点。

本书共9章,主要内容包括:电子技术课程设计综述,模拟电子电路及系统设计,数字电子电路及系统设计,电子电路仿真软件 Multisim10.0,Protel 99 SE 设计基础,Proteus 设计基础,电子元器件的识别和使用,电子电路安装和调试基础知识,电子技术课程设计题目选编。

本书可作为自动化专业和电气工程及其自动化专业等电类专业的课程设计的教材或参考书,也可供其他工科专业师生和相关领域工程技术人员参考。

图书在版编目(CIP)数据

电子技术课程设计实用教程/张莉萍等编著.--北京:清华大学出版社,2014(2024.7重印)
卓越工程师教育培养计划配套教材·电气工程系列
ISBN 978-7-302-33985-4

Ⅰ.①电⋯　Ⅱ.①张⋯　Ⅲ.①电子技术-课程设计-高等学校-教材　Ⅳ.①TN

中国版本图书馆 CIP 数据核字(2013)第 227630 号

责任编辑:庄红权　洪　英
封面设计:常雪影
责任校对:刘玉霞
责任印制:沈　露

出版发行:清华大学出版社
　　网　　　址:https://www.tup.com.cn,https://www.wqxuetang.com
　　地　　　址:北京清华大学学研大厦 A 座　　　　　邮　　编:100084
　　社 总 机:010-83470000　　　　　　　　　　　　邮　　购:010-62786544
　　投稿与读者服务:010-62776969,c-service@tup.tsinghua.edu.cn
　　质量反馈:010-62772015,zhiliang@tup.tsinghua.edu.cn
印 装 者:三河市铭诚印务有限公司
经　　销:全国新华书店
开　　本:185mm×260mm　　　印　　张:18.25　　　字　　数:440 千字
版　　次:2014 年 4 月第 1 版　　　　　　　　　　印　　次:2024 年 7 月第 9 次印刷
定　　价:55.00 元

产品编号:049018-04

卓越工程师教育培养计划配套教材

总编委会名单

主　任：丁晓东　汪　泓

副主任：陈力华　鲁嘉华

委　员：（按姓氏笔画为序）

丁兴国　王岩松　王裕明　叶永青　刘晓民

匡江红　余　粟　吴训成　张子厚　张莉萍

李　毅　陆肖元　陈因达　徐宝纲　徐新成

徐滕岗　程武山　谢东来　魏　建

卓越工程师教育培养计划配套教材

——电气工程系列子编委会名单

主　任：王裕明　李　毅

副主任：陆肖元　史志才　张莉萍

委　员：（按姓氏笔画为序）

孔　勇　方易圆　王永琦　邓　琛　余朝刚

张　瑜　张　颖　陈宇晨　陈益平　卓郑安

罗　晓　高　飞　黄润才

PREFACE

序言

　　教育部于 2010 年开始实施的"卓越工程师教育培养计划"是要培养造就一大批创新能力强、适应经济社会发展需要的高质量工程技术人才,为国家走新型工业化发展道路、建设创新型国家和人才强国战略服务。为培养学生的工程意识、工程素质、工程实践能力、工程设计能力和工程创新能力,培养面向未来、高素质、具有国际竞争力的创新型卓越工程师,上海工程技术大学在办学过程中,始终以服务国家和地区经济建设为宗旨,坚持"学科链、专业链对接产业链"的办学模式。2010 年,上海工程技术大学车辆工程等专业被列为教育部"卓越工程师教育培养计划"首批试点专业。2011 年,电子信息工程(广电通信网络工程)等专业也被列为教育部"卓越工程师教育培养计划"试点专业。

　　针对目前工科大学生工程能力弱,理论水平与实践能力不匹配,相关教材的理论和实验与工程实际有一定距离,不能满足卓越工程师的培养目标要求等问题,上海工程技术大学电子电气工程学院组织有丰富教学经验和实践能力的骨干教师,联合业内专家,合作编写了"卓越工程师教育培养计划"电气工程系列教材。

　　本系列教材以社会需求为导向,以实际工程应用为背景,以工程技术为主线,着眼于提高学生的工程意识、工程素质和工程实践能力,按照理论与实践相结合的原则,参阅了大量的中、外文参考书籍和文献资料,吸收借鉴国内外同类教材的优点,参考电子信息产业的相关材料,综合各方面考虑,进行编写。全书坚持加强基础理论,并对基本概念、基础知识和基本技能进行详细阐述,同时强调企业和社会环境下的综合工程应用。

　　本系列教材注重基本概念、突出工程应用、内容编排新颖,具有基础性、系统性、应用性等特点,能够满足电子信息工程(广电通信网络工程)专业以及车辆工程等专业"卓越工程师教育培养计划"的电气工程类课程的教学目标和要求,体现了"面向工业界、面向世界、面向未来"的工程教育理念,凸显出上海工程技术大学"学科链、专业链对接产业链"和"面向生产一线,培养优秀工程技术人才"的办学特色。

朱仲英

上海交通大学电子信息与电气工程学院

2012 年 3 月 15 日

　　"电子技术课程设计"是建立在学生已学电路基础、模拟电子技术和数字电子技术课程的基础上，综合运用这些课程所学的理论知识，实际进行一次课题的设计、安装和调试。通过课程设计这种综合性技能训练，可以使学生进一步掌握电子技术理论知识，掌握电子仪器仪表的使用方法，培养独立分析和解决问题的能力。

　　本书主要内容有常用电子仪器基本知识、模拟电子技术课程设计、数字电子技术课程设计和电子电路仿真软件介绍等。

　　本书的主要特色如下。

　　(1) 因材施教，实用性强。本书具有较强的实用性，在内容选取上充分考虑到学生实际水平和教学需要。在本书中，既有方法的指导，又有详尽的设计、调试和参数测定过程，对学生具有较强的指导作用，同时对设计选题也给出了较宽的范围，增加选题的灵活性，以利于不同层次的学生进行选题和设计，同时还有利于教师根据各自不同的教学要求安排教学内容，实现因材施教。实践教学平台可分为基础实验技能训练平台、综合性实验设计平台、创新性实验实践平台三大部分。以此为原则组成一个层次分明、功能明确的实践教学体系。

　　(2) 软硬结合，注重能力培养。利用 Multisim(或者 Proteus)仿真软件，通过对模拟电子技术主要电路的仿真分析实例，让学生学会仿真软件的使用，可以加深对电路原理、信号传输、元器件参数对电路性能影响的了解。可以使学生较快地明确目标，节省时间，不受实验设备、场地的限制。在利用软件对电路进行辅助设计时，通过实验操作和硬件安装、调试，使学生进一步积累实践经验、提高实验能力、明晰工程应用的特点。

　　(3) 结构灵活，系统性强。全书中各章的编排既相互独立，又有互相联系，有利于电子技术实践教学的组织和学生工程实践能力的训练。本书还具有较强的系统性，其内容包括了课程设计的方法、电子器件和仪器仪表的使用方法、模拟电路课程设计、数字电路课程设计、综合性课程设计、EDA 软件的使用。实践内容由浅入深，使学生循序渐进地掌握课程设计的全过程。

　　本书第 1、2、4 章由上海工程技术大学张莉萍编写，第 3、5、6、9 章由上海工程技术大学李洪芹编写，第 7、8 章由上海工程技术大学李洪芹和袁之亦共同编写，内容仿真和验证由上海工程技术大学吴健珍、邹睿共同完成。全书由张莉萍和李洪芹组稿并修订。

本书由上海工程技术大学王裕明教授担任主审,他对本书的编写原则和方法提出了许多宝贵的意见,在此表示衷心的感谢!

　　由于编者能力和水平有限,书中难免存在错误、疏漏和欠妥之处,恳请读者予以指正,以便今后不断改进与完善。

编　者

2014 年 1 月

CONTENTS
目录

第1章

电子技术课程设计综述

1.1 课程设计的目的和要求

1.1.1 电子技术课程设计的目的

电子技术课程设计是建立在已学的模拟电子技术和数字电子技术课程的基础上,综合运用这两门课程所学的理论知识,进行一次实际的课题设计、安装和调试,其目的有以下几个方面。

(1)通过对电子技术的综合运用,使学到的理论知识相互融会贯通,在认识上产生一个飞跃。

课程设计和平时作业题是有区别的,作业题是为了加深对课堂所讲知识的理解,它内容较窄、训练单一,且是经过抽象加工后给出的理想化的条件,因而有唯一答案,而课程设计是实际的电路装置,它涉及的知识面广,需要综合运用所学的知识,它一般没有固定的答案,需要从实际出发,通过调查研究,查寻资料、方案比较及设计、计算等环节,才能得到一个较理想的设计方案,更重要的是,它不光是停留在理论设计和书面答案上,而要做出符合设计要求的实际电路。

所以说,课程设计是一门知识综合应用、创新能力培养、工程实践训练、理论性和实践性很强的课程。

(2)初步掌握一般电子电路设计的方法,使学生得到一些工程设计的初步训练,并为以后的毕业设计奠定良好基础。

(3)培养学生的自学能力,独立分析问题、解决问题的能力。对设计中遇到的问题,通过独立思考,查找工具书、参考文献,寻求正确答案;对实验中碰到的问题,通过观察、分析、判断、修正、再实验、再分析等基本方法去解决。

(4)通过课程设计这一教学环节,使学生树立严肃认真、严谨治学和实事求是的科学态度,树立工程观点、经济观点和全局观点。

1.1.2 课程设计的要求

(1)要独立完成设计任务,通过课程设计,锻炼自己综合运用所学知识的能力,并初步掌握电子技术设计的方法和步骤,而不是照抄照搬,寻找现成的设计方案。

(2) 熟悉电子线路设计软件 Multisim 和 Proteus(或者自行选择软件)的使用方法。

(3) 学会查阅资料和手册,学会选用各种电子元器件。

(4) 掌握常用的电子仪器仪表使用方法,如直流稳压电源、直流电压、电流表、信号源、示波器等。

(5) 学会掌握安装电子线路的基本技能和调试方法,善于在调试中发现问题和解决问题。

(6) 能够写出完整的课程设计总结报告。

1.1.3　课程设计工作内容

(1) 对电子电路的资料查询及相关领域的国内国外的发展情况的了解,可以通过图书馆、网络、书籍和期刊等途径。

(2) 学生分组(人数按课题的大小确定)选择课程设计项目,并确定项目实施方案。为培养学生从事科学研究的团队精神,每个课题小组,有合作但必须有分工,具体分工要在课程设计的报告中有所体现。

(3) 用计算机画出电路图并且进行计算机仿真实验,对具体电子电路进行详细的分析与研究,如果存在问题或者有需要提高的地方,要进一步改进。根据课题的需要,再把电路图对应的 PCB 电路板制作出来。这期间要安排时间去机房上机。

(4) 最后进实验室完成制作。制作工作和课程设计报告一般安排在期末考试结束后的两个星期内完成,总学时安排为 60 个学时。

1.1.4　课程设计报告撰写内容

(1) 封面:学院、专业、姓名、学号(班级和个人)、同组人员和完成时间都必须写出;

(2) 文献综述:电子电路相关领域的国内外的发展情况;

(3) 目录;

(4) 电子电路的原理叙述;

(5) 电子电路安装和调试的心得体会;

(6) 附录部分:线路图、印制电路板、元器件的材料清单等;

(7) 参考文献。

1.2　电子技术课程设计步骤与安排

1.2.1　电子技术课程设计的步骤

设计一个电子电路系统时,首先必须明确系统的设计任务,根据任务进行方案选择,然后对方案中的各部分进行单元的设计、参数计算和器件选择,最后将各部分连接在一起,画出一个符合设计要求的完整系统电路图。

1. 方案设计

1) 拟定系统方案框图

对系统的设计任务进行具体分析,充分了解系统的性能、指标内容及要求,以便明确系统应完成的任务。把系统的任务分配给若干个单元电路,并画出一个能表示各单元功能的整机原理框图。画出系统框图中每框的名称、信号的流向、各框图间的接口。

2) 方案的分析和比较

所拟的方案可以有多种,因此要对这些方案进行分析和比较。比较方案的标准有三:一是技术指标的比较,哪一种方案完成的技术指标最完善;二是电路简易的比较,哪一种方案在完成技术指标的条件下,最简单、容易实现;三是经济指标的比较,在完成上述指标的情况下,选择价格低廉的方案。经过比较后确定一个最佳方案。

2. 单元电路的设计和器件选择

单元电路是整机的一部分,只有把各单元电路设计好才能提高整体设计水平。每个单元电路设计前都需明确本单元电路的任务,详细拟订出单元电路的性能指标,与前后级之间的关系,分析电路的组成形式。具体设计时,可以模仿成熟的先进电路,也可以进行创新或改进,但都必须保证性能要求。而且,不仅单元电路本身要设计合理,各单元电路间也要相互配合,注意各部分的输入信号、输出信号和控制信号的关系。

为保证单元电路达到功能指标要求,就需要用电子技术知识对参数进行计算。例如,放大电路中各阻值、放大倍数的计算;振荡器中电阻、电容、振荡频率等参数的计算。只有很好地理解电路的工作原理,正确利用计算公式,计算的参数才能满足设计要求。

器件选择时需要注意以下几点。

阻容元件的选择:电阻和电容种类很多,正确选择电阻和电容是很重要的。不同的电路对电阻和电容性能要求也不同,有些电路对电容的漏电要求很严,还有些电路对电阻、电容的性能和容量要求很高。例如滤波电路中常用大容量铝电解电容,为滤掉高频通常还需并联小容量瓷片电容。设计时要根据电路的要求选择性能和参数合适的阻容元件,并要注意功耗、容量、频率和耐压范围是否满足要求。

分立元件的选择:分立元件包括二极管、晶体三极管、场效应管、光电二(三)极管、晶闸管等。根据其用途分别进行选择。选择的器件种类不同,注意事项也不同。例如选择晶体三极管时,首先注意是选择 NPN 型还是 PNP 型管,是高频管还是低频管,是大功率还是小功率,并注意管子的参数是否满足电路设计指标的要求。

集成电路的选择:由于集成电路可以实现很多单元电路甚至整机电路的功能,所以选用集成电路来设计单元电路和总体电路既方便又灵活,它不仅使系统体积缩小,而且性能可靠,便于调试及运用,在设计电路时颇受欢迎。集成电路有模拟集成电路和数字集成电路。国内外已生出大量集成电路,其器件的型号、原理、功能、特征可查阅有关手册。选择的集成电路不仅要在功能和特性上实现设计方案,而且要满足功耗、电压、速度、价格等多方面的要求。

3. 总体设计

(1) 把各个单元电路连接起来,注意各单元电路的接口、耦合等情况。画出完整的电气原理图。

(2) 列出所需用元件明细表。

以上步骤采用计算机设计和仿真,利用软件对所需设计的电路进行仿真和调试。

4．安装和调试

安装与调试过程应按照先局部后整机的原则，根据信号的流向逐块调试，使各功能块都要达到各自技术指标的要求，然后把它们连接起来进行统调和系统测试。调试包括调整与测试两部分，调整主要是调节电路中可变元器件或更换器件，使之达到性能的改善。测试是采用电子仪器测量相关点的数据与波形，以便准确判断设计电路的性能。装配前必须对元器件进行性能参数测试。根据设计任务的不同，有时需进行印制电路板设计制作，并在印制电路板上进行装配调试。

5．总结报告

课程设计总结报告，包括对课程设计中产生的各种图表和资料进行汇总，以及对设计过程的全面系统总结，把实践经验上升到理论的高度。总结报告中，通常应有以下内容：

(1) 设计任务和技术指标；
(2) 对各种设计方案的论证和电路工作原理的介绍；
(3) 各单元电路的设计和文件参数的计算；
(4) 电路原理图和接线图，并列出元件明细表；
(5) 实际电路的性能指标测试结果，画出必要的表格和曲线；
(6) 安装和调试过程中出现的各种问题、分析和解决办法；
(7) 说明本设计的特点和存在的问题，提出改进设计的意见；
(8) 本次课程设计的收获和体会。

1.2.2　课程设计安排

1．布置任务

由教师给学生布置设计任务，提出具体要求，讲解课程设计的方法、思路。

2．设计

学生根据设计要求，查找各种必要的资料，进行方案选择，并在计算机上用软件设计出各单元电路、整体电路、计算和选择元件参数，进行虚拟仿真、调试，最后打印出原理图和接线图，并将设计结果存盘，经过指导教师检验后，进行后续工作。

3．安装调试

制作 PCB 板（或者采用万能电路板），购买元器件，在实验室将所设计的电路安装、调试。

4．完成课程设计报告

第 2 章

模拟电子电路及系统设计

2.1 概述

2.1.1 典型模拟电子系统的组成

模拟电子系统又叫模拟电子装置,它是由一些基本功能的模拟电路单元组成的。通常人们所用到的扩音机、收录机、温度控制器、电子交流毫伏表、电子示波器等,都是一些典型的模拟电子装置。尽管它们各有不同的结构原理和应用功能,但就其结构部分而言,都是由一些基本功能的模拟电路单元有机组成的一个整体。

一般情况下,一个典型的模拟电子电路系统都是由图 2.1 所示的几个功能框图构成。

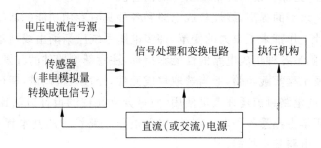

图 2.1 典型模拟电子系统组成框图

系统的输入部分一般有两种情况:一是非电模拟物理量(如温度、压力、位移、固体形变、流量等)通过传感器和检测电路变换成模拟电信号作为输入信号;二是直接由信号源(直流信号源或波形产生器作为交变电源)输入模拟电压或电流信号。

系统的中间部分大多是信号的放大、处理、传送和变换等模拟单元电路,使其输出满足驱动负载的要求。

系统的输出部分为执行机构(执行元件),通常称之为负载。它的主要功能是把输入符合要求的信号变换成其他形式的能量,以实现人们所期望的结果。比如扬声器发声、继电器、电动机动作、示波管显示等。

系统的供电部分主要是为各种电子单元电路提供直流电源,以及为信号处理电路提供交流电源(信号源)。

由于系统的输入部分和输出部分涉及其他的学科内容,这部分的理论知识只要求"会用"即可,不作重点研究。我们的重点则放在信号的放大、传送、变换、处理等中间部分的设计。另外为保证系统中间部分正常工作,供电电源的设计也是我们要讨论的内容。

综上所述,模拟电子系统的设计,所包含的主要内容如下:

(1) 模拟信号的检测、变换及放大电路;

(2) 波形的产生、变换及驱动电路系统;

(3) 模拟信号的运算及组合模拟运算系统;

(4) 直流稳压电源系统;

(5) 不同功率的可控整流和逆变系统等。

2.1.2 模拟电路设计的主要任务和基本方法

模拟电路知识告诉我们,任务复杂的电路,都是由简单的电路组合而成的,电信号的放大和变换也是由一些基本功能电路来完成的,所以要设计一个复杂的模拟电路可以分解成若干具有基本功能的电路,如放大器、振荡器、整流滤波稳压器,及各种波形变换器电路等,然后分别对这些单元电路进行设计,使一个复杂任务变成简单任务,利用我们学过的知识即可完成。

在各种基本功能电路中,放大器应用的最普遍,也是最基本的电路形式,所以掌握放大器的设计方法是模拟电路设计的基础。另外,由于单级放大器性能往往不能满足实际需要,因此在许多模拟系统中,采用多级放大电路。显然,多级放大电路是模拟电路中的关键部分,它又具有典型性,是课程设计经常要研究的内容。

随着生产、工艺水平的提高,线性集成电路和各种具有专用功能的新型元器件迅速发展起来,它给电路设计工作带来了很大的变革,许多电路系统已渐渐由线性集成块直接组装而成,因此,必须十分熟悉各种集成电路的性能和指标,注意新型器件的开发和利用,根据基本的公式和理论,以及工程实践经验,适当选取集成元件,经过联机调试,即可完成系统设计。

由于分立元件的电路目前还在大量使用,而且分立元件的设计方法比较容易为初学设计者所掌握,有助于学生熟悉各种电子器件,以及电子电路设计的基本程序和方法,学会布线、焊接、组装、调试电路基本技能。

为此,本章首先选择分立元件模拟电路的设计,帮助学生逐步掌握电路的设计方法,然后重点介绍集成运算放大器应用电路和集成稳压电源的设计。

2.2 放大电路的分析与设计

2.2.1 单级放大电路的设计

从已学过的模拟电子技术可知,单级放大电路的基本要求是:放大倍数要足够大,通频带要足够宽,波形失真要足够小,电路温度稳定性要好,所以设计电路时,主要以上述指标为依据。

例如,设计一个单管共射电压放大电路,要求如下:

（1）信号源频率 5kHz（峰值 10mV），输入电阻大于 2kΩ，输出电阻小于 3kΩ，电压增益大于 20，上限截止频率 f_H 大于 500kHz，下限截止频率 f_L 小于 30Hz，电路稳定好。

（2）调节电路静态工作点（调节偏置电阻），使电路输出信号幅度最大且不失真，在此状态下测试：

① 电路静态工作点值；

② 电路的输入电阻、输出电阻和电压增益；

③ 电路的频率响应曲线和 F_L、F_H 值。

（3）调节电路静态工作点（调节偏置电阻），观察电路出现饱和失真和截止失真的输出信号波形。

下面介绍单管共射电压放大电路的设计步骤。

1. 电路设计与参数计算

考虑到电压增益要求，并可获得稳定的静态工作点，所以采用共射级分压式偏置电路，如图 2.2 所示。基极偏置电路由滑动变阻器 R_p 和 R_{B1}、R_{B2} 组成分压电路，发射极接有电阻 R_E，由于在直流通路中，具有直流电流负反馈作用，所以能够稳定放大器的静态工作点。为了不影响电压放大倍数，在 R_E 两端加一个旁路电容 C_3。集电极接电阻 R_C 可以将变化的电流转化为变化的电压，经耦合电容 C_2，输出到负载端。当在放大器的输入端加入输入信号后，经过输入端的耦合电容 C_1，信号进入到放大电路的输入端，最终在放大器的输出端便可得到一个与输入信号相位相反、幅值被放大了的输出信号，从而实现了电压放大。输出信号是否满足设计要求，关键在于电路参数的计算。

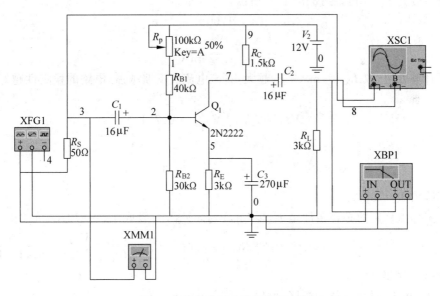

图 2.2 单管分压式偏置放大电路

分压式偏置电路之所以能够稳定静态工作点，是由于发射极电阻 R_E 的直流负反馈作用。由于基极电流 I_{BQ} 非常小，基极的电位完全由基极偏置电阻决定，当温度变化时，基极电位 U_{BQ} 基本保持不变。当温度变化时，其余电极的电位作相应变化，即反馈控制如下：

$$T(\text{℃}) \uparrow \rightarrow I_C \uparrow (I_E \uparrow) \rightarrow U_E \uparrow (\text{因为 } U_{BQ} \text{ 基本不变}) \rightarrow U_{BE} \downarrow \rightarrow I_B \downarrow$$
$$I_C \downarrow \longleftarrow$$

图 2.2 中 XFG1 为信号发生器，XMM1 用来测量输入电压；XBP1 用来测量电路波特图；XSC1 为示波器，用来观察其输出波形情况；图中滑动变阻器用来调试电路最佳静态工作点。本电路采用三极管为理想 NPN 管，其输入电阻 $R_{bb'} \approx 300\Omega$，将其 β 参数设为 $\beta \approx 100$。该放大电路的直流通路如图 2.3 所示，图中其他参数的确定如下：

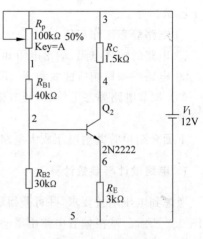

图 2.3　直流通路

$$R_E = \frac{V_{BQ} - V_{BE}}{I_{CQ}} \approx \frac{V_{EQ}}{I_{CQ}}$$

$$R_{B2} = \frac{V_{BQ}}{I_{R_{B2}}} = \frac{V_{BQ}}{(5 \sim 10) I_{CQ}} \beta$$

$$R_{B1} \approx \frac{V_{CC} - V_{BQ}}{V_{BQ}} R_{B2}$$

$$R_C = R_O$$

要求 $R_i > 2\text{k}\Omega$，而 $R_i \approx r_{be} \approx 300\Omega + (1+\beta)\dfrac{26\text{mV}}{I_{CQ}\text{mA}} > 2\text{k}\Omega$，所以

$$(1 + \beta)\frac{26}{I_{CQ}} > 1700$$

由于 β 值一般大于 A_V 值，故选 $\beta = 100$，所以

$$\frac{26}{I_{CQ}} > \frac{1700}{101}$$

$$I_{CQ} < 1.529\text{mA}$$

为了计算方便，取 $I_{CQ} = 1\text{mA}$。R_E 越大，直流电流负反馈越强，电路的稳定性越好，所以若取

$$V_{BQ} = 5\text{V}, \quad V_{BEQ} = 0.7$$

即有

$$R_E \approx \frac{V_{BQ} - V_{BE}}{I_{CQ}} = \frac{3 - 0.7}{0.7} = 3.286(\text{k}\Omega)$$

所以取标称值 $R_E = 3\text{k}\Omega$。

静态工作点稳定的必要条件是 $I_{B2} \gg I_{BQ}$，$V_{BQ} \gg V_{BE}$，一般取 $I_{B2} = k I_{BQ}$，$k = (2 \sim 10)$（硅管）。因为 $I_{BQ} = \dfrac{I_{CQ}}{\beta}$，$I_{R_{B2}} = k I_{BQ}$，令 $R'_{B1} = R_{B1} + R_p$，所以 $R_{B2} = \dfrac{V_{BQ}}{I_{R_{B2}}} = \dfrac{V_{BQ}}{5 I_{CQ}} \beta = \dfrac{5}{5 \times 1 \times 10^{-3}} \times 100 = 100\text{k}\Omega$（这里 $k = 5$）。

由于 I_{BQ} 很小，可近似认为断路，所以

$$R'_{B1} = \frac{V_{CC} - V_{BQ}}{V_{BQ}} R_{B2} = \frac{12 - 5}{5} \times 100 = 140(\text{k}\Omega)$$

令此时 $R_{B1} = 90\Omega$，$R_p = 50\Omega$，因为 $I_{CQ} = 1\text{mA}$，所以

$$r_{be} = 300 + (1 + \beta)\frac{26}{I_{CQ}} = 300 + 101\frac{26}{1} = 2926(\Omega)$$

要求 $A_V > 20, R'_L = R_C // R_L$，则

$$A_V = \frac{\beta R'_L}{r_{be}} > 20 \Rightarrow \frac{49 R'_L}{2926} > 20 \Rightarrow R'_L > 585.2\Omega \approx 0.585 \text{k}\Omega, R_L = 2\text{k}\Omega$$

$$\Rightarrow R_C > \frac{R'_L R_L}{R_L - R'_L} = \frac{0.585 \times 2}{2 - 0.585} = 0.827(\text{k}\Omega)$$

又由于 $R_O = R_C$，要求 $R_O < 3\text{k}\Omega$，所以取标称值 $R_C = 1.5\text{k}\Omega$。

上限频率 f_H 主要受晶体管结电容及电路分布电容的影响，下限频率 f_L 主要受耦合电容 C_1、C_2 及射极旁路电容 C_3 的影响。如果放大器下限频率 f_L 已知，可按下列表达式估算电路电容 C_1、C_2 和 C_3：

$$C_1 \geqslant (3 \sim 10) \frac{1}{2\pi f_L (R_S + r_{be})}$$

$$C_2 \geqslant (3 \sim 10) \frac{1}{2\pi f_L (R_C + R_L)}$$

$$C_3 \geqslant (1 \sim 3) \frac{1}{2\pi f_L \left(R_E // \dfrac{R_S + r_{be}}{1 + \beta} \right)}$$

通常取 $C_1 = C_2$，R_S 为信号源内阻，一般为 50Ω。

$$C_1 \geqslant (3 \sim 10) \frac{1}{2\pi f_L (R_S + r_{be})} = (3 \sim 10) \frac{1}{2\pi \times 30(50 + 2926)} = 5.35 \sim 17.836 \mu\text{F}$$

$$C_3 \geqslant (1 \sim 3) \frac{1}{2\pi f_L \left(R_E // \dfrac{R_S + r_{be}}{1 + \beta} \right)} = (1 \sim 3) \frac{1}{2\pi \times 30 \left(4300 // \dfrac{50 + 2926}{101} \right)} = 89.08 \sim 267.24 \mu\text{F}$$

取 $C_1 = 18\mu\text{F}$，$C_2 = 270\mu\text{F}$。

2. 电路仿真及其特性分析

1）设置函数信号发生器

双击函数信号发生器图标，出现如图 2.4 所示的面板图，改动面板上的相关设置，可改变输出电压信号的波形类型、大小、占空比或偏置电压等。

波形：选择输出信号的波形类型，有正弦波、三角波和方波等 3 种周期信号供选择。本题选择正弦波。

频率：设置所要产生信号的频率，按照设计要求选择 5kHz。

占空比：设置所要产生信号的占空比。设定范围为 $1\% \sim 99\%$。

振幅：设置所要产生信号的最大值（电压），本题选择 10mV。

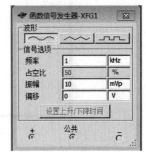

图 2.4 函数信号发生器设置

2）设置电位器，即滑动变阻器

双击电位器 R_p，出现如图 2.5 所示的参数设置框。

关键点：调整电位器大小所按键盘。增量：设置电位器按百分比增加或减少。

调节图 2.5 中的电位器 R_p 来确定静态工作点。电位器 R_p 旁标注的文字"Key＝A"表明按动键盘上 A 键，电位器的阻值按 5% 的速度增加；若要减少，按动 Shift＋A 键，阻值将

以 5％的速度减少。电位器变动的数值大小直接以百分比的形式显示在一旁。

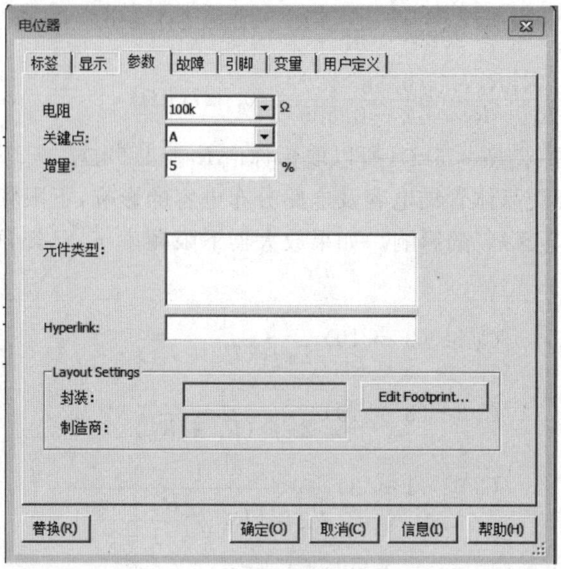

图 2.5　电位器参数设置

3）直流静态工作点分析

调节图 2.3 所示电路中的滑动变阻器，改变滑动变阻器接入电路中的有效值，边调节边观察电路中电压表的读数，当接入值为总值大小的 34％时，电压表读数最大，即这时电路的放大倍数最大，经过示波器观察也可发现此时电路并未出现失真。这时电路的静态工作点可由软件分析得出，结果如图 2.6 所示。

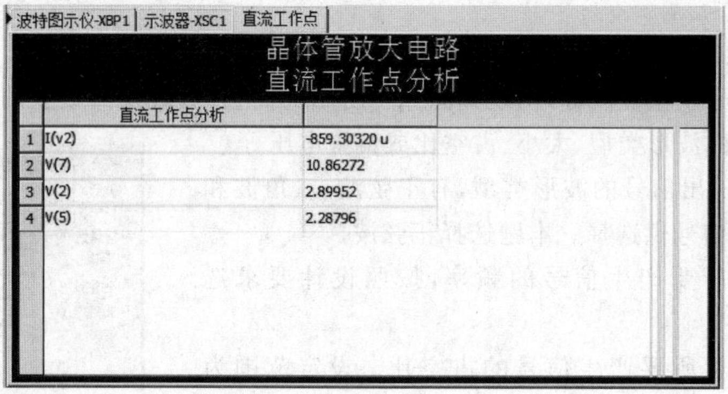

图 2.6　直流静态工作点分析

通过软件分析记录晶体三极管各电极电位、电压及 R_p 阻值如表 2.1 所示。

表 2.1　直流工作点分析

仿真数据/V			计 算 数 据		
基级	集电极	发射级	V_{BE}/V	V_{CE}/V	R_p/Ω
2.899 52	10.862 72	2.287 96	0.611 56	8.574 76	50

4）输入波形和输出波形

输入输出波形如图 2.7 所示，输入波形为 10mV 时，输出波形被放大。

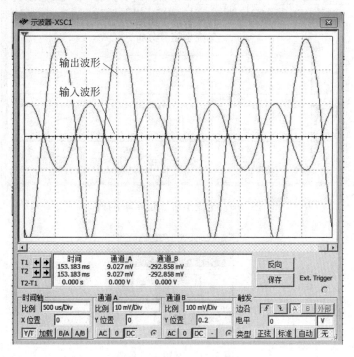

图 2.7　输入输出波形

5）频率特性曲线

在设置频率参数时，出现如图 2.8 所示的对话框，设置完成后，单击仿真，出现频率特性曲线图，如图 2.9 所示。

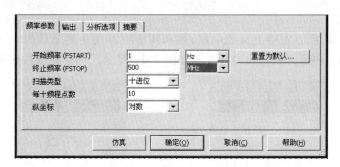

图 2.8　交流分析设置参数

由软件可以分析得出电路的最大增益为 $A_{\mathrm{Vmax}}=45.3\mathrm{dB}$，拖动游标使增益比最大增益小 3dB，则对应的频率分别为 f_{L} 和 f_{H}。

经过计算可知，$f_{\mathrm{L}}=1.87\mathrm{kHz}$，$f_{\mathrm{H}}=14.06\mathrm{MHz}$。

6）输入电阻/输出电阻

测量输入电阻 R_{i}：利用虚拟万用表测量，启动仿真，记录数据，结果如图 2.10 所示，并填入 R_{i} 测量表 2.2。

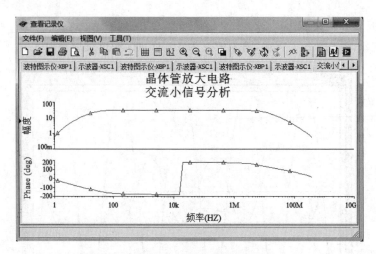

图 2.9　交流小信号分析频率特性

图 2.10　万用表显示值

表 2.2　输入电阻 R_i 测量结果表

仿 真 数 据		计　　算
信号源的有效电压值	万用表的有效数据	$R_i = V_s \times R_s / (V_i - V_s)$
7.07mV	7.002mV	4952Ω

测量输出电阻 R_o：先接上负载电阻，再利用虚拟万用表测量输出电压 V_{oL}，如图 2.11 所示，再断开负载，测量开路输出电压 V_o，如图 2.12 所示。所有测量数据见表 2.3。

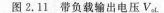

图 2.11　带负载输出电压 V_{oL}

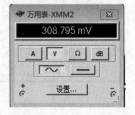

图 2.12　无负载输出电压 V_o

表 2.3　输出电阻 R_o 测量结果表

仿 真 数 据		计　　算
V_{oL}	V_o	$R_o = (V_o - V_{oL}) \times R_L / V_{oL}$
210.8mV	308.8mV	1.423kΩ

7）饱和失真和截止失真时输出电压波形

（1）饱和失真

调节图 2.3 所示的电路中的滑动变阻器，改变滑动变阻器接入电路中的有效值，当接入值为总值大小的 51％时，电路出现饱和失真，输出波形如图 2.13 所示。

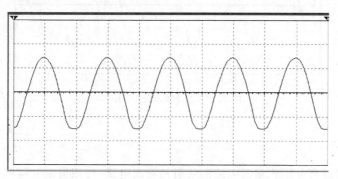

图 2.13　单级放大电路饱和输出电压波形

这时电路出现饱和失真，从微观上看，这是由于 V_{CE} 过小导致集电极收集电子能力不是很强，使部分由发射极发射的电子未能到达集电极，从而使三极管进入到饱和区，从而出现饱和失真。从宏观上说，这是由于 V_{CE} 过小使得静态工作点在三极管输出特性曲线上过于偏左，使得三极管在放大的时候，部分进入到饱和区工作从而出现饱和失真。表现的特征是出现削底现象。

（2）截止失真

调节图 2.3 所示的电路中的滑动变阻器，改变滑动变阻器接入电路中的有效值，当接入值为总值大小的 4％时，电路出现截止失真，这时输出的波形如图 2.14 所示。

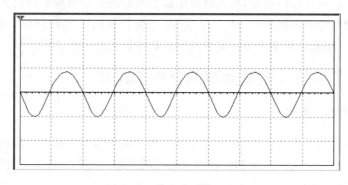

图 2.14　输出波形截止失真

这时电路出现截止失真，从输出看电路的输出值已经小于放大电路的输入信号值的大小，也就是说这时电路已经失去了放大作用，这主要是因为这时电路的 V_{CE} 的值过高使得电路的静态工作点过于偏右，使得三极管在工作的时候进入到截止区，从而出现截止失真，具体的表现是电路出现削顶现象。在图 2.14 中由于输入信号有效值过小难以观察，若加大输入信号则可明显观察出削顶现象。图 2.15 所示就是当输入信号有效值变为 20mV 时的情况，这时可明显看出削顶现象。

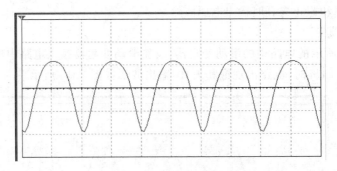

图 2.15　明显的截止失真波形

3. 设计总结

本设计采用带有分压式偏置电路的共射极放大电路,使用滑动变阻器,目的是便于调节电路使之出现饱和失真和截止失真。

当调大滑动变阻器接入电路的电阻值时,会使 V_{CE} 明显降低使 Q 点接近截止区,基极电流将产生底部失真。因而集电极电流和集电极电阻上电压的波形必然随着基极电流产生同样的失真,而集电极电阻上电压的变化相位相反,从而导致输出波形产生顶部失真,即截止失真。要消除截止失真可以适当调低滑动变阻器接入值,使 V_{CE} 增大,即可消除截止失真。当调小滑动变阻器接入电路的值时,可以看出会使 V_{CE} 明显增大,使 Q 点接近饱和区,集电极电流产生顶部失真,集电极电阻上的电压波形随之产生同样的失真。由于输出电压与集电极电阻上电压的变化相位相反,从而导致输出波形产生底部失真,即饱和失真。要消除饱和失真,调大活动变阻器接入值即可。

对电路的频响特性分析可知,放大电路的耦合电容是引起低频响应的主要原因,下限截止频率主要由低频时间常数中较小的一个决定,三极管的结电容和分布电容是引起高频响应的主要原因,上限截止频率主要由高频时间常数中较大的一个决定。

2.2.2　多级负反馈放大器的分析和设计

1. 多级放大器的组成

多级放大电路的基本构成如图 2.16 所示。其中输入和中间放大级称前置级,主要用来放大微小的电压信号;而推动级和输出级又称为功率级,主要用来放大大信号以获得负载要求的最大功率信号输出。

图 2.16　多级放大电路框图

由于放大电路中引入负反馈,可以改善放大器诸多方面的性能,故在多级放大器中几乎毫无例外地都引入了负反馈。

直流负反馈通常只起稳定静态工作点的作用,而交流负反馈则可以改善放大电路的放大性能,当然这是以牺牲一定的放大倍数作为代价的。交流负反馈放大电路按照反馈信号的取样方式分为电压负反馈和电流负反馈。电压负反馈可以稳定输出电压,电流负反馈可以稳定输出电流;按照反馈信号在输入端的比较求和方式可分为串联负反馈和并联负反馈。串联负反馈可以提高放大电路的输入电阻,进而可以减小放大电路对信号源的索取电流。而并联负反馈则可以降低放大电路的输入电阻,从而增大信号电流源流入放大器的信号电流。因而交流负反馈可分为电压串联负反馈、电压并联负反馈、电流串联负反馈和电流并联负反馈四种基本组态,交流负反馈对放大电路性能的改善主要表现在:稳定放大倍数、改变输入电阻和输出电阻;扩展频带,改善放大电路的频率特性、减小非线性失真等。

注意:负反馈引入后使放大器的放大倍数下降,因此在设计多级放大器时总是事先将其开环放大倍数设计得足够大,然后有选择地引入本级或级间负反馈后,使其放大倍数降低至系统指标要求的水平上,在具体设计时应合理配置。

2. 多级放大器的技术指标要求

设计一个多级放大器,一般有如下技术指标要求。

(1) 放大器的总电压放大倍数 A_U(有时给出灵敏度、输出信号最大幅值 U_{om}、I_{om} 或输出信号功率 P_o 和 P_{omax} 等)。

(2) 放大器的频率响应(或称为通频带)$\Delta f = f_H - f_L$。

(3) 输入、输出电阻 $R_i = R_{i1}$,$R_o = R_{on}$。

(4) 失真度 $\gamma = \dfrac{U_\Sigma}{U_1}$,式中,$U_\Sigma = \sqrt{U_2^2 + U_3^2 + \cdots}$,为信号电压各次谐波分量的均方根值;$U_1$ 为信号电压基波分量。

(5) 噪声系数 $N_F = \dfrac{dU_N}{U_i} \times 100\%$,式中,$U_N$ 为噪声电压。

(6) 稳定性 $\dfrac{dA_U}{A_U} \times 100\%$。

3. 多级放大器方案设计的主要任务

根据给出的技术指标要求,按步骤进行下述的设计工作:

1) 确定放大器的级数和各级的增益分配

比如给定的总放大倍数(增益)为 A_U,需 n 级放大,则要有 n 个三极管串接起来实现,设每级增益为 A_{Ui}。根据多级放大的总增益一般式为

$$A_U = A_{U1} \cdot A_{U2} \cdot \cdots \cdot A_{Un} = \prod_{i=1}^{n} A_{Ui}$$

(1) 如果每个放大级的增益是平均分配,则放大级的级数为

$$n = \frac{\lg A_U}{\lg A_{Ui}} \quad \text{或} \quad n = \frac{A_U(\text{dB})}{A_{Ui}(\text{dB})}$$

(2) 实际放大系统中的增益并不是平均分配的,一般是输入级增益要求小些,中间级增益要求尽可能大,最后一级放大电路电压增益小,但要求功率增益尽量大。

考虑到本级负反馈引入,应将其增益比规定分配的增益再增大 $\dfrac{1}{3}$ 左右;对于低频放大

器引入负反馈的主要目的是减小非线性失真,通常取反馈深度$|1+A_F|=10$就可以了;对检测仪表用的高增益、宽频带放大器来说,引入负反馈的目的主要是提高增益稳定性和展宽通频带,反馈深度$|1+A_F|$可取几十至几百$\left(\text{即较深的深度反馈有} A_{UF}\approx\dfrac{1}{F}\right)$,且各单级采用电流串联和电压并联交替反馈方式,以避免级间反馈而引入的"自激"。

根据经验,多级放大器级数还可以这样确定:将规定的总增益变换成闭环增益后,

(1) 若增益$|A_U|$为几十倍时,采用一级或至多两级;

(2) 若增益$|A_U|$为几百倍时,采用二级或三级;

(3) 若增益$|A_U|$为几千或上万倍时,采用三级或四级。

这里特别指出的是,多级放大器在进行级联时,往往在两级之间串插一级电压跟随器,尽管它本身电压增益$|A_U|\approx1$,但它具有缓冲和阻抗匹配作用,对多级放大器的稳定工作和提高总增益是有利的。

2) 电路形式的确定

电路形式包括各级电路的基本形式、偏置电路形式、耦合方式、反馈方式及各级是采用分立元件电路还是集成运放电路等。

(1) 电路的基本形式

分立元件电路有三种基本形式——共射极(共源极)电路、共集极(共漏极)电路、共基极(共栅极)电路。

至于选择哪一种基本形式电路,按各级所处的位置、任务和要求来确定。

① 输入级——主要根据被放大的信号源(X_S)来确定。比如信号源为电压源U_S,则应选择高输入阻抗的放大级;信号源为电流源i_S,则应选择低输入阻抗放大级。

又由于输入级工作的信号电平很低,噪声影响很大,因此应尽可能采用低噪声系数的半导体器件(如N_F小的场效应管或集成运放)和热噪声小的金属膜电阻 RJJ 元件,并尽可能减小该级的静态工作电源。

② 中间级——主要得到尽可能高的放大倍数。大多采用共射(共源)电路形式,或采用具有恒流负载的共射(共源)电路形式。

③ 输出级——主要是向负载提供足够大的功率。电路的选择主要视负载阻抗而定,负载阻抗高可采用共射(共源)或共基电路;负载阻抗低则采用电压跟随器(共集、共漏或集成运放的电压跟随器)或互补对称 OCL、OTL 电路及变压器耦合输出的最佳阻抗匹配型功率放大电路。

(2) 偏置电路形式的选择

① 半导体三极管放大电路的偏置方式常用的有固定偏置电路、静态工作点稳定的分压式偏置电路及集基并联电阻偏置方式 3 种。

② 场效应晶体管放大电路的偏置方式,常用的有独立偏压方式、自给偏压方式和分压式偏置方式 3 种。

(3) 级间耦合方式的选择

耦合电路的选择原则是让频率信号尽量能不损失不失真的顺利传递,并且使前、后级静态尽可能独立设置。一般常用的有阻容耦合、直接耦合和变压器耦合等方式。

4. 放大三极管的选择及电路元件参数的计算

1) 放大三极管的选择

(1) 半导体三极管是属双极型的电流控制器件,它适用性强、频率范围广、输出功率适应范围大,故在分立元件放大电路中最为常用。

选择半导体三极管作放大元件用时,应依据下述原则:

$U_{(RB)CEO} \geqslant$ 管子工作时承受的最大反向电压;

$I_{CM} \geqslant$ 管子工作时流过的最大允许电流;

$P_{CM} \geqslant$ 管子工作时的最大管耗;

管子特征频率 $f_T \geqslant (5 \sim 10) f_H$,式中,$f_H$ 为组成放大电路的上限频率。

$\beta = 40 \sim 150$ 为宜,若选用 β 值仍不满足 A_U 要求,则可用提高静态集电极电流 I_C 来适应 A_U 要求。因为

$$|A_U| = \beta \frac{R'_L}{r_{be}}, \quad r_{be} = 300 + (1+\beta)\frac{26\text{mV}}{I_E} \approx \beta\frac{26\text{mV}}{I_C}$$

所以

$$|A_U| \approx \frac{\beta R'_L}{\beta \frac{26}{I_C}} = \frac{I_C R'_L}{26}$$

可见 $|A_U| \propto I_C$。

(2) 场效应晶体管是单极型的电压控制器件,它的输入阻抗高、噪声系数小、受温度和电磁场干扰小、功耗小,但频率范围低、输出功率不大。

选择场效应管作放大元件用时,应按其特性参数:I_{DSS}、$U_{GS(off)}$、$U_{GS(th)}$、g_m、$U_{(RB)DSO}$、P_{DM} 及 f_M(最高振荡频率)来选择管子型号,以满足电路需要。

2) 直流供电电源电压等级的确定

在多级放大器中直流供电电源电压标准系列有多个等级,如 1.5V、3V、6V、9V、12V、15V、18V、24V 等种类。

对于分立元件放大电路,供电电压的选择是依据该放大电路输出信号电压的幅值 U_{om} 和管子的耐压 $U_{(RB)CEO}$、$U_{(RB)DSO}$ 来确定,即

$$U_{(RB)CEO} > E_C \geqslant (1.2 \sim 1.5) \times 2(U_{om} + U_{CEmin}) + V_E$$

式中,最小集-射极压降 $U_{CEmin} \geqslant U_{CES}$。

但是一个由几级放大单元构成的多级放大器,既可以用同一大小的电压供电,也可以由输出至输入级逐级减小供电电压,以减小静态功耗,一般采用降压去耦电路来实现,见图 2.17 所示的电路。

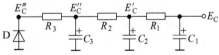

图 2.17 电源去耦电路

3) 各级静态工作点的选择和确定

静态工作点设置的如何,直接影响放大器的性能,一般是依据各放大级所处的位置和放大性能不同要求来合理选定。又因为一个多级放大器各个单级的供电电源不是一个电压等级,所以不同级的静态工作点要设置在不同基准上。

(1) 前置级:为保证最小失真和足够大的增益,静态工作点一般设置在特性曲线线性部分的下半部,为了减小噪声和静态功耗,静态电流不宜过大。

18

（2）输入级：若供电电压 $E_C = 3 \sim 6V$，则静态电流值范围为

$$I_C = \begin{cases} 0.1 \sim 1mA & \text{（锗三极管）} \\ 0.2 \sim 2mA & \text{（硅三极管）} \end{cases}$$

$$U_{CE} = 1 - 3V, \quad \text{即} \quad U_{CE} \approx \left(\frac{1}{3} - \frac{1}{2} \right) E_C$$

（3）中间级：若供电电压 $E_C = 6V$，则静态值范围为

$$I_C = 1 \sim 3mA \text{（锗三极管稍小些）}$$
$$U_{CE} = 2 \sim 3V$$

（4）输出级

为获得最大的动态范围和最小的静态功耗，静态工作点选择按下述原则进行。

甲类放大电路——静态工作点设置在交流负载线的中点附近，供电电源为单电源；推挽或互补对称电路工作时，供电电源选用 $\pm 6V$、$\pm 12V$、$\pm 15V$ 或 $\pm 24V$，在消除交越失真的前提下，尽量选取小的静态电流。其中大功率管静态电流取 $I_C = 20 \sim 30mA$。

4）计算电路元件（R、C）的参数

要选取规格式型号和系列标称值，并尽量选用同型号、同规格化的元件，以减少元件种类。这里可以根据单级放大电路的分析来计算。

下面通过实例详细说明多级负反馈放大电路的分析和设计。

例如，设计一个阻容耦合的电压串联负反馈二级放大电路，要求信号源频率 10kHz，峰值 1mV，负载电阻 1kΩ，电压增益大于 100。要求进行下列特性的分析：

（1）测试负反馈接入前后电路放大倍数、输入电阻、输出电阻和频率特性。

（2）改变输入信号的幅度，观察负反馈对电路非线性失真的影响。

详细设计和分析方法如下。

设计所用电路图如图 2.18 所示，第一级和第二级采用阻容耦合方式，当开关合上后，级间引入电压串联负反馈。通过反馈通路中的开关闭合，可以分析负反馈对放大电路性能的影响。

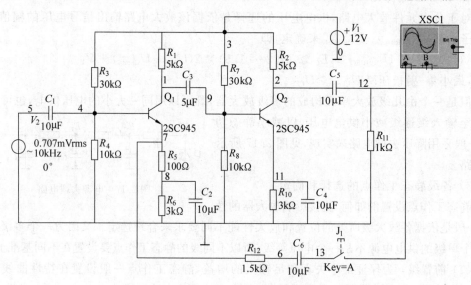

图 2.18　多级放大电路原理图

（1）负反馈接入前电路的放大倍数、输入电阻、输出电阻。

求电路的放大倍数所用的电路和图 2.2 一样，示波器输出的波形如图 2.19 所示。

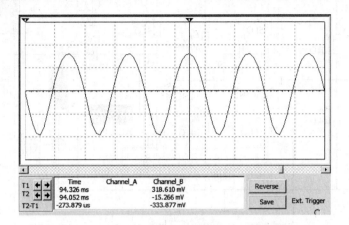

图 2.19　多级放大电路（无负反馈）输出波形

经过计算可知放大倍数 $A_V = \dfrac{V_o}{V_i} = \dfrac{318.61\text{mV}}{\sqrt{2} \times 0.707\text{mV}} = 319$，符合未接入负反馈时电压增益大于 100 的要求。

求输入电阻所用的电路如图 2.20 所示，用虚拟万用表分别测出输入端口的电压和电流。

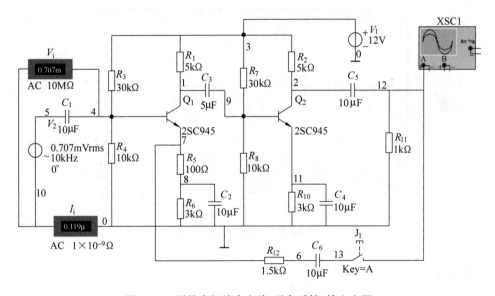

图 2.20　测量多级放大电路（无负反馈）输入电阻

经过计算可知 $R_i = \dfrac{V_i}{I_i} = \dfrac{0.707\text{mV}}{0.119\mu\text{A}} = 5.94\text{k}\Omega$，求输出电阻所用的电路如图 2.21 所示。用虚拟万用表分别测出输出端口的电压和电流。

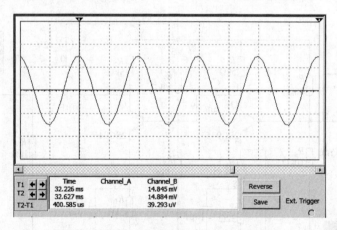

图 2.21　测量多级放大电路(无负反馈)输出电阻

经过计算可知 $R_\circ = \dfrac{V_\circ}{I_\circ} = \dfrac{0.707\text{V}}{0.180\text{mA}} = 3.93\text{k}\Omega$。

(2) 负反馈接入后电路的放大倍数、输入电阻、输出电阻。

求电路的放大倍数所用的电路和图 2.2 一样,虚拟示波器输出波形如图 2.22 所示。

图 2.22　多级放大电路(有负反馈)输出波形

计算可知 $A_\text{F} = \dfrac{V_\circ}{V_\text{i}} = \dfrac{14.845\text{mV}}{\sqrt{2} \times 0.707\text{mV}} = 14.8$。

求输入电阻所用的电路图如图 2.23 所示。

经过计算可知 $R_\text{if} = \dfrac{V_\text{i}}{I_\text{i}} = \dfrac{0.707\text{mV}}{0.096\mu\text{A}} = 7.36\text{k}\Omega$。

求输出电阻所用的电路图如图 2.24 所示。

经过计算可知,$R_\text{of} = \dfrac{V_\circ}{I_\circ} = \dfrac{0.706\text{V}}{3.008\text{mA}} = 235\Omega$

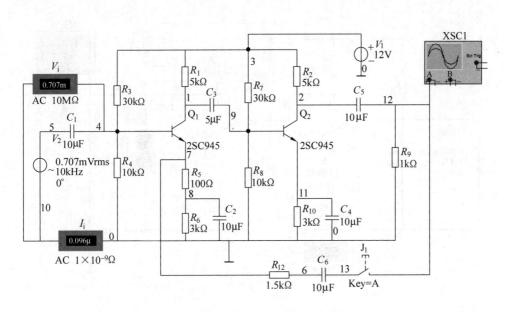

图 2.23　测量多级放大电路(有负反馈)输入电阻

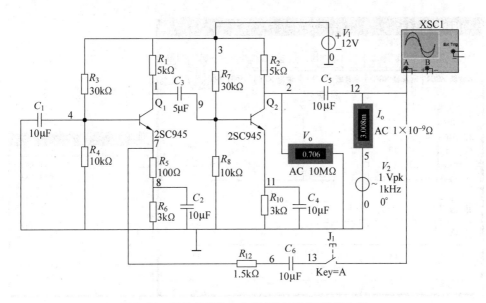

图 2.24　测量多级放大电路(有负反馈)输出电阻

求反馈系数 F 所用的电路图如图 2.25 所示。

经过计算可知，$F=\dfrac{V_f}{V_o}=\dfrac{V(7)}{V(12)}=\dfrac{0.694\text{mV}}{0.011\text{V}}=0.063$。对比可发现 $\dfrac{1}{F}=15.8\approx A_{VF}$。

(3) 负反馈接入前电路的频率特性和 F_L、F_H，以及输出开始失真时输入信号幅度。

将电路中的开关打开，则此时电路为未引入电压串联负反馈的情况，对电路进行频率仿真，得到如图 2.26 所示的电路频率特性图。

根据上限频率和下限频率的定义——当放大倍数下降到中频的 0.707 倍对应的频率

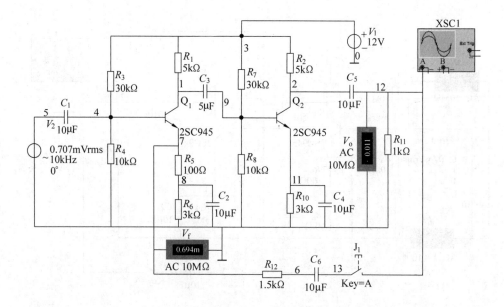

图 2.25　测量多级放大电路反馈系数

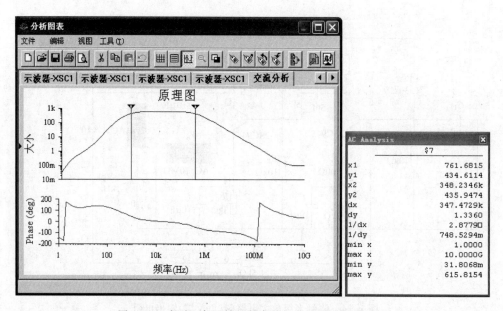

图 2.26　未引入负反馈的频率特性曲线和通频带读数

时,即将读数指针移到幅度为中频的 0.707 倍处,如图 2.26,读出指针的示数,即下限频率 $f_L = 761.6815\text{Hz}$,上限频率 $f_H = 348.2346\text{kHz}$,因此通频带为 $761.6815 \sim 348.2346 \times 10^3\,\text{Hz}$。

调节信号源的幅度,当信号源幅度为 1mV 时,输出波形不失真,如图 2.27 所示。

继续调节信号源的幅度,当信号源幅度为 2mV 时,输出波形出现了较为明显的失真,如图 2.28 所示。

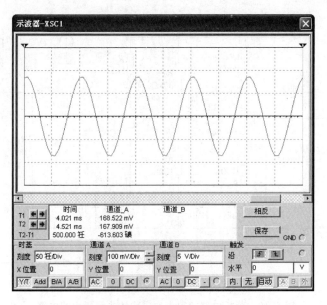

图 2.27　信号源幅度为 1mV 时的不失真输出波形

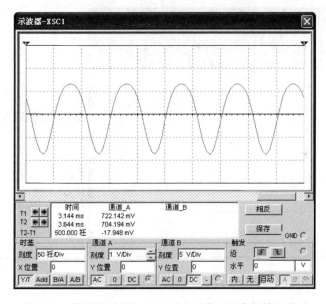

图 2.28　信号源幅度为 2mV 时出现截止失真的输出波形

（4）负反馈接入后电路的频率特性和 F_L、F_H，以及输出开始失真时输入信号幅度。

求电路的频率响应特性曲线所用的电路如图 2.29 所示。

将电路中的开关 J_1 闭合，则此时电路引入电压串联负反馈，对电路进行频率仿真，得到如图 2.30 所示的引入电压串联负反馈后的电路频率特性图。

将读数指针移到幅度为中频的 0.707 倍处，如图 2.30 所示，读出指针的示数，即下限频率 $f_L = 33.6584\text{Hz}$，上限频率 $f_H = 4.7302\text{MHz}$，因此通频带为 $33.6584 \sim 4.7302 \times 10^6\text{Hz}$，明显比未引入负反馈放宽。

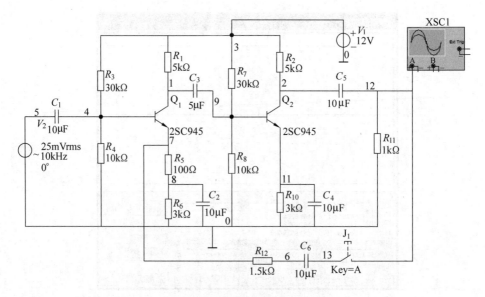

图 2.29 分析电路的频率响应特性曲线所用的电路

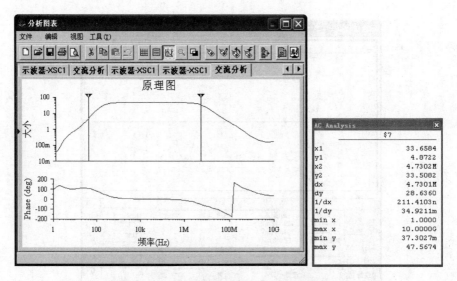

图 2.30 引入负反馈后的频率特性和通频带读数

再来观察引入电压串联负反馈后，整个电路的最大不失真电压值。当信号源幅度为 1mV 时，可以被不失真放大，调节信号源幅度至 24mV 时，输出波形仍未失真，如图 2.31 所示。

继续增大至 25mV 时，输出波形开始出现了饱和失真，如图 2.32 所示。

可见加入负反馈后，电路的动态范围增大，即电路可不失真放大的最大信号幅度增大。

（5）设计结果分析

经过对上述这些实验侧得的数据进行分析可知引入电压串联负反馈后，电路的输入电阻变大，输出电阻变小，F_L 变小，F_H 变大，带宽变宽但是电路的增益变小，电路开始出现失真时的信号有效值变大。对于本实验引入了深度负反馈，经验证可知 $A_F \approx 1/F$。

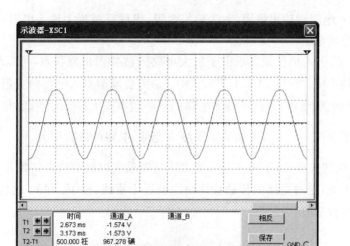

图 2.31 信号源幅度为 24mV 时的临界不失真输出波形

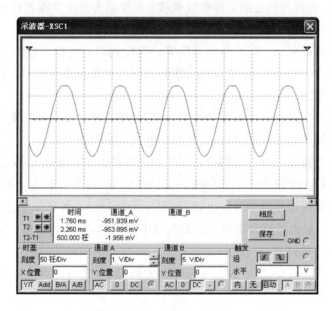

图 2.32 信号源幅度为 25mV 时饱和失真的输出波形

（6）实验小结

放大电路引入电压串联负反馈后，放大的性能得到多方面的改善，具体说来有以下几个方面。

① 稳定放大电路的放大倍数，当引入深度负反馈时，即 $|1+A_\mathrm{F}| \gg 1$ 时，这时 $A_\mathrm{VF} \approx \dfrac{1}{F}$，电路的放大倍数基本取决于反馈网络而与基本放大电路的放大倍数无关，从而使电路的放大倍数稳定，但是这种增加稳定性是以损害放大倍数为代价的。

② 改变输入电阻和输出电阻，对于输入电阻，串联反馈增大输入电阻；对于输出电阻，电压反馈减小输出电阻。

③ 展宽频带，引入负反馈之后由于放大电路的波特图出现拐点，可以证明引入负反馈后电路的上限频率 $F_{HF}=F_H(1+A_MF)$，式中 F_{HF} 为负反馈引入电路的上限频率，A_M 为反馈引入之前的中频电压增益，由此可看出电路的上限频率变大，增加的程度与负反馈的深度有关。同理可知 $F_{LF}=\dfrac{F_L}{1+A_MF}$，电路的下限频率变低，电路的带宽增大。

④ 减小非线性失真，由于引入负反馈之后反馈放大电路的放大倍数几乎与基本放大电路的放大倍数无关，这时电路的传输特性曲线接近于直线，使 V_o 和 V_i 之间基本呈现线性，亦即减小了非线性失真。

2.3 集成运算放大器应用电路的设计

集成运放的应用十分广泛，如模拟信号的产生、放大以及滤波等。运放有线性和非线性两种工作状态。一般而言，判断运放工作状态的最直接有效的方法是看电路中引入何种反馈。如果为负反馈，则可判断运放工作在线性状态；如果为正反馈或者没有引入任何反馈，则运放工作在非线性状态。

集成运放与外部电阻、电容、半导体器件等一起构成闭环电路，利用反馈网络能够对各种模拟信号实现数学运算，例如加法、减法、积分、微分、对数和反对数等运算，这类电路称为模拟信号的运算电路。

本节首先介绍集成运算放大电路的性质，然后主要介绍比例、加减、积分、微分等基本运算电路。在运算电路中，无论输入电压还是输出电压，均对"地"而言。

集成运算放大电路是一种直接耦合的多级放大电路。它的放大倍数非常高，输入电阻也高，输出电阻低，应用非常广泛。它的内部电路比较复杂，但一般由四部分组成：偏置电路、输入级电路、输出级电路和中间级电路，如图 2.33(a)所示，各部分电路特点如下。

（1）输入级。一般由带恒流源的差分放大器电路组成，它的特点是：输入电阻高，能减小零点漂移和抑制干扰信号。

（2）输出级。与负载相接，一般由互补对称电路组成，它的特点是输出电阻小，输出功率大，带负载能力强。

（3）中间级。一般由共射放大电路组成，它的特点是电压放大倍数高。

（4）偏置电路。一般由恒流源电路组成，它的特点是能提供稳定的静态电流，动态电阻很高，还可作为放大电路的有源负载。

集成运放的电路符号如图 2.33(b)所示。集成运放的两个输入端分别为同相输入端和反相输入端，"同相"、"反相"指运放的输出电压与输入电压之间的相位关系。它们对"地"的电压（即电位）分别用 u_+、u_-、u_o 表示。"∞"表示开环电压放大倍数的理想化条件。从外部看，集成运放是一个双端输入、单端输出，具有高输入电阻、低输出电阻、高差模放大倍数且能较好地抑制温漂的差动放大电路。

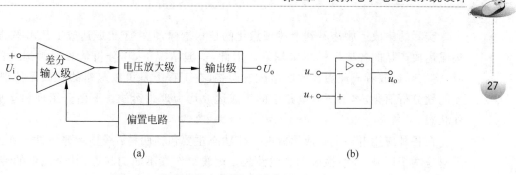

图 2.33 集成运放方框图、电路符号

2.3.1 集成运放的电压传输特性

集成运放的输出电压 u_o 与输入电压(同相输入端与反相输入端之间的差值电压)之间的关系曲线称为电压传输特性,如图 2.34 所示,其中图(a)为实际运放的电压传输特性。

工作区域分为线性区和非线性区两部分。在线性区,曲线斜率为电压放大倍数,线性区非常窄。在非线性区,输出电压只有两种可能情况:$+U_{o(sat)}$ 和 $-U_{o(sat)}$。

当运放工作在线性区时,输出与输入的线性关系为

$$u_o = A_{Uo}(u_+ - u_-)$$

当运放工作在非线性区时,输出电压只有两种可能。当 $u_+ > u_-$ 时,输出电压 $u_o = +U_{o(sat)}$;当 $u_+ < u_-$ 时,输出电压 $u_o = -U_{o(sat)}$。

图 2.34(b)为理想运放的电压传输特性,它只有非线性工作区。

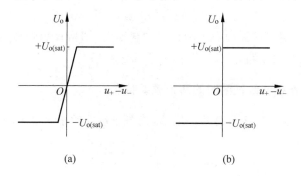

图 2.34 集成运放的电压传输特性

2.3.2 理想集成运放及其特点

在分析各种实用电路时,通常将集成运放的性能指标理想化,即将其看成理想运放。理想运放的主要技术指标为:

(1) 开环差模电压增益趋于无穷,即 $A_{Uo} \to \infty$;

(2) 差模输入电阻趋于无穷,即 $r_{id} \to \infty$;

(3) 输出电阻趋于零,即 $r_o \to 0$;

(4) 共模抑制比趋于无穷,即 $K_{CMRR} \to \infty$;

(5) 输入失调电压、失调电流以及零漂均为零。

实际的集成运放达不到上述理想化的技术指标,但由于集成运放工艺水平的不断提高,集成运放产品的各项指标越来越好。因此,一般情况下,在分析估算经常运放的应用电路时,将实际运放看成理想运放所造成的误差,在工程上是可以忽略的。如无特别说明,为了使问题分析简化,本书所有电路中的集成运放均为理想运放。下面介绍理想运放的两种工作状态。

在各种应用电路中集成运放的工作状态主要包括两种:线性和非线性。在其传输特性上对应两个区域,即线性区和非线性区。运放工作在不同的状态,其表现出的特性也不同。下面分别讨论。

1. 理想运放工作在线性区时的两个重要特点

(1)虚短,即集成运放同相输入端和反相输入端的电位相等,$u_+ = u_-$。

设理想运放同相输入端电位和反相输入端电位分别为 u_+、u_-,电流分别为 i_+、i_-,则集成运放工作在线性区时,输出电压与输入差模电压呈线性关系:

$$u_o = A_{U_o}(u_+ - u_-)$$

由于理想运放的输出电压为有限值,而理想集成运放的 $A_{U_o} \to \infty$ 时,即

$$u_+ \approx u_-$$

称两个输入端"虚短",即指理想运放两个输入端电位无穷接近,但又不是真正短路。只有理想运放工作于线性状态时,才存在虚短。

(2)虚断,即集成运放同相输入端和反相输入端的输入电流为零,$i_+ = i_-$。

由于理想运放的输入电阻为无穷大,因此流入两个输入端的电流为零,即

$$i_+ = i_- = 0$$

从理想运放输入端看进去相当于断路,称"虚断"。即指理想运放两个输入端电流趋于零,但输入端又不是真正断路。

2. 理想运放工作在非线性区时的两个重要特点

(1)集成运放的输出电压只有两种取值,或等于运放的正向最大输出电压,或等于反向最大输出电压。

$$当 u_+ > u_- 时, u_o = +U_{o(sat)}$$
$$当 u_+ < u_- 时, u_o = -U_{o(sat)}$$

在非线性区,运放的差模输入电压可能很大,此时 $u_+ \neq u_-$,也就是说,"虚短"现象不存在。

(2)集成运放两输入端的输入电流为零,$i_+ = i_- = 0$,"虚断"现象仍然存在。

如上所述,理想运放工作在不同状态,其特点也不同。因此,在分析各种应用电路时,必须首先判断其中的集成运放工作在哪种状态。对于运放工作在线性区的应用电路,"虚短"和"虚断"是分析电路的基本出发点。

2.3.3 反相比例运算电路的设计

反相比例运算电路属于电压并联负反馈放大电路,是应用最广泛的一种基本电路,反相比例运算电路的设计,就是根据给定的性能指标,计算并确定集成运算放大器的各项参数以

及外部电路的元件参数。

1. 设计要求

设计一个基本反相比例放大器,其性能指标和已知条件如下:闭环电压放大倍数 A_{Uf},闭环带宽 $\mathrm{BW_f}$,闭环输入电阻 R_{if},最小输入信号电压 U_{imin},最大输出电压 U_{oM},负载电阻 R_{L},工作温度范围。电路如图 2.35 所示。

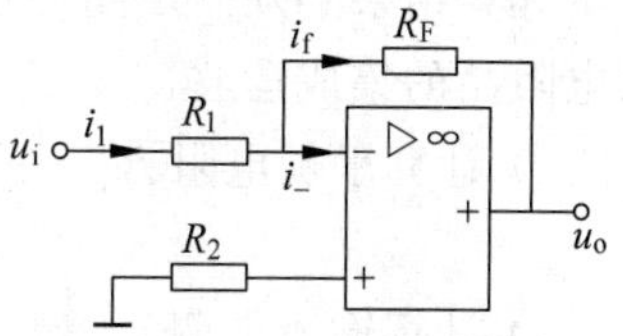

2. 设计方法

1) 集成运算放大器的选择

图 2.35 反相比例放大电路

选用集成运算放大器时,应先查阅有关产品手册,了解下列主要参数:开环电压放大倍数 A_{Ud},开环带宽 BW,输入失调电压 U_{io} 及输入失调电压温漂 $\dfrac{\partial U_{\mathrm{io}}}{\partial T}$,输入失调电流 I_{io} 及输入失调电流温漂 $\dfrac{\partial I_{\mathrm{io}}}{\partial T}$,输入偏置电流 I_{iB},差模输入电阻 R_{i} 和输出电阻 R_{o} 等,使之满足以下要求。

为了减小比例放大电路的闭环电压放大倍数的误差,提高放大电路的工作稳定性,应尽量选用失调温漂小、开环电压放大倍数大、输入电阻高和输出电阻低的集成运算放大器,当给出闭环电压放大倍数相对误差 $\dfrac{\Delta A_{\mathrm{Uf}}}{A_{\mathrm{Uf}}}$ 的要求时,则集成运算放大器的开环电压放大倍数 A_{Ud} 必须满足下列关系:

$$\frac{\Delta A_{\mathrm{Uf}}}{A_{\mathrm{Uf}}} > \frac{1}{1 + A_{\mathrm{Ud}} F}$$

$$A_{\mathrm{Ud}} > \frac{1 - \dfrac{\Delta A_{\mathrm{Uf}}}{A_{\mathrm{Uf}}}}{\dfrac{\Delta A_{\mathrm{Uf}}}{A_{\mathrm{Uf}}}} \cdot \frac{1}{F} = \frac{1 - \dfrac{\Delta A_{\mathrm{Uf}}}{A_{\mathrm{Uf}}}}{\dfrac{\Delta A_{\mathrm{Uf}}}{A_{\mathrm{Uf}}}} A_{\mathrm{Uf}}$$

此外,为了减小放大电路的动态误差(主要是频率失真和相位失真),集成运算放大器的放大器的带宽积 $G \cdot B$ 和转换速率 SR 还必须满足下列关系:

$$G \cdot B > |A_{\mathrm{Uf}}| \cdot \mathrm{BW_f}$$
$$\mathrm{SR} > 2\pi f_{\max} u_{\mathrm{oM}}$$

式中,$f_{\max}$ 为输入信号的最高工作频率。

2) 计算最佳反馈电路

$$R_{\mathrm{F}} = \sqrt{\frac{R_{\mathrm{i}} R_{\mathrm{o}} (1 - A_{\mathrm{Uf}})}{2}}$$

由于 R_{F} 也是运放的一个负载,为了保证放大电路工作时,不超过其允许的最大输出电流 I_{oM}、R_{F} 值的选择还必须满足

$$R_{\mathrm{F}} /\!/ R_{\mathrm{L}} > \frac{U_{\mathrm{oM}}}{I_{\mathrm{oM}}}$$

如果最佳反馈电阻较小,不满足这个要求时,就应另选一个最大输出电流 I_{oM} 较大的运

放,或者牺牲闭环放大倍数精度,选用比最佳反馈电阻大的 R_F 值。

3）计算输入端电阻 R_1

$$R_1 = \frac{R_F}{|A_{Uf}|}$$

计算结果必须满足闭环输入电阻的要求,即 $R_1 \geqslant R_{if}$。否则应改变 R_F,甚至另选差模输入电阻高的集成运放。

4）计算平衡电阻 R_2

$$R_2 = R_1 /\!/ R_F$$

5）计算输入失调温漂

$$\Delta U_i = \left[\left(1 + \frac{R_f}{R_1}\right)\frac{U_{io}}{T} + 0.01 I_{io} R_1\right]\Delta T$$

计算结果必须比最小输入信号 U_{imin} 小得多,即 $\Delta U_i \ll U_{imin}$,否则应重选 U_{io}、I_{io} 及其温漂较小的集成运放。

调试方法:

（1）消除自激振荡。为了消除集成运放应用时的自激振荡,必须采用适当的相位补偿措施,其补偿电路及元件参数,除与所用集成运放有关外,还与应用时的闭环电压放大倍数大小有关,因此在进行相位补偿时,应根据所设计电路的实际闭环电压放大倍数,从集成运放的使用手册中,查出相应的补偿电路及其元件参数。

当比例放大器接上相位补偿电路后,即可接通电源,在放大器输入端接地的情况下,用示波器观察输出端是否有振荡波形,如有振荡波形,则应适当调整补偿电容,直至完全消除自激振荡为止。

（2）将输入端接地,接通电源,用直流电压表测输出电压,细心调节集成运放的调零电位器,使输出电位为零。这样做,可以在调试时的环境温度下消除因输入失调参量所引起的静态输出误差电压。

2.3.4 同相比例放大器的设计

同相比例放大器是一个电压串联负反馈放大电路,它具有高输入电阻、输出电压与输入电压同相等特点,是应用较广泛的基本电路组态之一,如图 2.36 所示。

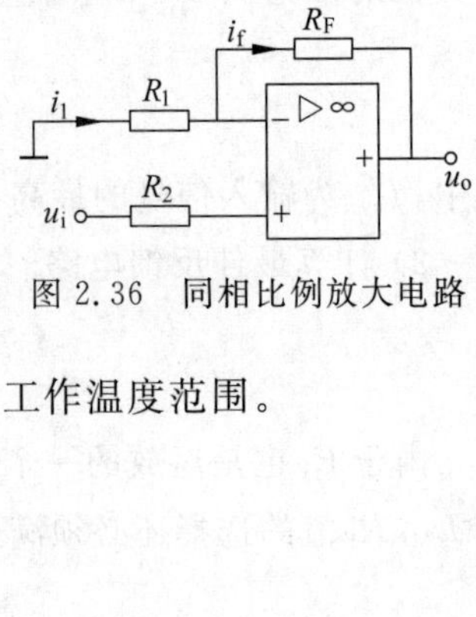

1. 设计要求

设计一个同相比例放大器,其性能指标和已知条件如下:闭环电压放大倍数 A_{Uf},闭环带宽 BW_f,闭环输入电阻 R_{if},最大输出电压 U_{oM},最小输入信号电压 U_{imin},负载电阻 R_L,工作温度范围。

图 2.36 同相比例放大电路

2. 设计方法

1）集成运放的选择

在设计同相比例放大器时,对集成运放的选择原则除考虑反相比例放大器设计中提出的各项要求外,还应特别注意此时存在共模输入信号的问题,除要求集成运放的共模输入电压范围必须大于实际的共模输入信号幅值外,还要求有很高的共模抑制比。例如,当要求共模误差电压小于 ΔU_{oc} 时,则集成运放的共模抑制比 K_{CMR} 必须为 $K_{CMR} > \dfrac{U_{ic}}{\Delta U_{oc}} A_{Uf}$,式中,$U_{ic}$ 为集成运放输入端的实际共模输入信号。

2)反馈网络元件的参数计算

$$最佳反馈电阻\ R_F = \sqrt{\frac{R_i R_o A_{Uf}}{2}}$$

$$R_1 = \frac{R_F}{A_{Uf} - 1}$$

由于反馈网络也是集成运放的一个负载,为了保证电路工作时,不超过集成运放的最大输出电流 I_{OM},反馈网络的元件参数还应满足下面关系:

$$R_L \mathbin{/\!/} (R_F + R_1) > \frac{U_{oM}}{I_{oM}}$$

3)计算平衡电阻 R_2

$$R_2 = R_1 \mathbin{/\!/} R_F$$

4)计算输入失调温漂

$$\begin{cases} \Delta U_i = \left(\dfrac{\partial U_{io}}{\partial T} + R_2 \dfrac{\partial I_{io}}{\partial T} \right) \Delta T \\[3mm] \Delta U_i \approx \left(\dfrac{U_{io}}{T} + 0.01 R_2 I_{io} \right) \Delta T \end{cases} \qquad (适用于双极型集成运放)$$

计算同相比例运算电路的输入失调温漂 ΔU_i,要求 $\Delta U_i \ll \Delta U_{imin}$。例如,当要求漂移误差小于百分之一时,则 $\Delta U_i \geqslant \dfrac{U_{imim}}{100}$。否则无法满足精度要求。

同相比例运算电路的调试方法请参阅反相比例运算电路的调试方法。

2.3.5 积分运算电路

积分运算电路在自动控制和电子测量系统中得到广泛应用,常用它实现延时、定时及产生各种波形。

把反相比例运算电路中的反馈电阻换成电容,则构成基本的积分运算电路,如图 2.37 所示。

由于集成运放的同相输入端通过 R_2 接地,$u_- \approx u_+ = 0$,反相输入端为"虚地",故电容 C 中电流等于电阻 R_1 中电流,$i_1 = i_f = \dfrac{u_i}{R_1}$。

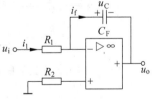

图 2.37 基本积分运算电路

输出电压与电容上电压的关系为

$$u_o = - u_C = -\frac{1}{C_F} \int i_f \mathrm{d}t = -\frac{1}{R_1 C_F} \int u_i \mathrm{d}t$$

上式表明,u_o 与 u_i 是积分运算关系,式中符号反映 u_o 与 u_i 的相位关系。式中,$R_1 C_F$ 称为积分时间常数,它的数值越大,到达某一 U_o 值所需的时间越长。

当输入 u_i 为阶跃信号时,若 $t = 0$ 时刻电容上电压为零,则输出电压波形如图 2.38(a)所示。可见,u_o 随时间近似呈线性关系下降,其最大数值可接近积分电路的电源电压值。

当输入为方波和正弦波时,输出电压波形分别如图 2.38(b)、(c)所示。

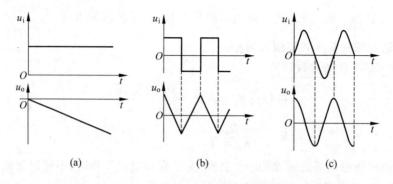

(a)   (b)   (c)

图 2.38　积分运算电路在不同输入情况下的输出波形

图 2.37 电路是有源积分电路,这种有源积分电路的精度,关键在于反相端虚地,它保证了充电电流正比于输入电压。当输入电压恒定时,则是恒流充电。

若把反相比例运算和积分运算组合起来,可得到如图 2.39 所示电路,由图可列出 u_o 与 u_i 关系式:

$$u_o = -R_F i_f - u_C = -R_F i_f - \frac{1}{C_F}\int i_f\,dt$$

所以

$$u_o = -\left(\frac{R_F}{R_1}u_i + \frac{1}{R_1 C_F}\int u_i\,dt\right)$$

该电路称为比例积分调节器(简称 PI 调节器)。比例积分调节器能消除调节系统的偏差,实现无差调节。但从频率特性分析,它提供给调节系统的相角是滞后角($-90°$),因此使回路的操作周期(两次调节之间的时间间隔)增长,降低了调节系统的响应速度。

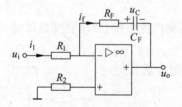

图 2.39　比例积分调节器

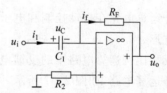

图 2.40　基本微分运算电路

2.3.6　微分运算电路

微分是积分的逆运算。将积分运算电路中电阻 R_1 与电容 C_F 的位置互换,得到基本微分运算电路,如图 2.40 所示。根据"虚短"和"虚断"的原则,$u_- \approx u_+ = 0$,反相输入端为"虚地",$u_c = u_i$,所以

$$i_1 \approx i_f = C\frac{du_i}{dt}$$

则输出电压为

$$u_o = -i_f R_F = -R_F C \frac{du_i}{dt}$$

上式表明，u_o 与 u_i 对时间的微分成正比。

上述基本微分电路有如下缺点：

（1）输出端可能出现输出噪声淹没微分信号的现象；

（2）由于电路中的反馈网络构成 $R_F C_1$ 的滞后环节，它与集成运算放大器的滞后环节合在一起，使电路的稳定储备减小，电路易引起自激；

（3）突变的输入信号电压可能超过集成运放所允许的共模电压，导致产生阻塞现象，造成自锁状态，使电路不能正常工作。

所以上述的基本微分运算电路需要改进才会有实用价值。

图 2.41 所示为改进的实用微分运算电路。在输入端串联一个小电阻 R_1，限制了噪声干扰合突变的输入信号。并且 R_1 的引入，加强了负反馈的作用。反馈支路引入电容 C 与反馈电阻并联，可以起到补偿相位的作用，提高了电路的稳定性。当输入电压为方波，且 $R_C \ll T/2$ 时（T 为方波周期），输出为尖顶波，如图 2.42 所示。

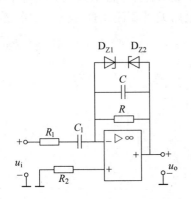

图 2.41　实用微分运算电路

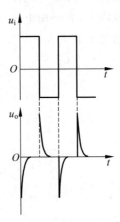

图 2.42　微分电路输入/输出波形

若把反相比例运算和微分运算组合起来，如图 2.43 所示，由图可列出 u_o 与 u_i 的关系式：

$$u_o = -R_F i_f, \quad i_f = i_R + i_C = \frac{u_i}{R_1} + C_1 \frac{du_i}{dt}$$

则输出电压为

$$u_o = -\left(\frac{R_F}{R_1} u_i + R_F C_1 \frac{du_i}{dt} \right)$$

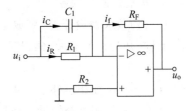

图 2.43　比例微分调节器

该电路称为比例微分调节器（简称 PD 调节器）。比例微分调节器的作用与比例积分调节器相反。从频率特性分析，它提供给调节系统的相角是超前角（90°），因此能缩短回路的操作周期，增加调节系统的响应速度。

综合比例积分和比例微分调节的特点，可以构成比例积分微分调节器具（PID）。它是一种比较理想的工业调节器，既能及时地调节，也能实现无相位差，又对滞后及惯性较大的调节对象（如温度）具有较好的调节质量。

2.3.7　多级交流集成运放的设计

当需要放大低频范围内的交流信号时,可以利用集成运放构成具有深度负反馈的交流放大器,由于交流放大器可以采用电容耦合方式,所以集成运放失调参量及其漂移的影响就不必考虑,这样用集成运放组成的交流放大器便具有组装简单、调整方便和稳定性高等优点。下面以设计两级交流集成运放举例说明详细的设计方法。

1. 设计要求

设计一个两级交流放大器,其性能指标和已知条件如下:中频电压放大倍数 1000 倍,输入电阻 $20 \text{k}\Omega$,通频带 $20\sim 50 \text{Hz}$,最大不失真输出电压 5V,负载电阻 $20 \text{k}\Omega$。

2. 设计方法

1) 电路确定和电压放大倍数分配

本设计无特殊要求,电路组态的确定不受限制,此处由一同相交流放大器与一级反相交流放大器级联组成,并采用电容耦合方式,如图 2.44 所示。为了降低放大器的信噪比,第一级电压放大倍数不宜太大,对于高电压放大倍数的电路尤其要注意这一点。在本设计中选用 $A_{\text{UF1}}=10$,$A_{\text{UF2}}=100$。

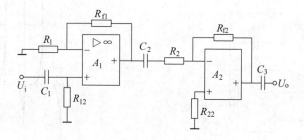

图 2.44　两级交流放大器

2) 集成运放的选择

在交流放大器设计中,集成运放的选择应以满足交流放大器的上限频率 f_h 为主要依据,为此集成运放的放大倍数与带宽积应满足下列关系:

$$G \cdot B \geqslant A_{\text{Uf}} f_\text{h} \quad \text{或} \quad GB \geqslant A_{\text{Uf}} f_\text{h}$$

式中,$G \cdot B$——加相位补偿后集成运放的开环放大倍数与带宽积;

　　　GB——加相位补偿后集成运放的单位放大倍数(也称为零分贝放大倍数)带宽;

　　　A_{Uf}——各交流放大器的闭环电压放大倍数。

在本设计中,可选 XFC77 通用型集成运算放大器,从手册查得,XFC77 的单位放大倍数带宽 $GB=6 \text{MHz} > A_{\text{Uf}} f_\text{h} = 100 \times 50 \text{kHz}$,满足要求。

3) 各级外电路元件参数的选择和计算

由于交流放大器采用电容耦合,集成运放失调参量的影响可以不考虑。因此,同相交流放大电路的平衡电阻 R_{12} 和反相交流放大电路的输入端电阻 R_{22} 可尽量选得大一些,一般为 $10 \text{k}\Omega$ 以上。这样有利于提高各级放大电路的输入电阻,且使耦合电容取值较小。

对于第一级，R_{12}既是静态平衡电阻，也是整个放大器的输入电阻。按此交流放大器输入电阻的要求，选$R_{12}=20\text{k}\Omega$。按$A_{\text{Uf1}}=1+\dfrac{R_{\text{f1}}}{R_1}$及$R_{12}=R_1 /\!/ R_{\text{f1}}$和本级闭环电压放大倍数$A_{\text{Uf1}}=10$，即可求得$R_1=22\text{k}\Omega,R_{\text{f1}}=200\text{k}\Omega$。

对于第二级，可选$R_{22}=10\text{k}\Omega$，按本级闭环电压放大倍数$A_{\text{Uf2}}=100$，即可求得$R_{\text{f2}}=1\text{M}\Omega$，则平衡电阻$R_{22}\approx10\text{k}\Omega$。

2.3.8 函数发生器的设计

函数发生器一般指能自动产生正弦波、方波、三角波的电压波形的电路或者仪器。电路形式可以采用由运放及分离元件构成；也可以采用单片集成函数发生器。根据用途不同，有产生三种或多种波形的函数发生器。函数信号发生器在电路实验和设备检测中具有十分广泛的用途。本节采用集成运放设计一个能产生三角波、正弦波、方波的简易函数信号发生器。

产生正弦波、方波、三角波的方案有多种，如首先产生正弦波，然后通过整形电路将正弦波变换成方波，再由积分电路将方波变成三角波；也可以首先产生三角波-方波，再将三角波变成正弦波或将方波变成正弦波等。这里采用先产生方波-三角波，再将三角波变换成正弦波的电路设计方法。

由比较器和积分器组成方波-三角波产生电路，比较器输出的方波经积分器得到三角波，三角波到正弦波的变换电路主要由差分放大器来完成。差分放大器具有工作点稳定、输入阻抗高、抗干扰能力较强等优点。特别是作为直流放大器时，可以有效地抑制零点漂移，因此可将频率很低的三角波变换成正弦波。波形变换的原理是利用差分放大器传输特性曲线的非线性。

用集成运放构成的正弦波振荡电路，有RC桥式振荡电路、正交式正弦波振荡电路、RC移相式振荡电路和RC双T振荡电路等多种形式，最常用的RC桥式振荡电路又称为RC串并联正弦波振荡电路，它适用于低频（即$f_\circ<1\text{MHz}$，且频率便于调节）。下面以RC桥式振荡电路为例，介绍其设计方法和调节步骤。

（1）电路的组成和振荡条件。正弦波振荡电路由RC串并联选频网络和同相放大器所组成，电路如图2.45所示。电路的振荡频率$f_\circ$为

$$f_\circ = \frac{1}{2\pi RC}$$

起振的幅值条件为

$$\frac{R_{\text{F}}}{R_1} \geqslant 2$$

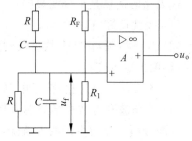

图2.45 RC桥式振荡电路

（2）电路的设计方法。一般来说，振荡电路的设计，就是要选择电路的结构形式，计算和确定电路元件参数，使其在所要求的频率范围内满足产生振荡的条件，从而达到使电路产生所要求的振荡波形，所以振荡条件是设计振荡电路的主要依据。

例如：设计的函数信号发生器指标要求如下。

① 在给定的 ±12V 直流电源电压条件下，使用运算放大器设计一个函数信号发生器。

② 信号频率：1～10kHz

③ 输出电压：方波：$V_{PP} \leqslant 24V$

三角波：$V_{PP} \leqslant 8V$

正弦波：$V_{PP} > 1V$

1．设计方案论证过程

1）信号产生电路

信号产生电路方框图如图 2.46 所示。由积分器和比较器同时产生三角波和方波。利用电压比较器与积分电路形成正反馈网络，从比较器输出端输出方波，从积分电路输出端输出三角波，并通过积分参数的 RC 值来达到频率的控制，接着再将三角波进行低通滤波滤除其高次谐波，第一级低通滤波滤掉三次到五次谐波，第二级低通滤波滤除七次谐波，从而产生正弦波。然后级联一放大电路从而达到幅值的控制。

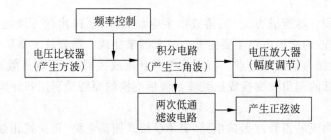

图 2.46　信号产生电路框图

该电路的优点是十分明显的：

（1）线性良好、稳定性好；

（2）频率易调，在几个数量级的频带范围内，可以方便地连续地改变频率，而且频率改变时，幅度恒定不变；

（3）不存在过渡过程，接通电源后会立即产生稳定的波形；

（4）三角波和方波在半周期内是时间的线性函数，易于变换其他波形。

下面分析讨论对生成的方波变换为三角波和正弦波的方法。

2）各组成部分的工作原理

（1）正弦波发生电路的工作原理

正弦波发生器电路如图 2.47 所示，产生的正弦波如图 2.48 所示。它由放大电路即运算放大器与反馈网络、选频网络、稳幅环节组成。运算放大器施加负反馈就是放大电路的工作方式，施加正反馈就是振荡电路的工作方式。图中电路既应用了经由 R_3 和 R_4 的负反馈，也应用了经由串并联 RC 网络的正反馈。电路特性取决于是正反馈还是负反馈占优势。

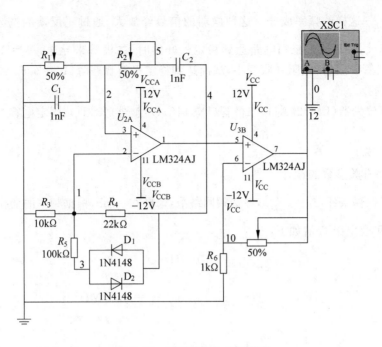

图 2.47　正弦波发生器原理图

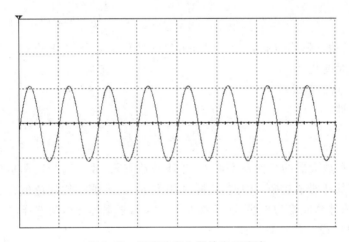

图 2.48　正弦波发生器输出正弦波

① 选频网络的选频特性

当 $\omega=\omega_0=\dfrac{1}{RC}$ 时(在实际应用中,为了选择和调节参数方便,取 $C_1=C_2=C$,$R_1=R_2=R$),输出电压的幅值最大,并且输出电压是输入电压的 1/3,同时输出电压与输入电压同相位。

② 振荡的建立与稳定

所谓建立振荡,就是要电路自激,从而产生持续的振荡,由直流电变为交流电。对于 RC 振荡电路来说,直流电压就是能源。由于电路中存在噪声,它的频谱分布很广,其中包

括有 $\omega=\omega_0=\dfrac{1}{RC}$ 这样的频率成分。这种微弱的信号经放大,通过正反馈的选频网络,使输出幅值越来越大,最后通过稳幅电路达到稳定。开始时,二极管未导通,$A_V=1+R_4/R_3$ 略大于3,当二极管导通后,电阻并联变小,从而达到稳定平衡状态时 $A_V=3$,$F_V=1/3$。

③ 器件选择

集成运算放大器(LM324AJ)、二极管(IN4148)、示波器(XSC1)、固定电容(1nF)及各种型号电阻。

④ 参数计算

a. 和频率有关参数的设计

根据稳定振荡条件,$f_0=\dfrac{1}{2\pi RC}$,在选频网络中,选择 $C=1$nF,根据频率的变化范围 $100\sim1000$ Hz 计算可变电阻 C 值如下:

$$f_{100}=\frac{1}{2\pi CR_{max}}=100\,\text{Hz}$$

$$R_{max}=\frac{1}{2\pi\times100\times1\times10^{-9}}=1.59\,\text{M}\Omega$$

同理

$$f_{1000}=\frac{1}{2\pi CR_{min}}=10\,\text{kHz}$$

$$R_{min}=\frac{1}{2\pi\times10\times1000\times10^{-9}}=15.9\,\text{k}\Omega$$

所以,选择滑动变阻器的范围在 $0\sim1.59$ MHz 之间变化,与 1nF 电容并联,而且保持两个滑动变阻器同时变化。

b. 负反馈回路参数设计

根据振荡条件,

$$\frac{R_4}{R_3}=2$$

由于实际运算放大器的特性并不理想,开环增益有限,故要适当削弱负反馈,才能真正满足振荡的幅值条件便于起振。因此,实际选用的 R_4 的阻值应比理论值计算值略为大些,或者是 R_3 的理论计算值略为小些,这里取 $R_3=10$ kΩ,根据标准电阻选择,$R_4=22$ kΩ。

c. 稳幅电路的设计及参数计算

为了采取稳幅措施,加入二极管进行稳幅。这是一个自动振幅控制电路,当信号较小时,二极管截止,因此 100kΩ 电阻 R_5 不起作用,从而 $R_4/R_3=2.2$,也就是此时振荡在积累,当振荡不断地增长,这两个二极管以交替半周导通的方式逐渐进入导通的状态。在二极管充分导通的限制下,R_3 的值会变为并联以后的电阻,使得比值减小,然而,在此极限到达之前,振幅会自动地稳定在二极管导通的某个中间电平上,这里正好满足 $R_4/R_3=2$。

(2) 正弦波-方波转换电路的工作原理

正弦波转换为方波电路如图 2.49 所示,输出方波如图 2.50 所示。电路采用了电压比较器,通过与反相端输入的参考电压比较输出方波波形,调节参考电压可以改变方波占空比;方波幅值要达到 ±10V 可调,则在比较器输出端串接滑动变阻器来调节方波幅值。

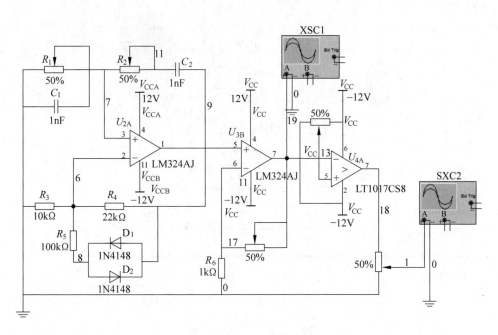

图 2.49　方波发生器原理图

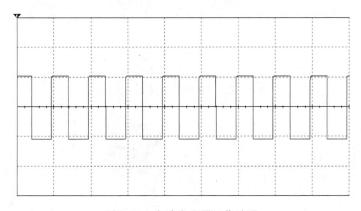

图 2.50　方波发生器工作波形

（3）方波-三角波转换电路的工作原理

方波转换成三角波电路如图 2.51 所示,输出三角波如图 2.52 所示。采用积分电路,并通过正向放大器使其幅值可调。

3）总电路图

总电路图如图 2.53 所示。波形发生器电路是由一块集成芯片 LM324 和外围电路组成,LM324 内部集成 4 个独立的高增益运算放大器,使用电源范围 5～30V。详细的分析前面已做过分析,这里不再叙述。

提示:在制成实物后,首先要调试电路。首先打开双路直流稳压电源,将双路电源电压都调至 12V,然后将一路电源作为＋12V,另外一路电源作为－12V。将＋12V 的负极连接至－12V 电源的正极,而将其负极作为－12V 的输出,然后关闭电源开关。将±12V 的三根电源线连接至电路板,并将示波器连接至电路板的输出。在检查无误后,打开直流稳压电源。

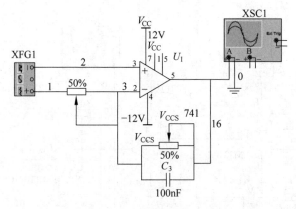

图 2.51　方波产生三角波原理图

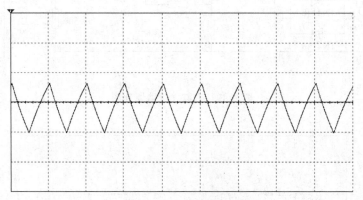

图 2.52　三角波发生器工作波形

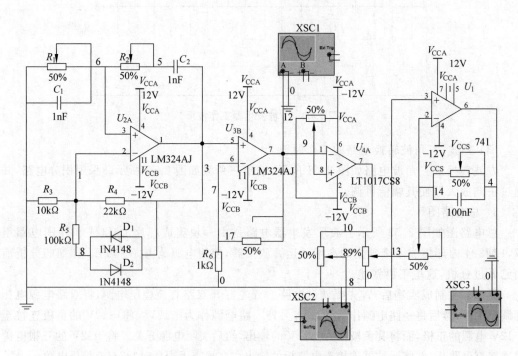

图 2.53　函数发生器总电路图

观察此时波形是否有失真,幅值是否符合要求,如果有失真或者幅值不满足技术指标,则调节元件参数。

2.4 差动放大电路的设计

直接耦合是多级放大电路中级间连接方式中最简单、应用最广泛的方式,即将后级的输入与前级输出直接连接在一起,这种直接连接的耦合方式称为直接耦合。另外,直接耦合放大电路既能对交流信号进行放大,也可以放大变化缓慢的信号;并且由于电路中没有大容量电容,所以易于将全部电路集成在一片硅片上,构成集成放大电路。

由于电子工业的飞速发展,集成放大电路的性能越来越好,种类越来越多,价格也越来越便宜,所以直接耦合放大电路的使用越来越广泛。除此之外,很多物理量如压力、液面、流量、温度、长度等经过传感器处理后转变为微弱的、变化缓慢的非周期电信号。这类信号还不足以驱动负载,必须经过放大。因这类信号不能通过耦合电容逐级传递,所以,要放大这类信号,采用阻容耦合放大电路显然是不行的,必须采用直接耦合放大电路。但是各级之间采用了直接耦合的连接方式后却出现前后级之间静态工作点相互影响及零点漂移的问题。零点漂移是直接耦合放大电路存在的一个特殊问题。所谓零点漂移是指放大电路在输入端短路(即没有输入信号输入)时用灵敏的直流表测量输出端,也会有变化缓慢的输出电压产生。零点漂移的信号会在各级放大的电路间传递,经过多级放大后,在输出端成为较大的信号,如果有用信号较弱,存在零点漂移现象的直接耦合放大电路中,漂移电压和有效信号电压混杂在一起被逐级放大。当漂移电压大小可以和有效信号电压相比时,很难在输出端分辨出有效信号的电压;在漂移现象严重的情况下,往往会使有效信号"淹没",使放大电路不能正常工作。因此,必须找出产生零点漂移的原因和抑制零点漂移的方法。

抑制零点漂移的具体措施有以下几种。

(1) 选用高质量的硅管,硅管的 I_{CB0} 要比锗管小好几个数量级,因此目前高质量的直流放大电路几乎都采用硅管。

(2) 在电路中引入直流负反馈,稳定静态工作点。

(3) 采用温度补偿的方法,利用热敏元件来抵消放大管的变化。补偿是指用另外一个元器件的漂移来抵消放大电路的漂移。如果参数配合得当,就能把漂移抑制在较低的限度之内。在分立元件组成的电路中常用二极管补偿方式来稳定静态工作点。此方法简单实用,但效果不尽理想,适用于对温漂要求不高的电路。

(4) 采用调制手段。调制是指将直流变化量转换为其他形式的变化量(如正弦波幅度的变化),并通过漂移很小的阻容耦合电路放大,再设法将放大了的信号还原为直流成分的变化。这种方式电路结构复杂、成本高、频率特性差。

(5) 受温度补偿法的启发,人们利用两只型号和特性都相同的晶体管来进行补偿,收到了较好的抑制零点漂移的效果,这就是差动放大电路。在集成电路内部应用最广的单元电路就是基于参数补偿原理构成的差动式放大电路。在直接耦合放大电路中,抑制零点漂移最有效的方法是采用差动式放大电路。

2.4.1 差动放大电路的结构

差动放大器能够实现这样的功能：既能实现信号的放大作用，又能抑制直接耦合电路中的零点漂移现象。由两个互为发射极耦合的共射电路组成，电路参数完全对称。它有两个输入端、两个输出端。当输出信号从任一集电极取出，称为单端输出；而当从两个集电极之间取出，则称为双端输出。图 2.54 所示为双端输入单端输出的差动放大电路。

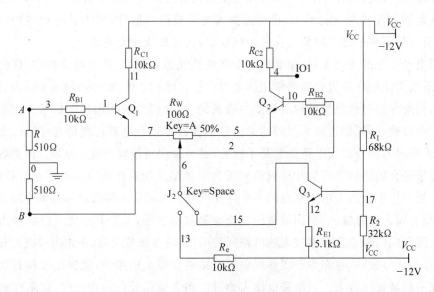

图 2.54　差动放大电路

其输入端为两个型号完全对称的晶体三极管，电阻 R_{C1}、R_{C2}、R_{B1}、R_{B2} 为限流电阻，防止基极、集电极因电流过大而烧坏晶体管，提供合适的静态工作点。信号由三极管基极输入，由集电极输出。滑动变阻器 R_W 为调零电阻。滑动变阻器与电阻 R_e 为公共的发射极电阻，对共模输入信号有较强的负反馈作用。由于发射极电阻接负电源，拖一个尾巴，又称为长尾式差分放大电路。

当输入信号为大小相等、极性相同的信号，即共模信号时，两晶体管参数完全对称和两晶体管的公共射极电阻的负反馈作用使得共模输出信号被抑制，输出电压基本为零，输出电阻中间相当于接地，为虚地。当输入信号为大小相等、极性相反的差模信号时，由于晶体管的参数完全对称使得射极电阻电流为零，相当于接地，为虚地。

直流放大电路的零点漂移，是由晶体管的电路参数随环境温度的变化引起的，而在差动放大电路中两晶体管参数基本一致，并且工作环境基本相同，漂移情况也基本相同，所以在两管集电极的输出中表现出的变化量基本可以相互抵消，从而在双端输出时有效地消除了零点漂移。对输出电压而言，尽管在单端输入时，零点漂移不可能相互抵消，但由于共模反馈电阻 R_e 对零点漂移有很强的负反馈作用，因此零点漂移值比无 R_e 时小得多。

如图 2.54 所示的电路为差动放大电路，它采用直接耦合方式，当开关 J_2 打向左边时是长尾式差动放大电路，开关 J_2 打向右边时是恒流源式差动放大电路。在长尾式差放电路中抑制零漂的效果与共模反馈电阻 R_e 的数值有密切关系，R_e 越大，效果越好。但 R_e 越大，维持同样工作电流所需要的负电压 V_{CC} 也越高,这在一般的情况下是不合适的,恒流源的引出解决了上述矛盾。在三极管的输出特性曲线上,有相当一段具有恒流源的性质,即当 U_{ce} 变化时,I_c 电流不变。图 2.54 中,Q_3 管构成恒流源电路,用它来代替长尾电阻 R_e,从而更好地抑制共模信号,提高共模抑制比。

2.4.2　差动放大电路的仿真分析

1. 调节放大器零点

在测量差放电路各性能参量之前,一定要先调零。信号源 Ⅵ 不接入,如图 2.55 所示。将放大电路输入端 A、B 与地短接,接通 $\pm12V$ 的直流电源,用万用表的直流电压挡测量输出电压 U_{c1}、U_{c2},调节晶体管射极电位器 R_W,使万用表的指示数相同,即调整电路使左右完全对称,此时 $V_0=0$,调零工作完毕。

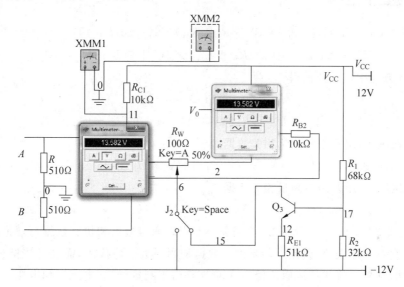

图 2.55　调节放大器零点

电路中各点电位和各级电流参数如表 2.4 所示。

表 2.4　电路中各点电位符号标示及各级电流参数

V_0 为接地(参考电位值)	V_{10} 为 Q_3 发射极电位
V_1 为输入信号电位	V_{12} 为 Q_3 集电极电位
V_3 为 Q_1 基极电位	V_{13} 为 R_3 的电位
V_4 为 Q_1 集电极电位	V_{14} 为 Q_2 发射极电位
V_5 为 Q_1 发射极电位	V_{CC} 为放大器工作电压$+12V$
V_6 为 Q_2 集电极电位	V_{dd} 为放大器工作电压$-12V$
V_7 为开关接入电位	I_{v1} 为 Q_1 的基极电流
V_8 为 Q_2 基极电位	I_{ccvcc} 为集电极电流
V_9 为 Q_3 基极电位	I_{ddvdd} 为$-12V$ 提供电流

（1）对于长尾式差动放大电路

① 当可变电阻 R_w 为 60% 时，$V_4 = 6.661V$，$V_{14} = 6.221V$；

② 当可变电阻器 R_w 为 40% 时，$V_4 = 6.221V$，$V_{14} = 6.661V$；

③ 当可变电阻器 R_w 为 50% 时，$V_4 = V_{14} = 6.441V$；

由以上数据可知，当 R_w 为 50% 时，$U_{c1} = V_4 = U_{c2} = V_{14} = 6.441V$，此时调零完毕。

（2）对于恒源式差动放大电路

① 当可变电阻 R_w 为 60% 时，$V_4 = 5.424V$，$V_{14} = 4.867V$；

② 当可变电阻器 R_w 为 40% 时，$V_4 = 4.867V$，$V_{14} = 5.424V$；

③ 当可变电阻器 R_w 为 50% 时，$V_4 = V_{14} = 5.146V$；

由以上数据可知，当 R_w 为 50% 时，$U_{c1} = V_4 = U_{c2} = V_{14} = 5.146V$，此时调零完毕。

2．直流工作点分析

理论值：$(R_1 + R_3)I_{V1} + 0.7 + (0.25R_w + R_{11}) \times 2(1+\beta)I_{V1} = 12$

$$U_{ce} + \beta I_{V1}R_4 + (0.25R_w + R_{11}) \times 2(1+\beta)I_{V1} = V_{CC} - V_{dd}$$

在上述方程中代入数据得

$$I_{V1} \approx 0.0069mA$$

$$U_{ce} \approx 7.24V, \quad U_{be} \approx 0.63V$$

（1）（长尾式）用万用表测量相关数据

$I_b = 0.0083mA$，$U_{ce} = V_4 - V_5 = 7.127V$，$U_{be} = V_3 - V_5 = 599.124mV$

（2）（恒流式）用万用表测量相关数据

$I_b = 10.277\mu A$，$U_{ce} = V_4 - V_5 = 5.859V$，$U_{be} = V_3 - V_5 = 605.155mV$

由以上数据和图 2.56 及图 2.57 可知：万用表测得数据和仿真数据与理论值相比较，近似相等，存在一定误差，误差可能是由于数据是利用近似值代入，而没有严格按照公式来计算。例如，基极电流往往近似认为为 0，可能是由于测量仪器（电流表和电压表）自身所带阻值影响。

电路1
直流工作点分析

	直流工作点分析	
1	V(5)	-687.39654 m
2	V(4)	6.44094
3	I(v1)	0.00000
4	V(3)	-87.40004 m
5	V(3)-V(5)	599.99650 m
6	V(4)-V(5)	7.12834

电路1
直流工作点分析

	直流工作点分析	
1	V(5)	-713.56880 m
2	V(4)	5.14570
3	I(v1)	0.00000
4	V(3)	-107.81309 m
5	V(3)-V(5)	605.75571 m
6	V(4)-V(5)	5.85927

图 2.56　长尾式电路直流工作点电位　　　　图 2.57　恒流式电路直流工作点电位

3．交流分析（V_{14} 点的频率特性分析）

将开关拨至左侧，电路为长尾式差动放大电路。在仿真中，选择"仿真/分析/交流分析"命令，在输出中设置变量 V_{14}，其余项不变，仿真图如图 2.58 所示。

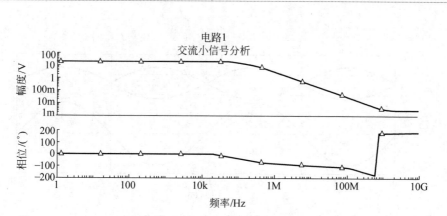

图 2.58 长尾式差动放大电路频率特性

将开关拨至右侧,得到恒流源式差动放大电路。在仿真中如长尾式一样设置仿真参数,仿真结果如图 2.59 所示。

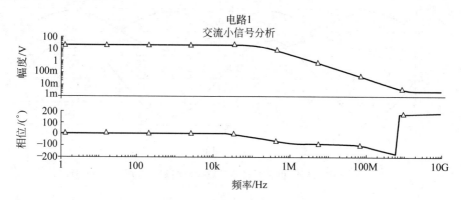

图 2.59 恒流源式差动放大电路频率特性

由图 2.58 和图 2.59 可知:当频率大于 10kHz 后,幅度开始下降,在 100MHz 以后达到最小值。并且长尾式和恒流式差动放大电路的交流分析完全一致。

4. 瞬态分析(测量差模电压放大倍数)

在图 2.54 的电路中,将开关拨至左侧,得到长尾式差动放大电路。输入信号频率 $f=$ 1kHz,输入信号幅度为 $V_{1(峰-峰值)}=100mV$。选择"仿真/分析/瞬变分析"命令,在出现的 TransientAnalysis 对话框中选取输出变量节点 V_4 和 V_{14},单击 Add Expression 按钮添加表达式 (V_4-V_{14}),将结束时间改为 0.002s,将最小时间点数设为 1000,其余项不变,仿真结果如图 2.60 所示。

将开关拨至右侧,得到恒流源式差动放大电路,在仿真中如长尾式一样设置仿真参数,仿真图如图 2.61 所示。

(1) 如图 2.60 和图 2.61 中所示,交织的是双端输入单端输出电压波形,其中线 1 为 V_{14} 的电压输出曲线,线 2 为 V_4 的电压输出曲线。下方的线 3 为双端输入、双端输出的电压波形。

(2) 从图 2.60 中可以看出,两个输出端 V_4、V_{14} 输出电压大小相等、方向相反,但叠有直流分量约为 6.48V,其电压峰-峰值之差约为 3.97V。由此求得双端输入、单端输出时的差

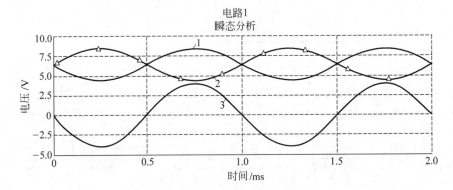

图 2.60　长尾式差动放大电路瞬态分析

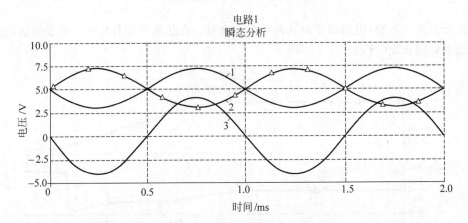

图 2.61　恒流源式差动放大电路瞬态分析

模电压放大倍数为 $A_{U1} = \dfrac{3.97}{0.1} \approx 39.7$。从图 2.61 中可以看出：叠有直流分量约为 5V，其电压峰-峰值约为 4.0V。由此可以求得双端输入、双端输出时的差模电压放大倍数为

$$A'_{U1} = \frac{4.0}{0.1} \approx 40$$

（3）从图 2.60 中的双端输入、双端输出的电压波形可知：输出叠有直流电压为 0V，其电压峰-峰值约为 7.9V。由此求得双端输入、双端输出时差模电压放大倍数为 $A_{U2} = \dfrac{7.9}{0.1} \approx 79$。

从图 2.61 中可知：其电压峰-峰值约为 8.1V。由此求得双端输入、双端输出时差模电压放大倍数为 $A'_{U2} = \dfrac{8.1}{0.1} \approx 81$。

单端输入时的差模放大倍数、共模电压放大倍数仿真分析重复上述操作即可。

通过仿真可知：由于共模抑制比 K_{cmr} 越大，电路的性能也就越好，故恒流源式差动放大电路共模抑制能力比长尾式强。

5. 傅里叶分析

将开关拨至左侧，接入长尾式差动放大电路。选择"仿真/分析/傅里叶分析"命令，在输出中设置变量 V_{14}，其余项不变，仿真图如图 2.62 所示。

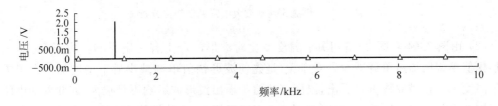

图 2.62　长尾式差动放大电路傅里叶分析

将开关拨至右侧，得到恒流式差动放大电路。选择"仿真/分析/傅里叶分析"命令，在输出中设置变量 V_{14}，其余项不变，仿真图如图 2.63 所示。

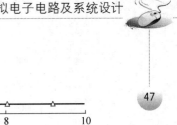

图 2.63　恒流式差动放大电路傅里叶分析

（1）由仿真图可知：长尾式和恒流式的傅里叶分析完全一样，即两者的频域相同，具有的频域特性相同。

（2）由仿真图可知：当 $f=1\text{kHz}$ 时其幅度最大为 2.0V，且其他谐波分量近似等于零，即该电路的频域只有在 $f=1\text{kHz}$ 的谐波分量，其他谐波分量可忽略不计。

6. 温度扫描分析

执行"仿真/分析/温度扫描分析"命令，在弹出的对话框中，设置温度为 27、37、47、57、67、77℃，设置 V_4、V_{14} 节点为输出变量，瞬态分析的结果得到 V_4、V_{14} 点的输出波形，如图 2.64 所示。

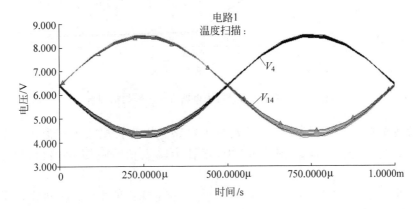

图 2.64　长尾式差动放大电路温度扫描分析

（1）由图 2.64 和图 2.65 可知，温度的变化对恒流源式的影响要略大于长尾式差动放大电路。

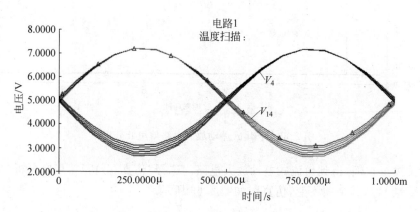

图 2.65　恒流式差动放大电路温度扫描分析

（2）由图 2.64 和图 2.65 可知：温度变化对波形的产生有一定影响。对于 V_{14} 是先使波形幅值单调增加后单调减少。对于 V_4 是先使波形幅值单调减少后单调增加。由图中的几个温度下的扫描曲线可以看出，温度变化对于输出波形的影响不是很大，因此差动电路有利于抑制电路的温度特性，即电路在不同的温度下工作，电路性能不会有太大的改变。

7. 直流扫描分析

将开关拨至左侧，接入长尾式差动放大电路，执行"仿真/分析/DC sweep...扫描分析"命令，在分析参数中设置源为输入电压 V_1，在起始数值内设置起始电压为 0V，在终止数值中设置终止电压为 1V，在输出中，添加变量 V_4，其余项不变，仿真结果如图 2.66 所示。

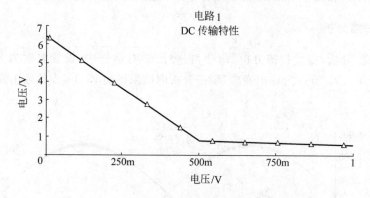

图 2.66　长尾式差动放大电路直流特性扫描分析

将开关拨至右侧，接入恒流源式差动放大电路。执行长尾式中直流仿真的操作，如图 2.67 所示。（注：图 2.66 和图 2.67 中，横轴为输入信号的最大幅值，纵轴为 V_4 的电位）

由图 2.66 和图 2.67 可知：长尾式放大电路直流下降比恒流源式差动放大电路要陡一些（即下降迅速），长尾式最后的稳态值在 0～1 之间，而恒流源式最后的稳态值在 −1 左右。并且只有当输入差分信号的绝对值小于 0.5V 时，放大电路才工作在线性区。当输入差分信号的最大幅值大于 0.5V 后，放大电路工作在饱和区。

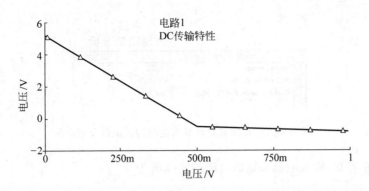

图 2.67　恒流式差动放大电路直流特性扫描分析

8.电路传递函数分析

将开关 K 任意拨至左侧,接入长尾式差动放大电路。在仿真器中执行"仿真/分析/传递函数"命令,在分析参数中设置输入源为输入信号 V_1,在输出中选择电压,输出节点设置为 V_4,参考节点设置为 V_0,其余项保持不变,仿真结果如图 2.68 所示。

电路1
传递函数分析

传递函数分析	
1	Transfer function	-20.61094
2	vv1#Input impedance	988.53689
3	Output impedance at V(V(11),V(0))	9.75262 k

图 2.68　长尾式差动放大电路传递函数分析结果

在传递函数分析图中第一行表示传递函数,图中第二行表示输入电阻的值,第三行表示输出电阻的阻值。通过传递函数分析图可以直接得出输入电阻和输出电阻的阻值。

由图 2.68 可知,在电路中,输入电阻和输出电阻的实际值为

输入电阻 $R_i = 988.54\Omega$

输出电阻 $R_o = 9.75\text{k}\Omega$

理论值为

输入电阻 $R_i = 2(R_3 + r_{be}) /\!/ R_1 = 994.6\Omega$

输出电阻 $R_o = 2R_c = 10\text{k}\Omega$

分析:

$$(\text{输入电阻})\delta = \frac{|988.54 - 994.6|}{994.6} \times 100\% = 0.61\%$$

相对误差:

$$(\text{输出电阻})\delta_o = \frac{|9.75 - 10|}{10} \times 100\% = 2.5\%$$

由于相对误差 δ、$\delta_o < 5\%$,在误差允许范围以内,则输入电阻、输出电阻符合仿真,故有效。

将开关拨至右侧,接入恒流源式差动放大电路。执行如长尾式中仿真传递函数的操作,如图 2.69 所示。

电路2
传递函数分析

传递函数分析		
1	Transfer function	0.00000
2	vv1#Input impedance	988.53689
3	Output impedance at V(V(11),V(0))	10.00000 k

图 2.69　恒流源式差动放大电路传递函数分析结果

由图 2.69 可知,输入电阻和输出电阻的实际值为

输入电阻 $R_{\mathrm{i}}=988.54\Omega$

输出电阻 $R_{\mathrm{o}}=10\mathrm{k}\Omega$

理论值为

输入电阻 $R_{\mathrm{i}}=2(R_3+r_{\mathrm{be}})//R_1=994.6\Omega$

输出电阻 $R_{\mathrm{o}}=2R_{\mathrm{c}}=10.2\mathrm{k}\Omega$

分析:

相对误差:
$$(输入电阻)\delta=\frac{|988.54-994.6|}{994.6}\times100\%=0.61\%$$

$$(输出电阻)\delta_{\mathrm{o}}=\frac{|10-10.2|}{10.2}\times100\%=1.96\%$$

由于相对误差 δ、$\delta_{\mathrm{o}}<5\%$,在误差允许范围以内,则输入电阻、输出电阻符合仿真,故有效。

由以上分析可知:长尾式和恒流源式的输入电阻相同,输出电阻不同,相对误差近似相等。但是恒流源式电路的传递函数为 0。

以上讨论的是三极管构成的差分放大电路的小信号工作特性。通过在三极管 Q_1 的基极端输入 100mV 的小电压源作为差分输入电压信号。通过开关控制接入长尾式差动放大电路和恒流源式差动放大电路,从而比较分析两者的相同特性和不同特性。

(1) 零点所在位置,两者相同,但是集电极电压不同,长尾式的要大于恒流源式。

(2) 交流分析、傅里叶分析、传递函数分析三者一致。

(3) 在进行瞬变分析时,分析了两者的共模抑制比,其中恒流源式的要大于长尾式的。由于共模抑制比越大,电路性能越好,则恒流源式在这方面要好。

(4) 温度扫描分析中,温度变化对恒流源式的影响要大于对长尾式的影响。但总的来说,温度变化对电路的影响很小。

(5) 在直流分析中,利用 Multisim 所提供的直流扫描分析工具得到差放电路的传输特性,从传输特性曲线上可以看出,只有当输入差分信号的绝对值小于 0.5V 时,放大电路才工作在线性区。但是长尾式的传输曲线要比恒流源式的要陡。

2.5　直流稳压电源的设计

直流稳压电源包括整流滤波电路、稳压电路以及保护电路等。随着集成技术的提高,电子设备整机向集成化发展,集成稳压器也得到迅速发展,故在设计稳压电路时,应首选集成稳压器。

集成直流稳压电源由四部分组成,如图2.70所示。主要模块包括:电源变压器、整流电路、滤波电路和稳压电路。

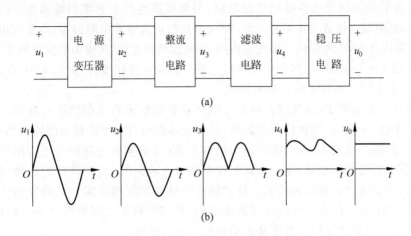

图2.70 集成直流稳压电源框图

(a)稳压电源的组成框图;(b)整流与稳压过程

2.5.1 电源变压器

电源变压器的功能是功率传送、电压变换和绝缘隔离,作为一种主要的软磁电磁元件,在电源技术中和电力电子技术中得到广泛的应用。根据传送功率的大小,电源变压器可以分为几挡:10kV·A以上为大功率,0.5~10kV·A为中功率,25V·A~0.5kV·A为小功率,25V·A以下为微功率。

变压器的功能主要有:电压变换、阻抗变换、隔离、稳压(磁饱和变压器)等,变压器常用的铁芯形状一般有E型和C型铁芯。

变压器的最基本形式,包括两组绕有导线的线圈,并且彼此以电感方式组合一起。当一交流电流(具有某一已知频率)流于其中一组线圈时,于另一组线圈中将感应出具有相同频率的交流电压,而感应的电压大小取决于两线圈耦合及磁交链的程度。

一般指连接交流电源的线圈称为一次线圈,而跨于此线圈的电压称为一次电压。在二次线圈的感应电压可能大于或小于一次电压,是由一次线圈与二次线圈间的匝数比所决定的。因此,变压器区分为升压与降压变压器两种。

在额定功率时,变压器的输出功率和输入功率的比值,叫做变压器的效率,即 $\eta = (P_2 \div P_1) \times 100\%$,式中,$\eta$ 为变压器的效率,P_1 为输入功率,P_2 为输出功率。变压器的效率与变压器的功率等级有密切关系,通常功率越大,损耗与输出功率就越小,效率也就越高。反之,功率越小,效率也就越低。一般小型变压器的效率如表2.5所示。

表2.5 小型变压器的效率

副边功率 $P_2/(V \cdot A)$	<10	10~30	30~80	80~200
效率 η	0.6	0.7	0.8	0.85

因此,在设计电路时,如果给定输出功率 P_2 后,就可以根据上表计算出输入功率 P_1。

2.5.2　整流电路

利用二极管的单向导电性组成整流电路,可将交流电压变为单向脉动电压。为便于分析整流电路,把整流二极管当作理想元件,即认为它的正向导通电阻为零,而反向电阻为无穷大。但在实际应用中,应考虑到二极管有内阻,整流后所得波形,其输出幅度会减少 $0.6 \sim 1\text{V}$,当整流电路输入电压大时,这部分压降可以忽略。但输入电压小时,如输入为 3V,则输出只有 2V 多,需要考虑二极管正向压降的影响。

在小功率直流电源中,常见的几种整流电路有单相整流和三相整流电路等。单相整流电路可分为半波、全波、桥式和倍压整流等,其中纯电阻负载的半波整流电路虽然电路简单,所用元件少,但输出纹波大,在电源电路中用得不多;全波整流电路则由于需用中心抽头的变压器,且变压器的利用率低,在半导体整流电路中也较少用;应用较广的是单相桥式整流电路,它由四个整流二极管构成桥形。桥式整流电路要求所用的四个二极管的性能参数要尽可能一致,但市场上已有集成的整流桥供应,它把四个整流二极管做在一个集成块里,性能参数比较好。目前最常用且效率最高的是桥式整流电路。

整流(和滤波)电路中既有交流量,又有直流量。对这些量经常采用不同的表述方法:输入(交流)用有效值或最大值;输出(直流)用平均值。

与全波整流电路相比,单相全波桥式整流电路中的电源变压器只用一个副边绕组,即可实现全波整流的目的。桥式整流电路如图 2.71 所示。

由图 2.71 可看出,单相全波桥式整流电路中采用四个二极管,互相接成桥式结构。利用二极管的电流导向作用,在交流输入电压 U_2 的正半周内,二极管 D_1、D_3 导通,D_2、D_4 截止,在负载 R_L 上得到上正下负的输出电压;在负半周内,正好相反,D_1、D_3 截止,D_2、D_4 导通,流过负载 R_L 的电流方向与正半周一致。因此,利用变压器的一个副边绕组和四个二极管,使得在交流电源的正、负半周内,整流电路的负载上都有方向不变的脉动直流电压和电流,如图 2.72 所示。

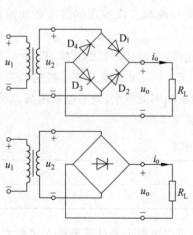

图 2.71　桥式整流电路

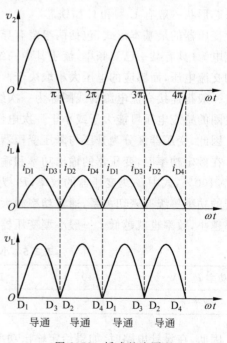

图 2.72　桥式整流原理

桥式整流电路的输出电压波形与全波整流电路一样,所以其输出电压平均值(即直流分量)为

$$U_o = \frac{1}{\pi} \int_0^\pi u_2 \, \mathrm{d}\omega t$$

$$= \frac{1}{\pi} \int_0^\pi \sqrt{2} U_2 \sin\omega t = \frac{2\sqrt{2}}{\pi} U_2$$

$$U_o = 0.9 U_2$$

式中,U_o 为负载得到的直流电压; U_2 为变压器二次电压有效值。

通过负载的电流平均值

$$I_o = \frac{U_o}{R_L} = \frac{0.9 U_2}{R_L} = 0.9 I_2$$

式中,I_2 为变压器二次电流有效值。由于每个二极管只有半个周期导通,所以通过各个二极管的电流的平均值为负载电流的一半,即 $I_D = \frac{1}{2} I_o = 0.45 I_2$。

当二极管截止时,它所承受的最高反向电压 $U_{DRM} = \sqrt{2} U_2$。

最高反向电压就是变压器二次电压的最大值,二极管若要正常工作,其最高反向工作电压应大于这个电压。

桥式整流电路与单相半波整流电路和单相全波整流电路相比,其明显的优点是输出电压较高,纹波电压较小,整流二极管所承受的最大反向电压较低,并且因为电源变压器在正负半周内都有电流流过,所以变压器绕组中流过的是交流,变压器的利用率高。在同样输出直流功率的条件下,桥式整流电路可以使用小的变压器,因此,这种电路在整流电路中得到广泛应用。

2.5.3　滤波电路

整流电路的输出电压不是纯粹的直流,从示波器观察整流电路的输出,与直流相差很大,波形中含有较大的脉动成分,称为纹波。为获得比较理想的直流电压,需要利用具有储能作用的电抗性元件(如电容、电感)组成的滤波电路来滤除整流电路输出电压中的脉动成分以获得直流电压。

根据电抗性元件对交、直流阻抗的不同,由电容 C 及电感 L 所组成的滤波电路的基本形式如图 2.73 所示。因为电容器 C 对直流开路,对交流阻抗小,所以 C 并联在负载两端。电感器 L 对直流阻抗小,对交流阻抗大,因此 L 应与负载串联。

图 2.73　滤波电路的基本形式

并联的电容器 C 在输入电压升高时,给电容器充电,可把部分能量存储在电容器中。而当输入电压降低时,电容两端电压以指数规律放电,就可以把存储的能量释放出来。经过滤波电路向负载放电,负载上得到的输出电压就比较平滑,起到了平波作用。若采用电感滤波,当输入电压增高时,与负载串联的电感 L 中的电流增加,因此电感 L 将存储部分磁场能量,当电流减小时,又将能量释放出来,使负载电流变得平滑,因此,电感 L 也有平波作用。下面先介绍单相桥式整流电容滤波电路。

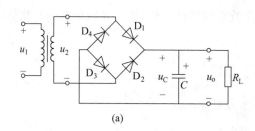
(a)

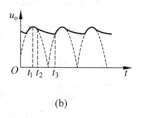
(b)

图 2.74 桥式整流电容滤波电路

(a) 电路图；(b) 波形图

图 2.74 给出了电容滤波电路在带电阻负载后的工作情况。接通交流电源后，二极管导通，整流电源一方面给负载 R_L 供电，一方面对电容 C 充电（显然这时通过二极管的电流要比没有电容时大一些）。在忽略二极管正向压降后，充电时，充电时间常数 $T_{充电} = 2R_DC$，其中 R_D 为二极管的正向导通电阻，其值非常小，充电电压 u_C 与上升的正弦电压 u_2 一致，$u_o = u_C \approx u_2$，当 u_C 充电到 u_2 的最大值 $\sqrt{2}U_2$，u_2 开始下降，且下降速率逐渐加快。当 $u_C < u_2$ 时，四个二极管均截止，电容 C 经负载 R_L 放电，放电的时间常数为 $T_{放电} = R_LC$，故放电较慢，直到负半周。在负半周，当 $|u_2| > u_C$ 时，另外两个二极管（D_2、D_4）导通，再次给电容 C 充电，当 u_C 充电到 u_2 的最大值 $\sqrt{2}U_2$，u_2 开始下降，且下降速率逐渐加快。当 $u_C < |u_2|$ 时，四个二极管再次截止，电容 C 经负载 R_L 放电，重复上述过程。有电容滤波后，负载两端输出电压 u_o 如图 2.74(b)所示。

例如图 2.74(b)中的 t_2 时刻，二极管开始承受反向电压，二极管关断。此后只有电容器 C 向负载以指数规律放电的形式提供电流，直至下一个半周的正弦波到来时，u_2 再次超过 u_C，在 t_3 时刻，二极管又恢复导通。

以上过程电容器的放电时间常数为 $\tau_D = R_LC$。

电容滤波一般负载电流较小，可以满足 τ_D 较大的条件，所以输出电压波形的放电段比较平缓，纹波较小，输出脉动系数 S 小，输出平均电压 $U_{o(AV)}$ 大，具有较好的滤波特性。

根据以上分析可以得出结论：电容滤波输出电压的平均值 $U_{o(AV)}$ 与放电时间常数 R_LC 有关。R_LC 越大，电容器放电速度越慢，则输出电压所包含的纹波成分越小，$U_{o(AV)}$ 越大。为获得平滑的输出电压，一般取放电时间常数为

$$\tau_D = R_LC \geqslant (3 \sim 5)T/2$$

式中，T 为交流电的周期。在整流电路放电时间常数满足上式的关系时，在工程上一般采用下式对输出电压的平均值进行估算：

$$U_{o(AV)} = 1.2U_2$$

在负载 R_L 一定的情况下，电容 C 常选用容量为几十微法以上的电解电容器。电解电容器有极性，接入电路时不能接反。电容耐压应大于 $\sqrt{2}U_2$。

加入电容滤波后，对整流二极管的整流电流选择要放宽，最好是原来的二倍，即 I_D 大于等于输出电流 I_o。

电容滤波电路简单，输出电压较高，脉动也较小，但是电路的带负载能力不强，故一般用于要求输出电压较高、输出电流较小的场合。

除电容滤波外，还有电感滤波，它的特点是：带负载能力大，即输出电压比较稳定，适用

于输出电压较低、负载电流变化较大的场合,但电感含铁芯线圈,体积大且笨重,价格高,常在工业上用于大电流整流。

下面介绍电感滤波电路。

电感滤波电路是利用储能元件电感器 L 的电流不能突变的特点,在整流电路的负载回路中串联一个电感,使输出电流波形较为平滑。因为电感对直流的阻抗小,交流的阻抗大,因此能够得到较好的滤波效果而直流损失小。

桥式整流电感滤波电路如图 2.75 所示,电感滤波的波形图如图 2.76 所示。根据电感的特点,当输出电流发生变化时,L 中将感应出一个反电动势,使整流管的导电角增大,其方向将阻止电流发生变化。

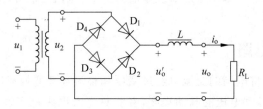

图 2.75 电感滤波电路

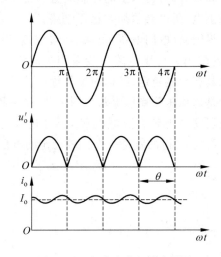

图 2.76 电感滤波电路波形图

在桥式整流电路中,当 u_2 正半周时,D_1、D_3 导电,电感中的电流将滞后 u_2 不到 $90°$。当 u_2 超过 $90°$ 后开始下降,电感上的反电势有助于 D_1、D_3 继续导电。当 u_2 处于负半周时,D_2、D_4 导电,变压器副边电压全部加到 D_1、D_3 两端,致使 D_1、D_3 反偏而截止,此时,电感中的电流将经由 D_2、D_4 提供。由于桥式电路的对称性和电感中电流的连续性,四个二极管 D_1、D_3、D_2、D_4 的导电角 θ 都是 $180°$,这一点与电容滤波电路不同。

已知桥式整流电路二极管的导通角是 $180°$,整流输出电压是半个正弦波,其平均值约为 $0.9U_2$。对于电感滤波电路,二极管的导通角也是 $180°$,当忽略电感器 L 的电阻时,负载上输出的电压平均值也是 $U_{o(AV)} = 0.9U_2$。如果考虑滤波电感的直流电阻 R,则电感滤波电路输出的电压平均值为

$$U_{o(AV)} = \frac{R_L}{R + R_L} 0.9U_2$$

要注意电感滤波电路的电流必须要足够大,即 R_L 不能太大,应满足 $\omega L \gg R_L$,此时 $U_{o(AV)}$ 可用下式计算:

$$U_{o(AV)} = \frac{0.9U_2}{R_L}$$

由于电感的直流电阻小,交流阻抗很大,因此直流分量经过电感后的损失很小,但是对于交流分量,在 ωL 和 R_L 上分压后,很大一部分交流分量降落在电感上,因而降低了输出电压中的脉动成分。电感 L 越大,R_L 越小,则滤波效果越好,所以电感滤波适用于负载电流比较大且变化比较大的场合。采用电感滤波以后,延长了整流管的导电角,从而避免了过大的冲击电流。

2.5.4　稳压电路

单相桥式整流电路将电网的交流电经过变压和整流环节变换成所需大小的单向脉动电压,再由滤波电路减小脉动电压的脉动程度,有些对直流电源稳定性要求不高的场合,滤波后的电源就可以满足要求了。但大部分电子装置要求整流电路的输出电压十分稳定,而电压的不稳定有时会产生测量和计算的误差,引起控制装置的工作不稳定,因此许多电子设备都需要有稳定的直流电流源供电,所以必须加有稳压电路。

稳压电路的作用是当外界因素(电网电压、负载、环境温度)等发生变化时,使输出直流电压不受影响,而维持稳定的输出。稳压电路一般采用集成稳压器和一些外围元件组成。采用集成稳压器设计的电源具有性能稳定、结构简单等优点。

最简单的直流稳压电源是硅稳压管稳压电路。图 2.77 是一种稳压管稳压电路,经过桥式整流电路整流和电容滤波器滤波得到直流电压 U_i,再经过限流电阻 R 和稳压管 D_z 构成的稳压电路接到负载 R_L 上,负载 R_L 得的就是一个比较稳定的电压 U_o。

$$U_o = U_z$$

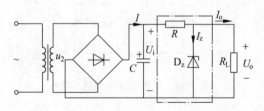

图 2.77　稳压管稳压电路

1. 稳压电路的工作原理

引起输出电压不稳的主要原因有交流电源电压的波动和负载电流的变化。我们来分析在这两种情况下稳压电路的作用。

若负载 R_L 不变,当交流电源电压增加,即造成变压器二次电压 u_2 增加而使整流滤波后的输出电压 U_i 增加时,输出电压 U_o 也有增加的趋势,但输出电压 U_o 就是稳压管两端的反向电压(或叫稳定电压)U_z,当负载电压 U_o 稍有增加时(U_z 稍有增加),稳压管中的电流 I_z 大大增加,使限流电阻 R 两端的电压降 U_R 增加,以抵偿 U_i 的增加,从而使负载电压 U_o 保持近似不变。这一稳压过程可表示成

$$电源电压\uparrow \to u_2 \uparrow \to U_i \uparrow \to U_o \uparrow \to I_z \uparrow\uparrow \to I \uparrow\uparrow \to U_R \uparrow\uparrow \to U_o \downarrow \to 稳定$$

若电源电压不变,使整流滤波后的输出电压 U_i 不变,此时若负载 R_L 减小时,则引起负载电流 I_o 增加,电阻 R 上的电流 I 和两端的电压降 U_R 均增加,负载电压 U_o 因而减小,U_o 稍有减少将使 I_z 下降较多,从而补偿了 I_o 的增加,保持 $I=I_o+I_z$ 基本不变,也保持 U_o 基本恒定。这个过程可归纳为

$$R_L \downarrow \to I_o \uparrow \to I \uparrow \to U_R \uparrow \to U_o \downarrow \to I_z \downarrow\downarrow \to I \downarrow \to U_R \downarrow \to U_o \uparrow \to 稳定$$

2. 稳压元件的选择

从上述讨论中可见:首先,稳压管的稳压值 U_z 就是硅稳压电路的输出电压值 U_o,另外考虑到当负载开路时输出电流可能全部流过稳压管,故选择稳压管的最大稳定电流时要留有余地,一般取稳压管的最大稳定电流是输出电流的 $2\sim3$ 倍。另外,整流滤波后得到直流电压 U_i 应为输出电压的 $2\sim3$ 倍。

$$U_z = U_o$$
$$I_{zmax} = (2\sim3)I_o$$
$$U_i = (2\sim3)U_o$$

其次,在稳压调整过程中,限流电限 R 是实现稳压的关键,限流电阻值的选取就十分重要,必须满足两个条件:

(1) 当输入直流电压最小(为 U_{imin})而负载电流最大(为 I_{omax})时,流过稳压管的电流最小,这个电流应大于稳压管稳压范围内的最小工作电流 I_{zmin}(一般取 1mA),即

$$\frac{U_{imin}-U_o}{R_z} - I_{omax} \geqslant I_{zmin}$$

(2) 当输入直流电压最高(为 U_{imax})而负载电流最小(为 I_{omin})时,流过稳压管的直流电流最大,这个最大电流不应超过稳压管允许的最大稳定电流(I_{zmax}),即

$$\frac{U_{imax}-U_o}{R_z} - I_{omin} \leqslant I_{zmax}$$

可在下列范围内进行选择

$$\frac{U_{imin}-U_o}{I_{zmin}+I_{omax}} \geqslant R_z \geqslant \frac{U_{imax}-U_o}{I_{zmax}+I_{omin}}$$

稳压管稳压电路结构简单,调试方便,使用元件少,但输出电流较小,输出电压不能调节,且稳压管的电流调整范围较小。

例如,设计一直流稳压电流,要求输入交流电源的电压为 220V,直流电压输出为 6V,负载电阻为 $R_L=300\Omega$,采用桥式整流、电容滤波、硅稳压管稳压,选择各元件参数。

设计过程如下,直流稳压电流电路如图 2.77 所示。

由 $U_o=6V$ 及稳压电路输入电压 $U_i=(2\sim3)U_o$,取 $U_i=3U_o=18V$。

U_i 是电源的桥式整流、电容滤波后的输出,它与变压器二次电压的关系是 $U_i=1.2U_2$,所以变压器二次电压的有效值 $U_2=15V$。

（1）选择整流、滤波元件。先不考虑稳压电路则有：

输出电压

$$U_I = 18V$$

输出电流

$$I_o = \frac{U_o}{R_L} = \frac{18V}{300\Omega} = 0.06A = 60mA$$

整流二极管（有电容滤波后，考虑冲击电流）$I_D = I_o = 60mA$，反向工作电压 $\sqrt{2}U_2 = 22V$。

选择 2CP11 二极管四个（整流电流 $I_D = 100mA$，最高反向工作电压为 50V）。

电容：$C = (3\sim5)\dfrac{T}{2R_L}$，取为 3，则 $C = \dfrac{3}{2} \times \dfrac{0.02}{300} = 100 \times 10^{-6}F = 100\mu F$。

选取耐压为 50V、电容量为 $100\mu F$ 的电解电容。

（2）选择稳压元件

根据题意，取 $U_z = U_o = 6V$；这时输出电流 $I_o = \dfrac{U_o}{R_L} = \dfrac{6}{300}A = 20mA$；选稳压管 2CW13 （$U_z = 6V$，$I_z = 10mA$，$I_{zmax} = 38mA$）；

限流电阻 R_z，由

$$\frac{U_{Imin} - U_o}{I_{zmin} + I_{omax}} \geqslant R_z \geqslant \frac{U_{Imax} - U_o}{I_{zmax} + I_{omin}}$$

得 $R \leqslant \dfrac{18-6}{1+20} = 0.57k\Omega = 570\Omega$，$R \geqslant \dfrac{18-6}{38} = 0.316k\Omega$，这里未计电源电压变化。

取 $R = 360\Omega$。

2.6 有源滤波电路的设计

滤波电路是一种能使某一部分频率的信号顺利通过，而另外一部分频率的信号受到较大衰减的电路。它在测量技术、无线电通信技术和控制系统等领域中有着广泛的应用。

若滤波电路仅由无源元件（电阻、电容、电感）组成，称为无源滤波电路。若滤波电路不仅由无源元件，还由有源元件（双极型管、单极型管、集成运放）组成，则称为有源滤波电路。

有源滤波自身就是谐波源。其依靠电力电子装置，在检测到系统谐波的同时产生一组和系统幅值相等、相位相反的谐波向量，这样可以抵消掉系统谐波，使其成为正弦波形。有源滤波除了滤除谐波外，同时还可以动态补偿无功功率。其优点是反应动作迅速，滤除谐波可达到 95% 以上。

有源滤波器实际上是一种具有特定频率响应的放大器。它是在运算放大器的基础上增加一些 R、C 等无源元件而构成的。其功能是让一定频率范围内的信号通过，抑制或急剧衰减此频率范围以外的信号。可用在信息处理、数据传输、抑制干扰等方面，但因受运算放大器频带限制，这类滤波器主要用于低频范围。根据对频率范围的选择不同，可分为低通（LPF）、高通（HPF）、带通（BPF）与带阻（BEF）四种滤波器，理想的幅频特性如图 2.78 所示。由于具有理想幅频特性的滤波器很难实现，只能用实际的幅频特性逼近。一般来说，滤波器的幅频特性越好,其相频特性越差,反之亦然。滤波器的阶数越高,幅频特性衰减的速率越快,但 RC 网络的节数越多,元件参数计算越繁琐,电路调试越困难。任何高阶滤波器均可以用较低的二阶 RC 有滤波器级联实现。

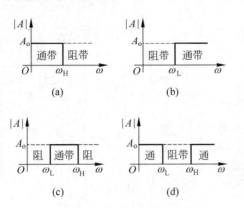

图 2.78 滤波器幅频特性曲线

(a) 低通 $BW = \omega_H$;(b) 高通 $BW = \infty$;(c) 带通 $BW = \omega_H - \omega_L$;(d) 带阻

有源滤波电路一般由 RC 网络和集成运放组成,所以必须在合适的直流电源供电的情况下才能起滤波作用,同时还可以进行放大。有源滤波电路不适于高电压、大电流的负载,只适用于信号处理。

2.6.1 有源低通滤波电路

图 2.79(a)是由最基本的无源 RC 网络接到集成运放的同相输入端构成的一阶低通滤波器电路,它能够使低频信号通过,而抑制高频信号。但是当频率趋于零时,电压放大倍数的数值趋于无穷大,其幅频特性如图 2.79(b)所示。

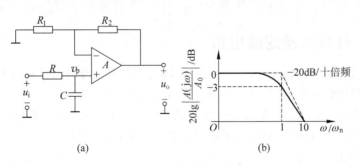

图 2.79 低通滤波器

(a) 电路图;(b) 幅频特性曲线

低通滤波器的频率特性表达式为

$$A_{uf} = \frac{u_o}{u_i} = \frac{1 + R_2/R_1}{1 + j\dfrac{\omega}{\omega_0}} = \frac{A_u}{1 + j\dfrac{\omega}{\omega_0}}$$

式中,角频率 $\omega = 2\pi f$;截止角频率 $\omega_0 = \dfrac{1}{RC}$,或截止频率 $f_0 = \dfrac{1}{2\pi RC}$;$A_u = 1 + R_2/R_1$,为通频带内的电压放大倍数。

这种一阶低通滤波器的特点是电路简单,阻带衰减太慢,选择性较差。为了使输出电压在高频段以更快的速率下降,以改善滤波效果,再加一阶 RC 低通滤波环节,称为二阶有源滤波电路,如图 2.80 所示,它比一阶低通滤波器的滤波效果更好。

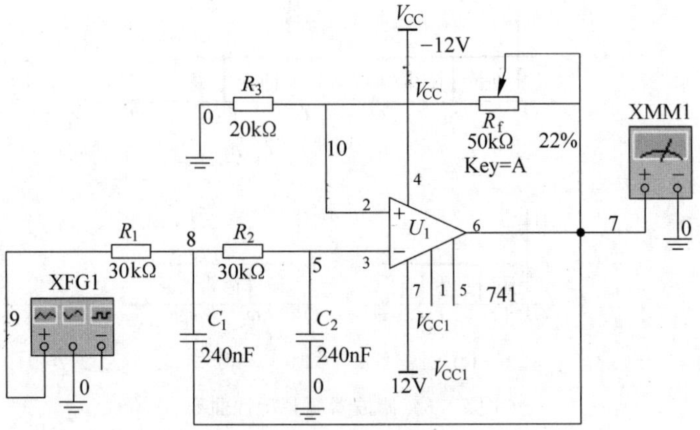

图 2.80 二阶有源低通滤波器

因为 $C_1=C_2=C$,$R_1=R_2=R$,则此电路的传递函数为

$$A_u(s)=\frac{A_{up}}{1+(3-A_{up})sRC+(sRC)^2}$$

令 $s=j\omega$,代入式中得

$$A(j\omega)=\frac{A_{up}}{1-\left(\dfrac{\omega}{\omega_0}\right)^2+j\dfrac{1}{Q}\dfrac{\omega}{\omega_0}}$$

式中,通带增益 $A_{up}=1+\dfrac{R_f}{R_3}$;品质因数 $Q=\dfrac{1}{3-A_{up}}$;截止频率 $\omega_0=\dfrac{1}{RC}$。

2.6.2 有源高通滤波电路

与低通滤波器相反,高通滤波器用来通过高频信号,衰减或抑制低频信号。只要将低通滤波电路中起滤波作用的电阻、电容位置互换,即可变成有源高通滤波器。图 2.81(a)所示为二阶有源高通滤波器。高通滤波器性能与低通滤波器相反,其频率响应和低通滤波器是"镜像"关系,仿照 LPH 分析方法,不难求得 HPF 的幅频特性。

其频率特性为

$$H(j\omega)=\frac{A_f}{1-\left(\dfrac{\omega_o}{\omega}\right)^2+j\dfrac{1}{Q}\dfrac{\omega_o}{\omega}}$$

$$A_f=\left(1+\frac{R_f}{R_1}\right)$$

$$Q=\frac{1}{3-A_f},\quad \omega_o=\frac{1}{RC}$$

图 2.81(b)为二阶高通滤波器的幅频特性曲线,它与二阶低通滤波器的幅频特性曲线有"镜像"关系。

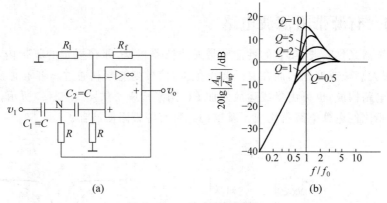

(a)   (b)

图 2.81　二阶高通滤波器

（a）电路图；（b）幅频特性

2.6.3　有源带通滤波电路

带通滤波器可由低通滤波器和高通滤波器构成，也可以直接由集成运放外加 RC 网络构成，不同的构成方法，其滤波特性也不同。带通滤波器的功能是让指定频段内的信号通过，而比通频带下限频率低和比上限频率高的信号均加以衰减或抑制。典型的带通滤波器可以从二阶低通滤波器中将其中一级改成高通而成，如图 2.82(a)所示。

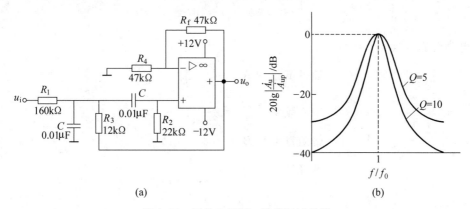

(a)   (b)

图 2.82　压控电压源二阶带通滤波器

（a）电路图；（b）幅频特性

电路性能参数如下：

$$\text{通带增益}\quad A_{up}=\frac{R_4+R_f}{R_4R_1CB}$$

$$\text{中心频率}\quad f_0=\frac{1}{2\pi}\sqrt{\frac{1}{R_3C^2}\left(\frac{1}{R_1}+\frac{1}{R_2}\right)}$$

$$\text{通带宽度}\quad B=\frac{1}{C}\left(\frac{1}{R_1}+\frac{1}{R_2}-\frac{R_f}{R_3R_4}\right)$$

$$\text{选择性}\quad Q=\frac{\omega_0}{B}$$

此电路的优点是改变 R_f 和 R_4 的比例就可改变频宽而不影响中心频率。

2.6.4 有源带阻滤波电路

带阻滤波器又称陷波器,它的性能和带通滤波器相反,即在规定的频带内,信号不能通过(或受到很大衰减或抑制),而在其余频率范围,信号则能顺利通过。带阻滤波器可由低通电路和高通电路构成,也可由集成运放外加 RC 网络构成。如图 2.83(a)所示,在双 T 网络后加一级同相比例运算电路就构成了基本的二阶有源带阻滤波器。

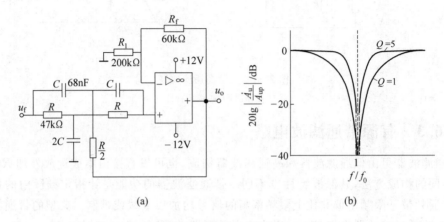

图 2.83 二阶带阻滤波器

(a)电路图;(b)频率特性

电路性能参数如下:

$$\text{通带增益} \quad A_{up} = 1 + \frac{R_f}{R_1}$$

$$\text{中心频率} \quad f_0 = \frac{1}{2\pi RC}$$

$$\text{带阻宽度} \quad B = 2(2 - A_{up})f_0$$

$$\text{选择性} \quad Q = \frac{1}{2(2 - A_{up})}$$

第 3 章

数字电子电路及系统设计

3.1 典型数字电子系统的组成

数字电子系统,尤其是微电子技术开发系统,是当今新技术应用领域之一。不论是数控电子系统、数测电子系统,还是数算电子系统、数字通信系统,都涉及数字电路及系统的设计问题。而所谓数字电子系统的设计,就是将已学过的各类数字单元的功能电路有机地综合起来,以完成实践要求的预期结果。

1. 典型数字系统的组成

任何一个数字电子系统,大多由五个基本部分组成,如图 3.1 所示。

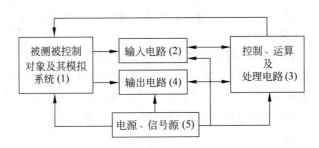

图 3.1　典型数字电子系统组成

(1) 被测、被控制对象及模拟系统是输入电子系统的电或非电的物理信息(如电信号电压、电流信息或非电物理量温度、压力、位移、流量等)。

(2) 输入电路是用来接收被测被控的信息,并进行必要的变换和处理(如接收的是温度,则要通过温度传感器变换成电信号,并应用模数转换转变成数字信息)。

(3) 控制运算及处理电路则是向输入输出电路发出控制信号,接收输入电路送来的数字信息,按规定要求作必要的逻辑或算术的运算处理,将其结果至输出电路,并发出相应控制信号,使输出电路对外送出结果。从图 3.1 还可以看出,模块(3)的信息传输具有双向功能,且对模块(1)还有启动控制功能。

(4) 输出电路接收模块(3)送来的运算处理结果和控制信息、或按规定将某些中间结果返送回模块(3)进行再运算和处理、接收模块(3)送来的最终结果并作必要的变换——数模变换、处理、放大去驱动模块(1)的被测、被控对象或直接显示、或经打印机输出终值。

(5)电源和信号源是向系统各部分提供直流稳压电源和必要的信号源。

综上所述可知,模块(3)部件为整个数字电子系统中的核心部件,且是数字电子系统设计的主体。通常这个核心部件又都是由相关的组合逻辑电路和时序逻辑电路组成,故数字电子系统的课程设计,也就是被分解的组合逻辑电路、时序逻辑电路及其他特殊功能电路的设计。

2. 数字电子系统设计的步骤

数字电子系统的设计步骤也是按方案设计、单元电路设计、单元和方案试验等顺序进行。具体就是依据课题设计任务书规定的技术指标要求,应用综合的方法拟出系统结构框图,确定各功能框图的电路类型,选择合适的数字集成芯片的规格型号,按所选芯片片脚功能连接组合成一个完整的数字电子系统,搭接线路试验符合要求即可。由此可以看出,由于数字集成芯片的引入,数字电子系统的设计方法大大简化,计算工作量大大减少(只用到一些逻辑设计计算),特别是中、大规模集成芯片的引入应用,使系统结构非常简单,可靠性大大提高,成本降低,重量减轻,可以做到小型化、微型化。

当然,在数字电子系统中可能要用到一些特殊功能的数字单元电路,市场上没有现成的集成芯片供应,只好单独进行设计。但这部分电路数量不多,设计工作量也就不大。

3.2 任意进制计数器设计

3.2.1 N 进制设计要点

用中规模集成计数器芯片可以实现任意进制计数器。计数器设计有两种方法:其一为反馈清零法;其二为反馈置数法。

在设计 N 进制计数器时,一般要掌握以下的几个关键点。

(1)芯片数量、类型的确定:当 $N \leqslant M$(M 是该芯片的计数器的状态数),只需一片模 M 计数器;若 $N > M$,则需要多片了;若以十进制显示则应选用十进制集成计数器,无此要求则可根据电路功能需要及选用方便程度进行选择。当电路对工作速度有要求时,则可选用同步计数器,否则可任选。

(2)对集成计数器功能彻底掌握。

① 计数器触发翻转时刻是在 CP 的上升沿还是下降沿?

② 计数器清零、置数是同步还是异步?是高电平有效还是低电平有效?

③ 集成计数器的计数时序。

只有掌握这些关键之处才能正确选择用以反馈的某组输出代码,才能确定向高位进位的信号,才能采用合适的电路来实现 N 进制计数器。

3.2.2 计数电路设计

数字钟的计数电路是用两个六十进制计数电路和二十四进制计数电路实现的。数字钟的计数电路的设计可以用反馈清零法。当计数器正常计数时,反馈门不起作用,只有当进位脉冲到来时,反馈信号将计数电路清零,实现相应模的循环计数。以六十进制为例,当计数器从 00,01,02,…,59 计数时,反馈门不起作用,只有当第 60 个秒脉冲到来时,反馈信号随即将计数电路清零,实现模为 60 的循环计数。

下面将分别介绍六十进制分、秒计数器和二十四进制小时计数器。

1. 方案一:采用 74LS160 构成六十、二十四进制计数器

1)中规模集成同步计数器 74LS160

74LS160 是十进制计数器,具有异步清零、同步置数、加 1 计数及保持等功能,其引脚排列及逻辑符号如图 3.2 所示(74SL161 的引脚结构与 74SL160 完全相同)。

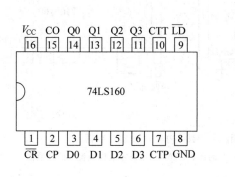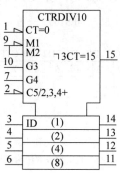

图 3.2 74LS160 引脚图及其逻辑符号

2)74LS160 的逻辑功能

74LS160 是十进制可预置计数器,具有计数、同步置数、保持和异步清零等功能,表 3.1 为 74LS160 的逻辑功能表,具体说明如下。

(1)当 $\overline{CR}$＝0 时,Q3Q2Q1Q0＝0000,为异步清零,无须 CP 配合。

(2)当 $\overline{LD}$＝0 和 $\overline{CR}$＝1 时,在 CP 的上升沿时可将数据 D3D2D1D0 置入 Q3Q2Q1Q0,即为同步置数。

(3)当 $\overline{LD}$＝1、$\overline{CR}$＝1,使能端 CTP＝CTT＝1 时,计数器则在 CP 上升沿作用下按 8421BCD 码循环计数,当计数器状态达到 1001 时,CO 为 1,产生进位输出。

(4)当 $\overline{CR}$＝1、$\overline{LD}$＝1、CTP＝0、CTT＝× 时,Q3Q2Q1Q0 和进位输出 CO 均处于保持状态。

(5)当 $\overline{CR}$＝1、$\overline{LD}$＝1、CTP＝×、CTT＝0 时,Q3Q2Q1Q0 处于保持状态,进位输出 CO 为 0。

表 3.1 74LS160 的逻辑功能

$\overline{LD}$	CTP	CTT	$\overline{CR}$	CP	功 能
0	×	×	1	↑	同步预置
1	0	×	1	×	保持
1	×	0	1	×	保持(CO=0)
×	×	×	0	×	异步清零
1	1	1	1	↑	计数

3)利用 74LS160 构成六进制计数器

74LS161 是常用的 4 位二进制可预置的同步加法计数器,可以灵活地运用在各种数字电路,以及单片机系统中实现分频器等很多重要的功能(见图 3.3)。74LS161 计数状态由 $(0000)_2$一

66

(1111)$_2$，其引脚结构与 74LS161 完全相同，构成六进制计数器的方法与 74LS160 相同。

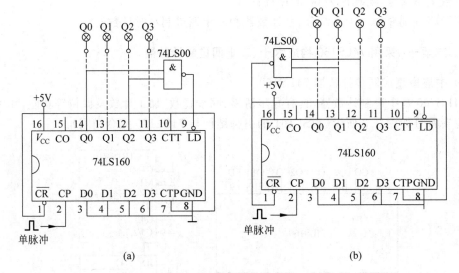

(a)   (b)

图 3.3   用 74LS160 构成六进制计数器

（a）利用预置数法构成模 6 的计数；（b）利用清零法构成模 6 的计数器

4）利用 74LS160、74LS161 构成六十进制和二十四进制计数器

工作原理：如图 3.4 和图 3.5 所示，利用十进制计数器 74LS160 设计十进制计数器显示个位。计数器的 1 脚接高电平，7 脚及 10 脚接 1。因为 7 脚和 10 脚同时为 1 时计数器处于计数工作状态，个位和十位的 2 脚相接从而实现同步工作，15 脚（串行进位输出端）接 10 位的 7 脚和 10 脚。个位计数器由 Q3Q2Q1Q0(0000)$_2$ 增加到 (1001)$_2$ 时产生进位，十位计数器的 2 脚脉冲输入端 CP，从而实现十进制计数和进位功能。利用 74LS161 和 74LS00 设计六进制计数器显示 10 位：7 脚和 10 脚接个位计数器的 15 脚（串行进位输出端），当个位计数器由 Q3Q2Q1Q0 (0000)$_2$ 增加到 (1001)$_2$ 时产生进位，十位开始计数，通过 7403 对 Q2Q1 与非接入 74LS161 的 1 脚清零端和分位计数器的 2 脚脉冲输入端 CLK，从而实现六进制计数器和进位功能。

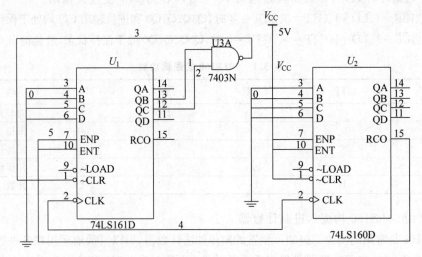

图 3.4   用 74LS160、74LS161 构成六十进制计数器

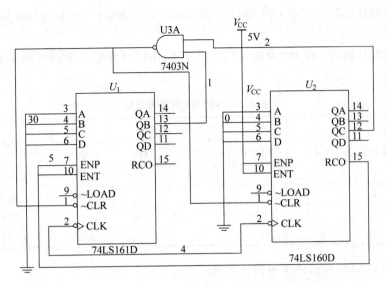

图 3.5 用 74LS160、74LS161 构成二十四进制计数器

2. 方案二：采用 74LS390 构成六十、二十四进制计数器

1) 中规模集成同步计数器 74LS390

74LS390 是双十进制计数器,具有双时钟输入,并具有下降沿触发、异步清零、二进制、五进制、十进制计数等功能,其引脚排列及逻辑符号如图 3.6(b)所示。$\overline{CPA}$、$\overline{CPB}$是 CP 脉冲输入端,Q3Q2Q1Q0 为输出端。

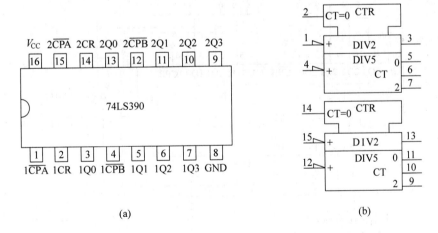

(a)   (b)

图 3.6 74LS390 引脚图和逻辑符号

(a) 74LS390 引脚图；(b) 74LS390 逻辑符号图

2) 74LS390 的逻辑功能

74LS390 的逻辑功能见表 3.2 所示,它可以实现以下功能。

(1) 异步清零：CR 为高电平时直接清零,与 CP 信号无关(即异步清零)。

(2) 二进制计数器：CP 接$\overline{CPA}$端,为下降沿触发,Q0 有相应的状态变化(0~1)。

（3）五进制计数器：CP 接$\overline{CPB}$端，为下降沿触发，Q3Q2Q1 三个输出端有相应的状态变化（000～100）。

（4）十进制计数器：将 Q0 直接与$\overline{CPB}$相连接，由$\overline{CPA}$作输入脉冲可构成 8421BCD 码十进制计数器。

表 3.2　74LS390 的逻辑功能

输　　入			输　　出				逻 辑 功 能
CR	$\overline{CPA}$	$\overline{CPB}$	Q3	Q2	Q1	Q0	
1	×	×	0	0	0	0	异步清零
0	↓	×	—			0～1	二进制计数器
0	×	↓	000	～	100	—	五进制计数器
0	↓	Q0	0000		～	1001	十进制计数器

3）采用 74LS390 构成六十进制计数器

如图 3.7 所示是用 74LS390 构成的六十进制计数器接线图，按图正确连接电路，两个计数器 Q0 接$\overline{CPB}$（即 3 脚接 4 脚，13 脚接 12 脚）分别构成十进制计数器。而 1Q3 接至 2$\overline{CPA}$，2Q2、2Q1 通过与门反馈到两个 CR 清零端（或 2CR 清零端），构成六十进制计数器。

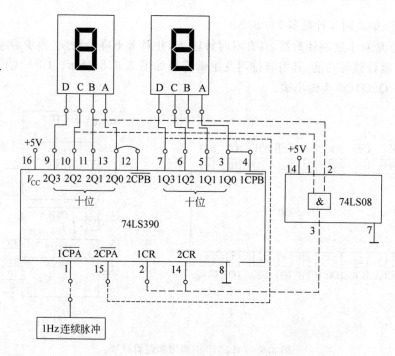

图 3.7　用 74LS390 实现六十进制计数器

4）用 74LS390 构成二十四进制计数器

如图 3.8 所示是用 74LS390 构成的二十四进制计数器接线图，两个计数器的 Q0 接$\overline{CPB}$（即 3 脚接 4 脚，13 脚接 12 脚）分别构成十进制计数器，而 1Q3 接至 2$\overline{CPA}$，2Q1、1Q2 通过与门反馈到两个 CR 清零端，构成二十四进制计数器。

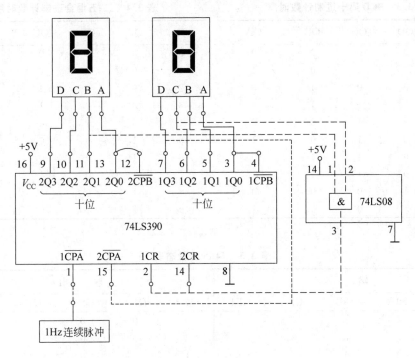

图 3.8　用 74LS390 实现二十四进制计数器

3．方案三：采用 74LS90(92)构成六十、二十四进制计数器

1) 十进制计数器 74LS90

74LS90 是二-五-十进制计数器,该芯片带有异步清零、异步置数功能。它有两个时钟输入端 CPA 和 CPB。其中,CPA 和 Q0 组成一位二进制计数器;CPB 和 Q3Q2Q1 组成五进制计数器。74LS90 的引脚图如图 3.9 所示。

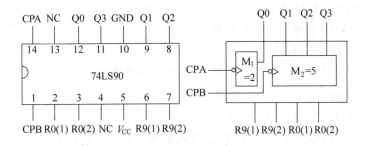

图 3.9　74LS90 的引脚图

若将 QA 与 CPB 相连接,时钟脉冲从 CPA 输入,则构成了 8421BCD 码十进制计数器。74LS90 有两个清零端 R0(1)、R0(2),两个置 9 端 R9(1) 和 R9(2),其 BCD 码十进制计数时序如表 3.3 所示,二-五混合进制计数时序如表 3.4 所示,状态表如表 3.5 所示。

表3.3　BCD码十进制计数时序

CP	QD	QC	QB	QA
0	0	0	0	0
1	0	0	0	1
2	0	0	1	0
3	0	0	1	1
4	0	1	0	0
5	0	1	0	1
6	0	1	1	0
7	0	1	1	1
8	1	0	0	0
9	1	0	0	1

表3.4　二-五混合进制计数时序

CP	QA	QB	QC	QD
0	0	0	0	0
1	0	0	0	1
2	0	0	1	0
3	0	0	1	1
4	0	1	0	0
5	1	0	0	0
6	1	0	0	1
7	1	0	1	0
8	1	0	1	1
9	1	1	0	0

表3.5　74LS90状态表

输　　入				输　　出				
R0B	S9A	S9B	CP0	CP1	Q_0^{n+1}	Q_1^{n+1}	Q_2^{n+1}	Q_3^{n+1}	
1	0	×	×	×	0	0	0	0	（清零）
1	×	0	×	×	0	0	0	0	（清零）
×	1	1	×	×	1	0	0	1	（置9）
0	×	0	↓	0	二进制计数				
0	0	×	0	↓	五进制计数				
×	×	0	↓	Q_0	8421码十进制计数				
×	0	×	Q_1	↓	5421码十进制计数				

2）异步计数器74LS92

异步计数器74LS92是二-六-十二进制计数器,即CPA和QA组成二进制计数器,CPB和QDQCQB在74LS92中为六进制计数器。当CPB和QA相连,时钟脉冲从CPA输入,74LS92构成十二进制计数器。74LS92的引脚图如图3.10所示。

3）用74LS90(92)构成六十进制计数器

六十进制计数器个位由74LS90来实现,该芯片是具有异步清零的异步十进制计数器。当CPB和QA相连,时钟脉冲从CPA输入,74LS90构成十进制计数器。

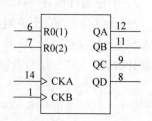

图3.10　74LS92的引脚图

六十进制计数器十位由74LS92来实现,该芯片是具有异步清零的异步二-六-十二进制计数器。当CPB和QA相连,时钟脉冲从CPA输入,74LS92构成十二进制计数器。

用74LS92构成六进制方法有两种。方法之一：由74LS92的时序可知,QCQBQA输出000～101六个状态,在译码显示时,译码器的D不与QD相连而直接接地。方法之二：采用反馈清零法,由计数时序可见当第6个CP脉冲过后QDQCQBQA翻转成1000,QD正好产生一个上跳,以此作为清零信号反馈到74LS92的清零端便实现了六进制计数。

在如图3.11所示的六十进制计数器电路中,74LS92作为十位计数器,在电路中采用六进制计数；74LS90作为个位计数器在电路中采用十进制计数。当74LS90的14脚接振荡电路的输出脉冲 1Hz 时 74LS90 开始工作,计满十次 74LS90 由 9 翻转到 0 时 QD 产生一个下跳,并由 74LS90 的 QD 向十位计数器 74LS92 提供 CP 下降沿触发翻转,在此瞬间个位清零,十位被翻转计数。

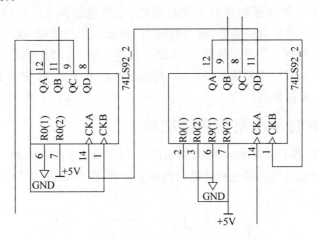

图 3.11 六十进制计数器

4) 用 74LS90、74LS92 构成二十四进制计数器

74LS90 构成二十四进制的个位十进制计数器,74LS92 作二十四进制计数器的十位,74LS90 的 QD 作进位信号引入 74LS92 的 CPA 端。运用反馈清零法构建二十四进制,其原理图如图 3.12 所示。

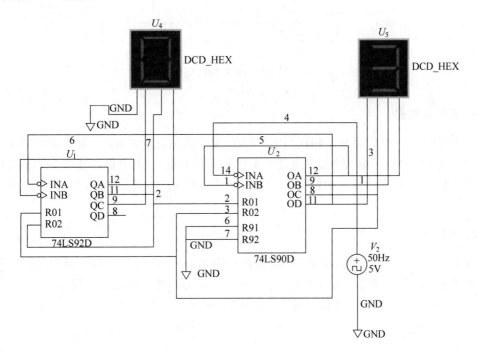

图 3.12 用 74LS90、74LS92 构成二十四进制计数器

3.3 555时基电路及其应用

555时基电路是一种双极型的时基集成电路,工作电源为 $4.5 \sim 18V$,输出电平可与TTL、CMOS 和 HLT 逻辑电路兼容,输出电流为 $200mA$,工作可靠,使用简便而且成本低,可直接推动扬声器、电感等低阻抗负载,还可以在仪器仪表、自动化装置及各种电器中作定时及时间延迟等控制,可构成单稳态触发器、无稳态多谐振荡器、脉冲发生器、防盗报警器、电压监视器等电路,应用极其广泛。

3.3.1 555时基电路的内部结构

国产双极型定时器 CB555 的电路结构如图 3.13 所示,它由分压器、电压比较器 C_1 和 C_2、SR 锁存器、缓冲输出器和集电极开路的放电三极管 T_D 组成。

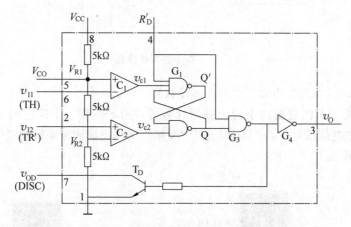

图 3.13　555时基电路电路的内部结构原理图

1. 电压比较器

电压比较器 C_1 和 C_2 是两个相同的线性电路,每个电压比较器有两个信号输入端和一个信号输出端。C_1 的同向输入端接基准比较电压 V_{R1},反向输入端(也称阈值端 TH)外接输入触发信号电压,C_2 的反向输入端接基准比较电压 V_{R2},同向输入端(也称触发端 TR')外接输入触发信号电压。

2. 分压器

分压器由三个等值电阻串联构成,将电源电压 V_{CC} 分压后分别为两个电压比较器提供基准比较电压。在控制电压输入端 V_{CO} 悬空时,C_1、C_2 的基准比较电压分别为 V_{R1}、V_{R2}。通常应将 V_{CO} 端接一个高频干扰旁路电容。如果 V_{CO} 外接固定电压,则

$$V_{R1} = V_{CO}, \quad V_{R2} = \frac{1}{2}V_{CO}, \quad V_{R1} = \frac{2}{3}V_{CC}, \quad V_{R2} = \frac{1}{3}V_{CC}$$

3. SR 锁存器

SR 锁存器是由两个 TTL 与非门构成,它的逻辑状态由两个电压比较器的输出电位控

制,并有一个外引出的直接复位控制端 R'_D。只要在 R'_D 端加上低电平,输出端 V_o 便立即被置成低电平,不受其他输入端状态的影响。正常工作时必须使 R'_D 处于高电平。SR 锁存器有置 0(复位)、置 1(置位)和保持三种逻辑功能。电压比较器 C_1 的输出信号作为 SR 锁存器的复位控制信号,电压比较器 C_2 的输出信号作为 SR 锁存器的置位控制信号。

4. 集电极开路的放电三极管

放电三极管实际上是一个共发射极接法的双极型晶体管开关电路,其工作状态由 SR 锁存器的 Q' 端控制,集电极引出片外,外接 RC 充放电电路。通常,把引出片外的集电极称为放电端(DISC)。

5. 输出缓冲器

输出缓冲器由反相器构成。其作用是提高时基集成电路的负载能力,并隔离负载与时基集成电路之间的影响。输出缓冲器的输入信号是 SR 锁存器 Q' 的输出信号。

3.3.2 555 时基电路的基本工作模式

555 时基电路的应用十分广泛,用它可以轻易组成各种性能稳定的实用电路,但无论电路如何变化,若将这些实用电路按其工作原理归纳分类,其基本工作模式不外乎单稳态、双稳态、无稳态及定时这四种模式。

1. 单稳态工作模式

在实际应用中,并不总是需要连续重复波,有时只需要电路在一定长度时间内工作,这种电路只需要工作在单稳态模式。单稳态模式是指电路只有一个稳定状态,也称单稳态触发器。在稳定状态时,555 时基电路处于复位态,即输出低电平。当电路受到低电平触发时,555 电路翻转置位进入暂稳态,在暂稳态时间内,输出高电平,经过一段延迟后,电路可自动返回稳态。单稳态工作模式根据工作原理可分为脉冲启动的单稳和单稳型压控振荡器。

1) 定时工作模式

定时工作模式实质上是单稳态工作模式的一种变形,其电路如图 3.14 所示,由于这种电路在应用电路中使用得较为广泛,所以可以作为一种基本工作模式。

定时工作模式主要用于定时或延时电路中,其稳态时 $V_\mathrm{O}=0$,暂稳态 $V_\mathrm{O}=1$,输出脉冲的宽度 t_W 等于暂稳态持续的时间,而暂稳态持续的时间取决于外接电阻 R 和电容 C 的大小

$$t_\mathrm{W} = RC\ln\frac{0-V_\mathrm{CC}}{0-\frac{1}{3}V_\mathrm{CC}} = RC\ln 3 = 1.1RC$$

图 3.14(a)是开机时产生高电平的定时电路,经延迟时间 t 后,时基电路输出端将保持输出低电平不变,如果要使 3 脚再次输出高电平,只需按一下按钮 SB,电容 C 的存储电荷即通过 SB 泄放,2 脚端受低电平触发,555 置位,3 脚输出高电平松开 SB 后定时即开始。此时电源 V_DD 就通过定时电阻 R 向 C 充电,使 C 两端的电压(555 的阈值端 6 脚电平)不断升高,当升至 $2/3V_\mathrm{CC}$ 时,时基电路复位,定时结束,3 脚恢复输出低电平。

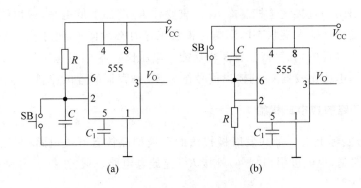

图 3.14　定时工作模式的基本电路

图 3.14(b)所示为开机时产生低电平的定时电路,经延迟时间 t 后,时基电路输出端将保持输出高电平不变,因为开机时,由于电容 C 两端电压不能跃变,所以 555 的 TH 端(6脚)为高电平,555 复位,3 脚输出低电平。然后电源经 R 向 C 充电,使 C 两端电压不断升高,从而使 555 的触发端 TR(2 脚)电平不断下降,经延迟时间 t 后,2 脚电平降至 $1/3V_{CC}$,时基电路置位,3 脚则保持输出高电平不变。如要再次输出一个延迟时间为 t 的低电平,只需按一下按钮 SB 即可。

2) 单稳型压控振荡器

由 555 时基电路组成的压控振荡器如图 3.15 所示,图 3.15(a)电路中,端口 2 输入被调制脉冲 V_I,端口 5 加调制信号 V_{CO}。在如图 3.15(b)所示的电路中,利用输出的脉冲,经低通滤波、直流放大后,闭环控制 555 的控制端(端口 5),使当触发频率升高时,自动减小其暂稳宽度,达到输出波形的占空比保持不变。单稳型压控振荡器主要用于脉宽调制、压频变化、A/D 变换等。

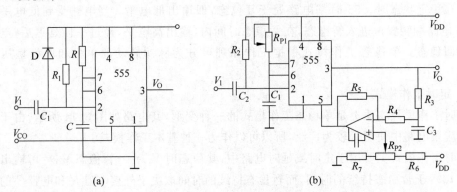

图 3.15　单稳型压控振荡器

2. 双稳态工作模式

双稳态工作模式是指电路有两个输入端和两个输出端的电路,它的输出端有两个稳定状态,即置位态和复位态。这种输出状态是由输入状态、输出端原来的状态和锁存器自身的性能来决定的。双稳态工作模式根据工作原理可分为 SR 锁存器和施密特触发器。

1) SR 锁存器（双限比较器）

对于 555 时基电路来说，按照它的逻辑功能完全可以等效于一个 SR 锁存器，如图 3.16 所示，只不过它是一个特殊的 SR 锁存器。它有两个输入端 TH(R) 和 TR′(S′)，只有一个输出端 V_O(Q) 而没有 Q′ 端。因为一个 Q 端就能解决和负载的连接以及说明锁存器的状态，所以省略了 Q′ 端。

这个特殊的 SR 锁存器的特殊之处有二：一是它的两个输入端对触发电平的极性要求不同，R 端要求高电平，而 S′ 端要求低电平；二是两个输入端的阈值电平不同，R 端为 $\frac{2}{3}V_{cc}$，即对 R 端来说，$V_R \geqslant \frac{2}{3}V_{cc}$ 时，输出高电平 1，而 $V_{\bar{s}} < \frac{2}{3}V_{cc}$ 时输出低电平 0；对 S′ 端来说阈值电平为 $\frac{1}{3}V_{cc}$，即 $V_{\bar{s}} \geqslant \frac{2}{3}V_{cc}$ 时，输出低电平 0，而 $V_s \geqslant \frac{1}{3}V_{cc}$ 时输出高电平 1。SR 锁存器常用于比较器、电子开关、检测电路、家电控制器等。

2) 施密特触发器（滞后比较器）

555 时基电路中的两个电压比较器 C_1 和 C_2，由于它们的参考电压不同，C_1 为 $\frac{1}{3}V_{cc}$，C_2 为 $\frac{1}{3}V_{cc}$，因而 SR 锁存器的置 0 信号和置 1 信号必然发生在输入信号的不同电平。因此，输出电压由高电平变为低电平和由低电平变为高电平所对应的输入信号值也不同，利用这一特性，将它的两个输入端 TH 和 TR 相连作为总输入端便可得到施密特触器，如图 3.17 所示。施密特触发器经常用于电子开关、监控告警、脉冲整型等。

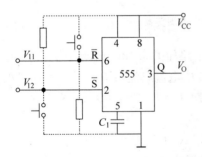

图 3.16　SR 锁存器

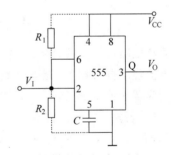

图 3.17　施密特触发器

3. 无稳态工作模式

无稳态工作模式是指电路没有固定的稳定状态，555 时基电路处于置位与复位反复交替的状态，即输出端交替出现高电平与低电平，输送出波形为矩形波。由于矩形波的高次谐波十分丰富，所以无稳态工作模式又称为自激多谐振荡器。可分为直接反馈型、间接反馈型多谐振荡器和无稳型压控振荡器。

1) 直接反馈型多谐振荡器

555 时基电路可以组成施密特触发器，利用施密特触发器的回差特性，在电路的两个输入端与地之间接入充放电电容 C 并在输出与输入端之间接入反馈电阻 R_f，就组成了一个直接反馈式多谐振荡器，如图 3.18(a) 所示。接通电源，电路在每次翻转后的充放电过程就是它的暂稳态时间,两个暂稳态时间分别为电容的充电时间 T_1 和放电时间 T_2。$T_1 = T_2 = 0.69RC$,振荡周期 $T = T_1 + T_2$,振荡频率 $f = 1/T$,电路占空比为 50%。改变 R、C 的值则可改变充放电时间,即改变电路的振荡频率 f。

电路中充、放电电阻 R 的取值一般应不小于 $10\text{k}\Omega$,如取值过小,那么充、放电电流过大,会使输出电压下降过多,重负载时尤其如此。

2) 间接反馈型多谐振荡器

直接反馈式多谐振荡器由于通过输出端向电容 C 充电,输出受负载因素的影响,会造成振荡频率的不稳定,所以常采用间接反馈式多谐振荡器,电路如图 3.18(b)所示。电路的工作过程不变,但它的工作性能得到很大改善。该电路充电时经 R_1 和 R_2 两只电阻,而放电时只经 R_2 一只电阻,两个暂稳态时间不相等,$T_1 = 0.69(R_1 + R_2)C$,$T_2 = 0.69R_2C$,振荡周期 $T = T_1 + T_2 = 0.69(R_1 + 2R_2)C$,振荡频率 $f = 1/T$。

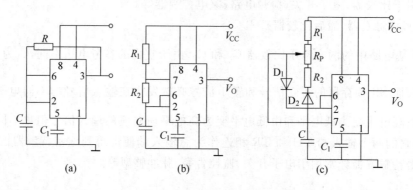

图 3.18　555 构成的多谐振荡器

如果将电路进行改进,接入二极管 D_1 和 D_2,电路如图 3.18(c)所示,电容的充电电流和放电电流流经不同的路径,充电电流只流经 R_1,放电电流只流经 R_2,因此电容 C 的充放电时间分别为 $T_1 = 0.69R_1C$,$T_2 = 0.69R_2C$,振荡周期 $T = T_1 + T_2 = 0.69(R_1 + R_2)C$,振荡频率 $f = 1/T$。若取 $R_1 = R_2$,占空比为 50%。

555 电路要求 R_1 与 R_2 均应大于或等于 $1\text{k}\Omega$,但 $R_1 + R_2$ 应小于或等于 $3.3\text{M}\Omega$。外部元件的稳定性决定了多谐振荡器的稳定性,555 定时器配以少量的元件即可获得较高精度的振荡频率,并且它具有较强的功率输出能力。多谐振荡器在脉冲输出、音响告警、家电控制、电子玩具、检测仪器、电源变换、定时器等方面有着广泛的应用。

3) 无稳型压控振荡器

如果间接反馈型多谐振荡器的控制电压输入端不悬空,则构成无稳态压控振荡器,电路如图 3.19 所示。图 3.19(a)电路电容 C 的充、放电时间分别为

$$T_1 = (R_1 + R_2)C\ln\frac{V_{\text{CC}} - \frac{1}{2}V_{\text{I}}}{V_{\text{CC}} - V_{\text{I}}}, \quad T_2 = R_2C\ln\frac{V_{\text{I}}}{\frac{1}{2}V_{\text{I}}}$$

振荡周期 $T = T_1 + T_2$,振荡频率 $f = 1/T$。当输入控制电压 V_{I} 升高时频率 f 将会降低。图 3.19(b)所示的电路是电压-频率转换电路,由运算放大器和 555 定时器构成,改变负载电阻 R_{L} 两端的电压降,就可改变 555 多谐振荡器的频率。若负载为 R_{L},电流为 I_{O},则

其两端电压 $V_I = I_O R_L$，该电压经差分放大器 A_1 放大 100 倍，A_1 输出加到 555 的控制端（5脚）对其进行调制，这样，555 输出（3 脚）信号频率就与输入电压 V_I 成比例。无稳型压控振荡器主要用于脉宽调制、电压频率变换以及 A/D 变换等。

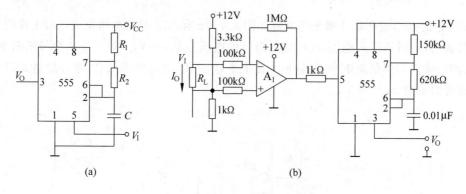

图 3.19　无稳型压控振荡器

3.3.3　555 集成电路的典型应用

1972 年，美思西格奈蒂克公司（Signetics）首次推出 NE555 双极性时基集成电路，原本旨在取代体积大、定时精度差的机械式定时器，但器件投放市场后，由于该集成电路成本低、使用方便、稳定性好，因此受到电子、电器设计与制作人员的欢迎，其应用范围远远超出了的设计者的初衷，其用途几乎涉及电子应用的各个领域。自世界上第一块 NE555 集成电路诞生至今 30 多年以来，其市场一直经久不衰，直至今天世界各国集成电路生产厂商仍竞相仿制。

1. 555 时基电路构成电机控制电路

NE556 定时器构成的电机控制电路如图 3.20 所示，电路中 NE556(1)构成无稳态多谐振荡器，NE556(2)构成单稳态多谐振荡器。R_3 和 C_3 构成微分电路，D_1 为限幅二极管，作用是吸收微分电路产生的正尖峰脉冲电压；NE556(2)的输出经 R_5 和 T_2 激励达林顿晶体管 T_1，使其通/断工作，从而驱动电动机使其运行。BP_1 用于调节激励 T_1 的周期，BP_2 用于控制电动机的转速。

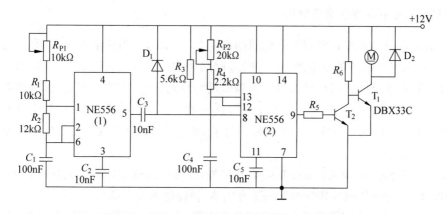

图 3.20　NE556 双时基电路构成的电机控制电路

555 时基电路在控制电路与转换电路方面的应用还有：构成水位自动控制电路、上下限温度自动控制电路、电压-频率转换电路、频率-电压转换电路等。

2. 555 时基电路构成相片曝光定时电路

555 定时器构成的相片曝光定时器如图 3.21 所示，555 时基电路接成定时工作模式，当电源接通后，定时器进入稳态，此时定时电容的电压为 $V_{CT}=V_{cc}$，对 555 这个等效的触发器来讲，两个输入端都是高电平，则输出为低电平，$V_O=0$，继电器不吸合，常开触电是打开的，相片曝光灯不亮。

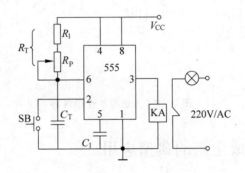

图 3.21　555 时基电路构成的相片曝光定时电路

当按下按钮开关 SB 后，定时电容 C_T 立即放电到电压为零，此时 555 电路等效触发输入端均为低电平，则输出为高电平，$V_O=1$，继电器吸合，常开触电是闭合，相片曝光灯点亮。按钮开关按一下后立即放开，电源电压就通过电阻 R_T 向电容 C_T 充电，暂稳态开始。当电容电压上升到 $\frac{2}{3}V_{cc}$ 时，定时时间已到，555 等效电路触发器输入均为高电平，于是，触发器又翻转为低电平，$V_O=0$，继电器释放，暂稳态结束又恢复到稳态。相片曝光时间为 $t_w=1.1R_TC_T$，延时时间可通过电位器 R_P 调整和设置。

555 时基电路在延迟与定时器的应用电路中，还可构成各种不同类型的开机延迟电路和各种不同种类的定时电路，如触摸式实用电子定时器、大范围长时间的可调定时器、用于智力竞赛抢答游戏的小巧定时音响器、电话限时定时器、照明灯自动定时器等。

3. 555 时基电路构成电源电路

555 时基电路构成的正负双电源电路如图 3.22 所示，V_{cc} 为供电电池组，合上电源开关 S 后，即可输出对等的正负双电源。555 时基电路和 R_1、C_1 接成占空比为 50% 的无稳态多谐振荡器，振荡频率为 20kHz 的方波。当输出端为高电平时，电容 C_4 被充电，输出端为低电平时，电容 C_3 被充电。由于二极管 VD_1 和 VD_2 的存在，电容 C_3 和 C_4 在电路中只充电不放电，充电最大值为电源电压 V_{cc}。如果将 B 点接地，则在 A、C 点分别得到绝对值相等的正负双电源 V_{cc}。

555 时基电路除了构成正负双电源电路以外，还可以构成倍压直流电压升压器、正负电压转换器及其各种充电器，如脉冲式快速充电器、镍镉电池充电器等。

555 时基电路除了应用于以上的自控开关电路、定时器电路、电源电路以外，在门铃电

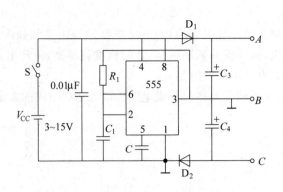

图 3.22 555 时基电路构成的正负双电源电路

路、报警器、照明电路、仪器仪表电路、家用电器、充电器电路、玩具与休闲电路及其他电子电气等领域有着极其广泛的应用。本书所给出的应用实例电路结构合理,设计新颖,实用性强,具有一定的参考价值。

3.4 数字电子钟设计

3.4.1 数字电子钟系统概述

数字电子钟是由多块数字集成电路构成的,其中由振荡器、分频器、校时电路、计数器、译码器和显示器六部分组成。振荡器和分频器组成标准秒信号发生器,不同进制的计数器产生计数,译码器和显示器进行显示,通过校时电路实现对时、分的校准。

数字时钟基本原理的逻辑框图如图 3.23所示。

由图 3.23 可以看出,振荡器产生的信号经过分频器产生秒脉冲,秒脉冲送入计数器,计数结果经过"时"、"分"、"秒"译码器,最后送到显示器显示时间。其中振荡器和分频器组成标准秒脉冲信号发生器,由不同进制的计数器、译码器和显示电路组成计时系统。秒信号送入计数器进行计数,把累

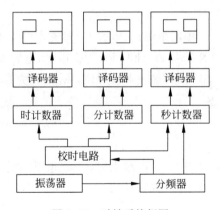

图 3.23 时钟系统框图

计的结果以"时"、"分"、"秒"的数字显示出来。"时"显示由二十四进制计数器、译码器、显示器构成;"分"、"秒"显示分别由六十进制的计数器、译码器、显示器构成;校时电路实现对时、分的校准。

3.4.2 单元电路设计与分析

时钟系统主要由振荡器、分频器、计数器、译码器、显示器、校正电路组成,下面依次介绍。

1) 振荡器设计

秒发生电路——振荡器是计时器的核心,振荡器的稳定度和频率的精确度决定了计时器的准确度。一般来说,振荡器的频率越高,计时精度就越高,但耗电量将越大。所以,在设计电路时要根据需要而设计出最佳电路。

在本设计中,采用的是精度不高的集成电路 555 与 RC 组成的多谐振荡器,其具体电路如图 3.24 所示。

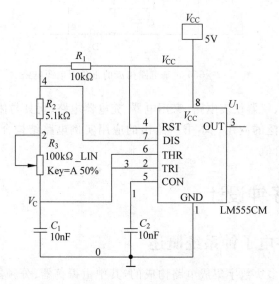

图 3.24　多谐振荡器

接通电源后,电容 C_1 被充电,V_C 上升,当 V_C 上升到大于 $2/3V_{CC}$ 时,触发器被复位,放电管 T 导通,此时 V_O 为低电平,电容 C_1 通过 R_2 和 T 放电,使 V_C 下降。当 V_C 下降到小于 $1/3V_{CC}$ 时,触发器被置位,V_O 翻转为高电平。电容器 C_1 放电结束,所需的时间为

$$t_{PL} = R_2 C \ln \frac{0 - \dfrac{2}{3}V_{CC}}{0 - \dfrac{1}{3}V_{CC}} = R_2 C \ln 2 \approx 0.7R_2 C$$

当 C_1 放电结束时,T 截止,V_{CC} 将通过 R_1、R_2 向电容器 C_1 充电,V_C 由 $1/3V_{CC}$ 上升到 $2/3V_{CC}$ 所需的时间为

$$t_{PH} = (R_1 + R_2) C \ln \frac{V_{CC} - \dfrac{1}{3}V_{CC}}{V_{CC} - \dfrac{2}{3}V_{CC}} = (R_1 + R_2) C \ln 2 \approx 0.7(R_1 + R_2)C$$

当 V_C 上升到 $2/3V_{CC}$ 时,触发器又被复位发生翻转,如此周而复始,在输出端就得到一个周期性的方波,其频率为

$$f = \frac{1}{t_{PH} + t_{PL}} \approx \frac{1.43}{(R_1 + 2R_2)C}$$

本设计中,由电路图和 f 的公式可以算出,微调 $R_3 = 60\text{k}\Omega$ 左右,其输出的频率为 $f = 1000\text{Hz}$。

除了上面介绍的振荡器外,如果对精度有较高要求的话,还可以用石英晶体构成的振荡

器,如图 3.25 所示。

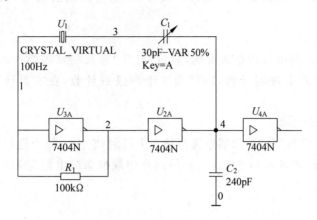

图 3.25 石英晶体振荡器

电路振荡频率为 100kHz,把石英晶体串接在由非门 U_{2A}/U_{3A} 组成的振荡反馈电路中,非门 U4A 是振荡器整形缓冲级。借助与石英晶体串联的微调电容,可以对振荡器的频率作微量的调节。

2) 分频器设计

分频器的功能主要有两个:一个是产生标准秒脉冲信号;二是提供功能扩展电路所需要的信号,如仿电台报时用的 1000Hz 的高音频信号和 500Hz 的低音频信号等。

本设计中,由于振荡器产生的信号频率太高,要得到标准的秒信号,就需要对所得的信号进行分频。这里所采用的分频电路是由 3 个总规模计数器 74LS90 来构成的 3 级 1/10 分频,其电路如图 3.26 所示。

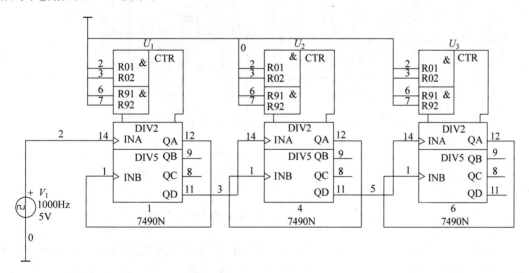

图 3.26 分频电路

从图 3.26 可以看出,由振荡器的 1000Hz 高频信号从 U_1 的 14 端输入,经过 3 片 74LS90 的三级 1/10 分频,就能从 U_3 的 11 端输出得到标准的秒脉冲信号。相应地,如果输入的是 100kHz 时,就需要 5 片进行 5 级分频,电路图画法和图 3.26 类似,同理依此类推。

3) 计数器设计

由图 3.23 的框图可以清楚地看到,显示"时"、"分"、"秒"需要 6 片中规模计数器,其中"秒"、"分"各为六十进制计数,"时"为二十四进制计数,在本设计中均用 74LS90 来实现。

(1) 六十进制计数器

"秒"计数器电路与"分"计数器电路都是六十进制,它由一级十进制计数器和一级六进制计数器连接构成,如图 3.27 所示,是采用两片中规模集成电路 74LS90 串接起来构成的"秒"、"分"计数器。

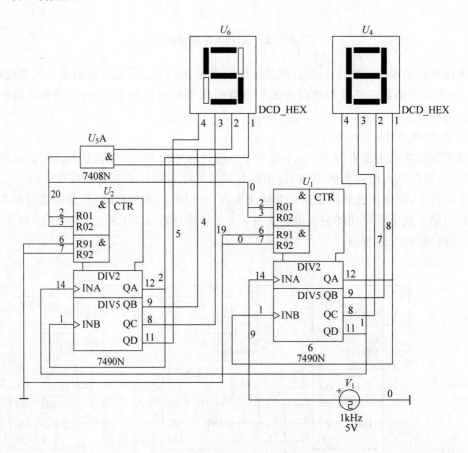

图 3.27 六十进制计数器实现"分"和"秒"电路

由图 3.27 可知,U_1 是十进制计数器,U_1 的 QD 作为十进制的进位信号,74LS90N 计数器是十进制异步计数器,用反馈清零法来实现十进制计数,U_2 和与非门组成六进制计数。74LS90N 是在 CP 信号的下降沿触发下进行计数,U_2 的 QA 和 QC 与 0101 的下降沿,作为"分(时)"计数器的输入信号。U_2 的输出 0110 高电平 1 分别送到计数器的 R01、R02 端清零,74LS90N 内部的 R01、R02 与非后清零而使计数器归零,完成六进制计数。由此可见,U_1 和 U_2 串接实现了六十进制计数。

（2）二十四进制计数器

"时"计数为二十四进制的,在本设计中二十四进制的计数电路也是由两个 74LS90 组成的,如图 3.28 所示。

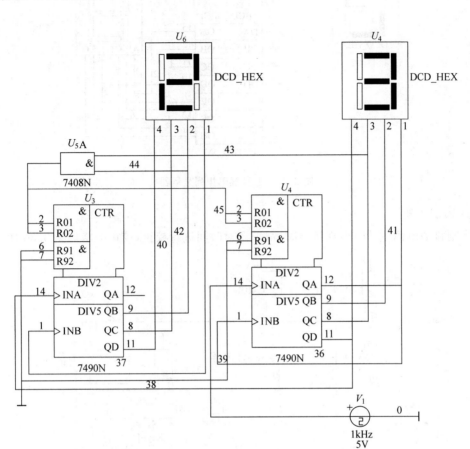

图 3.28 二十四进制计数器实现"时"计数电路

由图 3.28 看出,当"时"个位 U_4 计数器输入端 A(14 脚)来到第 10 触发信号时,U_4 计数器清零,进位端 QD 向 U_3"时"十位计数器输入进位信号,当第 24 个"时"(来自"分"计数器输出的进位信号)脉冲到达时 U_3 计数器的状态位"0100",U_4 计数器的状态为"0010",此时"时"个位计数器的 QC,和"时"十位计数器的 QB 输出都为"1",相与后为"1"。把它们分别送入 U_3 和 U_4 计数器的清零端 R01 和 R02,通过 74LS90N 内部的与非后清零,计数器复位,从而完成二十四进制计数。

4）显示器

用七段发光二极管来显示译码器输出的数字,显示器有两种:共阴极和共阳极显示器。74LS48 译码器译码的是高电平,所以对应的显示器应为共阴极显示器。在本设计中用的是解码七段排列显示器,即包含译码器的七段显示器,其图形引脚如图 3.29 所示。

U_2 是一个解码七段排列显示器,由 1、2、3、4 脚输入二进制数,就可显示数字;而 U_3 是个译码器,和未解码的七段显示管 U_1 也可以构成显示器,连接如图 3.29 所示。

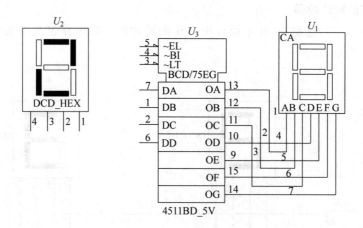

图 3.29 七段解码排列显示器

5）校时电路

当刚接通电源或计时出现错误时，都需要对时间进行校正，校正电路如图 3.30 所示。

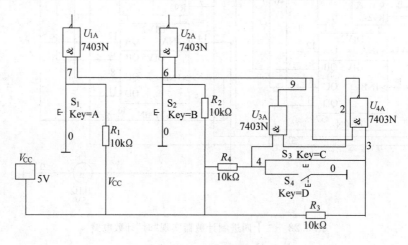

图 3.30 校时电路

3.5 智力竞赛抢答器设计

3.5.1 智力竞赛抢答器系统概述

随着我国抢答器市场的迅猛发展，与之相关的核心生产技术应用与研发必将成为业内企业关注的焦点。技术工艺是衡量一个企业是否具有先进性，是否具备市场竞争力，是否能不断领先于竞争者的重要指标依据。了解国内外抢答器生产核心技术的研发动向、工艺设备、技术应用及趋势对于企业提升产品技术规格、提高市场竞争力十分关键。目前市场上抢答器种类繁多，功能各异，价格差异也很大，那么选择一款真正适合的抢答器就非常重要。

抢答器一般分为电子抢答器和电脑抢答器。电子抢答器的中心构造一般都是由数字电子集成电路组成，根据其搭配的配件不同又分为非语音非记分抢答器和语音记分抢答器。

非语音记分抢答器构造很简单,就是由一个抢答器的主机和一个抢答按钮组成,在抢答过程中选手是没有记分的显示屏。语音记分抢答器是由一个抢答器的主机、主机的显示屏以及选手的记分显示屏等构成,具有记分等功能。电子抢答器多适用于学校和企事业单位举行的简单的抢答活动。电脑抢答器又分为无线电脑抢答器和有线电脑抢答器。无线电脑抢答器是由主机和抢答器专用的软件和无线按钮构成。无线电脑抢答器利用电脑和投影仪,可以把抢答气氛活跃起来,一般多使用于电台等大型的活动。有线电脑抢答器也是由主机和电脑配合起来,电脑再和投影仪配合起来,利用专门研发的配套的抢答器软件,可以十分完美地展现抢答的气氛。

抢答器作为一种电子产品,早已广泛应用于各种智力和知识竞赛场合,但目前所使用的抢答器有的电路较复杂,不便于制作,可靠性低,实现起来很困难;有的则用一些专用的集成块,但专用集成块的购买又很困难。本书所设计的多功能抢答器——简易逻辑数字抢答器具有电路简单、元件普通、易于购买等优点,很好地解决了制作困难和难以购买的问题,在国内外已经开始了普遍的应用。

3.5.2 智力竞赛抢答器系统原理和框图

1. 智力竞赛抢答器原理

根据要求,抢答器应具有抢答器具有锁存、定时、显示功能。即当抢答开始后,选手抢答按动按钮,锁存器锁存相应的选手编码,同时用 LED 数码管把选手的编码显示出来,并且开始抢答时间的倒计时,同时用 LED 数码管把选手的所剩抢答时间显示出来,以提醒主持人和选手。抢答时间可设定 30s。接通电源后,主持人将开关拨到"清除"状态,抢答器处于禁止状态,编号显示器灭灯,定时器显示设定时间;主持人将开关置"开始"状态,宣布"开始"抢答器工作。定时器倒计时,选手在定时时间内抢答时,抢答器完成:优先判断、编号锁存、编号显示。当一轮抢答之后,定时器停止,禁止二次抢答,定时器显示剩余时间。如果再次抢答必须由主持人再次操作"清除"和"开始"状态开关。

2. 智力竞赛抢答器的组成框图

定时抢答器的总体框图如图 3.31 所示。它主要由主体电路和扩展电路两部分组成。主体部分完成基本的抢答功能,即开始抢答后,当选手按动抢答键时,抢答器能显示选手的编号。同时能封锁输入电路,禁止其他选手抢答。扩展电路完成定时抢答的功能。

图 3.31 所示定时抢答器的工作过程是:接通电源时,节目主持人将开关置于"清除"位置,抢答器处于禁止工作状态,编号显示器灭灯,定时器显示设定的时间,当主持人公布抢答题目后,说"抢答开始",同时将控制开关拨到"开始"位置,抢答器处于工作状态,定时器倒计时,当定时时间到,却没有选手抢答时,输入电路被封锁,禁止选手超时后抢答。当选手在定时时间内按动抢答按钮时,抢答器要完成下面两个工作:

(1)优先编码电路立即分辨出抢答者的编号,并由锁存器进行锁存,然后由译码显示电路显示编号;

(2)制电路要对输入编码电路进行封锁,避免其他选手再次进行抢答。

控制电路要使定时器停止工作,时间器上显示抢答时间,并保持到主持人将系统清零为止,以便进行下一轮抢答。

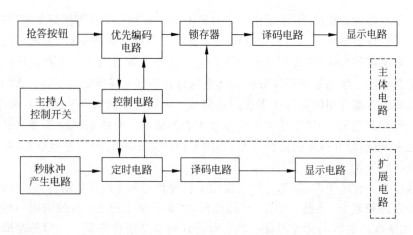

图 3.31　定时抢答器的总体框图

3.5.3　智力竞赛抢答器单元电路设计

1. 抢答电路原理图设计

抢答器电路设计电路如图 3.32 所示。电路选用优先编码器 74LS148 和锁存器 74LS297 来完成。该电路主要完成两个功能：一是分辨出选手按键的先后，并锁存优先抢答者的编号，同时译码显示电路显示编号(74LS48 为译码器，显示电路采用七段数字数码显示管)；二是禁止其他选手按键，其按键操作无效。工作过程：开关 S 置于"清除"端时，RS 触发器的 R、S 端均为 0，4 个触发器输出置 0，使 74LS148 的优先编码片选输入端(图中 5 号端)=0，使之处于工作状态。当开关 S 置于"开始"时，抢答器处于等待工作状态，当有选手将抢答按键按下时(如按下 S5)，74LS148 的输出经 RS 锁存后，CTR=1，RBO(图中 4 端)=1，七段显示电路 74LS48 处于工作状态，4Q3Q2Q=101，经译码显示为"5"。此外，CTR=1，使74LS148 优先编码片选输入端(图中 5 号端)=1，处于禁止状态，封锁其他按键的输入。当按键松开时，由于仍为 CTR=1，使优先编码片选输入端(图中 5 号端)=1，所以 74LS148 仍处于禁止状态，确保不会出二次按键时输入信号，保证了抢答者的优先性。如有再次抢答需由主持人将 S 开关重新置"清除"，然后再进行下一轮抢答。

2. 抢答器电路组成

1) 编码、锁存电路

编码、锁存电路由优先编码器 74LS148 和 RS 锁存器 74LS279 组成。优先编码器 74LS148 是 8 线输入 3 线输出的二进制编码器(简称 8-3 线二进制编码器)，其作用是将输入 I0～I7 这 8 个状态分别编成 8 个二进制码输出。优先编码器允许同时输入两个以上的编码信号，不过在优先编码器将所有的输入信号按优先顺序排队后，当几个输入信号同时出现时，只对其中优先权最高的一个输入信号进行编码。由表 3.6 可以看出 74LS148 的输入信号为低电平有效。优先级别从 I7 至 I0 递降。另外，它有输入使能$\overline{ST}$，输出使能$\overline{YS}$和$\overline{YEX}$。

(1) 74LS148 编码器

74LS148 引脚图和功能表如图 3.33 和表 3.6 所示。

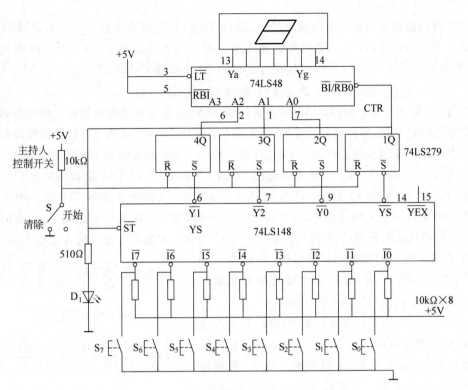

图 3.32 抢答器电路设计原理图

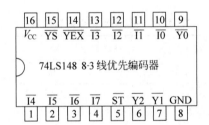

图 3.33 74LS148 的符号图和引脚图

表 3.6 74LS148 功能表

$\overline{ST}$	输 入								输 出				
	$\overline{I0}$	$\overline{I1}$	$\overline{I2}$	$\overline{I3}$	$\overline{I4}$	$\overline{I5}$	$\overline{I6}$	$\overline{I7}$	$\overline{Y2}$	$\overline{Y1}$	$\overline{Y0}$	$\overline{YEX}$	$\overline{YS}$
1	×	×	×	×	×	×	×	×	1	1	1	1	1
0	1	1	1	1	1	1	1	1	1	1	1	1	0
0	×	×	×	×	×	×	×	0	0	0	0	0	1
0	×	×	×	×	×	×	0	1	0	0	1	0	1
0	×	×	×	×	×	0	1	1	0	1	0	0	1
0	×	×	×	×	0	1	1	1	0	1	1	0	1
0	×	×	×	0	1	1	1	1	1	0	0	0	1
0	×	×	0	1	1	1	1	1	1	0	1	0	1
0	×	0	1	1	1	1	1	1	1	1	0	0	1
0	0	1	1	1	1	1	1	1	1	1	1	0	1

88

优先编码器是 8 线输入 3 线输出的二进制编码器,其作用是将输入 $\overline{I0} \sim \overline{I7}$,8 个状态分别编成 8 个二制码输出,其功能如真值表所示。由表 3.6 可以看出,74LS148 的输入低有效,优先级别从 $\overline{I7}$ 至 $\overline{I0}$ 递降,另外它有输入使能 $\overline{ST}$、输出使能 $\overline{YS}$ 和 $\overline{YEX}$。

① $\overline{ST}=0$ 允许编码,$\overline{ST}=1$ 禁止编码,输出 $\overline{Y2}\ \overline{Y1}\ \overline{Y0}=111$;

② $\overline{YS}$ 主要用于多个编码器电路的级联控制,即 $\overline{YS}$ 总是接在优先级别低的相邻编码器的 $\overline{ST}$ 端,当优先级别高的编码器允许编码,而无输入申请时,$\overline{YS}=0$,从而允许优先级别低的相邻编码器工作;反之,若优先级高的编码器有编码时,$\overline{YS}=1$,禁止相邻级别低的编码器工作。

③ $\overline{YEX}=0$ 表示 $\overline{Y2}\ \overline{Y1}\ \overline{Y0}$ 是编码输出,$\overline{YEX}=1$ 表示 $\overline{Y2}\ \overline{Y1}\ \overline{Y0}$ 不是编码输出 $\overline{YEX}$ 为输出标志位。单片 74LS148 组成 8-3 进制输出的编码器,其输出 8421BCD。由表中不难看出,在 $\overline{S}=0$ 电路正常工作状态下,允许 $\overline{I0} \rightarrow \overline{I7}$ 当中同时有几个输入端为低电平,即有编码输入信号。$\overline{I7}$ 的优先权最高,$\overline{I0}$ 的优先权最低。当 $\overline{I7}=0$ 时,无论其余输入端有无输入信号(表中以 X 表示),输出端只给出 $\overline{I7}$ 的编码,即 $\overline{Y2}\ \overline{Y1}\ \overline{Y0}=000$。当 $\overline{I7}=1$、$\overline{I6}=0$ 时,无论其余输入端有无输入信号,只对 $\overline{I6}$ 编码,输出为 $\overline{Y2}\ \overline{Y1}\ \overline{Y0}=001$。

(2) 74LS279 芯片具有锁存器的功能,其内部是由 4 个 JK 触发器组成的。当有一个人优先抢答后其他人就不能抢答了,如果抢答,虽然有电平输入,但是输入的电平保持原态不变。其引脚如图 3.34 所示,功能如表 3.7 所示。

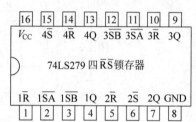

图 3.34　74LS279 引脚图

表 3.7　74LS279 锁存器功能表

输　　入			输　　出
$\overline{S1}$	$\overline{S2}$	$\overline{R}$	Q
0	0	0	1
0	×	1	1
×	0	1	1
1	1	0	0
1	1	1	没改变

2) 译码、显示电路

译码电路由 74LS48 组成。而译码是编码的逆过程,其任务是恢复编码的愿意。按内部连接方式不同,七段数字显示器分为共阴极和共阳极两种。

74LS48 芯片是一个十进制(BCD)译码器,可用来驱动共阴极的发光二极管显示器。74LS48 的内部有升压电阻,因此无须外接电阻(可直接与显示器相连接)。74LS48 的引脚如图 3.35 所示。

74LS48 的功能如表 3.8 所示。其中,A3、A2、A1、A0 为 8421BCD 码输入端,a~g 为 7 段译码输出端。

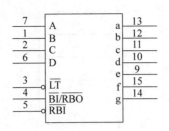

图 3.35 74LS48 引脚排列

表 3.8 74LS48 的功能表

十进制数或功能	输 入						$\overline{\text{BI}}$/RBO	输 出							备注
	$\overline{\text{LT}}$	$\overline{\text{RBI}}$	D	C	B	A		a	b	c	d	e	f	g	
0	H	H	L	L	L	L	H	H	H	H	H	H	H	L	
1	H	X	L	L	L	H	H	L	H	H	L	L	L	L	
2	H	X	L	L	H	L	H	H	H	L	H	H	L	H	
3	H	X	L	L	H	H	H	H	H	H	H	L	L	H	
4	H	X	L	H	L	L	H	L	H	H	L	L	H	H	
5	H	X	L	H	L	H	H	H	L	H	H	L	H	H	
6	H	X	L	H	H	L	H	L	L	H	H	H	H	H	
7	H	X	L	H	H	H	H	H	H	H	L	L	L	L	
8	H	X	H	L	L	L	H	H	H	H	H	H	H	H	1
9	H	X	H	L	L	H	H	H	H	H	L	L	H	H	
10	H	X	H	L	H	L	H	L	L	L	H	H	L	H	
11	H	X	H	L	H	H	H	L	L	H	H	L	L	H	
12	H	X	H	H	L	L	H	L	H	L	L	L	H	H	
13	H	X	H	H	L	H	H	H	L	L	H	L	H	H	
14	H	X	H	H	H	L	H	L	L	L	H	H	H	H	
15	H	X	H	H	H	H	H	L	L	L	L	L	L	L	
BI	X	X	X	X	X	X	L	L	L	L	L	L	L	L	2
RBI	H	L	L	L	L	L	L	L	L	L	L	L	L	L	3
LT	L	X	X	X	X	X	H	H	H	H	H	H	H	H	4

常用的七段显示器件——半导体数码管将十进制数码分成七个字段,每段为一发光二极管。半导体数码管(或称 LED 数码管)的基本单元是 PN 结,目前较多采用磷砷化镓做成的 PN 结,当外加正向电压时,就能发出清晰的光线。单个 PN 结可以封装成发光二极管,多个 PN 结可以按分段式封装成半导体数码管,其引脚排列如图 3.36 所示,发光段组合情况如图 3.37 所示。

本设计用到的共阴极显示器和 74LS48。74LS48 可以驱动共阴极的发光显示器,其内部有升压电阻,无须外接电阻(可以直接与显示器相连接)。

$\overline{\text{LT}}$ 为试灯输入:当 $\overline{\text{LT}}=0$、$\overline{\text{IB}}/\overline{\text{YBR}}=1$ 时,若七段均完好,显示字形是"8",该输入端常用于检查 74LS48 显示器的好坏;当 $\overline{\text{LT}}=1$ 时,译码器方可进行译码显示。$\overline{\text{IBR}}$ 用来动态灭零,当 $\overline{\text{LT}}=1$ 时,且 $\overline{\text{IBR}}=0$,输入 A3A2A1A0 $=0000$ 时,则 $\overline{\text{IB}}/\overline{\text{YBR}}=0$ 使数字符的各

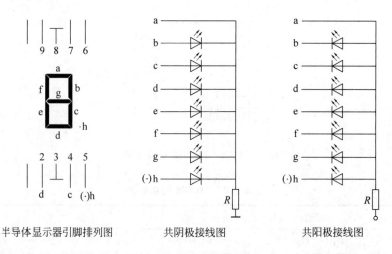

图 3.36 七段显示器件引脚

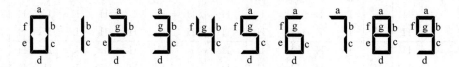

图 3.37 七段数字显示器发光段组合

段熄灭；$\overline{\text{IB}}/\overline{\text{YBR}}$ 为灭灯输入/灭灯输出，当 $\overline{\text{IB}}=0$ 时不管输入如何，数码管不显示数字；$\overline{\text{IB}}/\overline{\text{YBR}}$ 为控制低位灭零信号，当 $\overline{\text{YBR}}=1$ 时，说明本位处于显示状态；若 $\overline{\text{YBR}}=0$，且低位为零，则低位零被灭。

3）定时电路设计

定时电路主要由 555 定时器秒脉冲产生电路、十进制同步加减计数器 74LS192 减法计数电路、74LS48 译码电路和两个 7 段数码管即相关电路组成，如图 3.38 所示，555 定时器输入输出功能如表 3.9 所示。两块 74LS192 实现减法计数，通过译码电路 74LS48 显示到数码管上，其时钟信号由时钟产生电路提供。74LS192 的预置数控制端实现预置数，设定一次抢答的时间，通过预置时间电路对计数器进行预置，计数器的时钟脉冲由秒脉冲电路提供。按键弹起后，计数器开始减法计数工作，并将时间显示在共阴极七段数码显示管 DPY_7-SEG 上，当有人抢答时，停止计数并显示此时的倒计时时间；如果没有人抢答，且倒计时时间到时，BO2 输出低电平到时序控制电路，以后选手抢答无效。下面具体介绍一下标准秒脉冲产生电路的原理。图 3.38 中 555 定时器秒脉冲产生电路中的电容 C 的放电时间和充电时间分别为

$$t_1 = R_2 \cdot C \cdot \ln 2 \approx 0.7 R_2 \cdot C, \quad t_2 = (R_1 + R_2) \cdot C \cdot \ln 2 \approx 0.7(R_1 + R_2) \cdot C$$

于是从 NE555 的 3 端输出的脉冲的频率为

$$f = \frac{1}{t_1 + t_2} \approx \frac{1.43}{(R_1 + 2R_2) \cdot C}$$

结合实际经验及考虑到元器件的成本，我们选择的电阻值为 $R_1 = 15\text{k}\Omega$，$R_2 = 68\text{k}\Omega$，$C = 10\mu\text{F}$，代入到上式中即得 $f \approx 1\text{Hz}$，即秒脉冲。

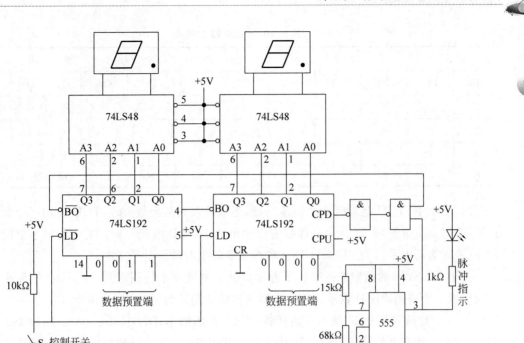

图 3.38 定时器电路

表 3.9 555 定时器功能表

输 入			输 出	
u_{I1}	u_{I2}	$\overline{R_D}$	u_O	V 状态
×	×	0	0	导通
$>2/3V_{CC}$	$>1/3V_{CC}$	1	0	导通
$<2/3V_{CC}$	$<1/3V_{CC}$	1	1	截止
$<2/3V_{CC}$	$>1/3V_{CC}$	1	不变	不变

对计数器进行预置是通过 74LS192 芯片来实现,74LS192 的引脚图和功能表如图 3.39 和表 3.10 所示。

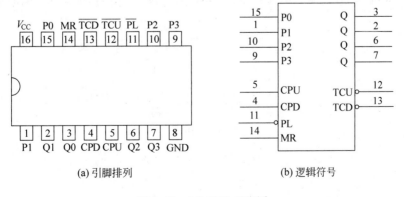

(a) 引脚排列　　　　　　　　(b) 逻辑符号

图 3.39 74LS192 引脚图

表 3.10 74LS192 功能表

输　　入								输　　出			
MR	$\overline{PL}$	CPU	CPD	P3	P2	P1	P0	Q3	Q2	Q1	Q0
1	×	×	×	×	×	×	×	0	0	0	0
0	0	×	×	d	c	b	a	d	c	b	a
0	1		1	×	×	×	×	加计数			
0	1	1		×	×	×	×	减计数			

图 3.39 中,TCU 是加计数进位输出端,当加计数到最大数值时,TCU 发出一个低电平信号(平时为高电平);TCD 为见计数借位输出端,当减计数到 0 时,TCD 发出一个低电平信号(平时为高电平),TCU 和 TCD 负脉冲宽度等于时钟低电平宽度。

关于 74LS192 的预置数按照如下方法计算。根据要求使用两片 74LS192 的异步置数功能构成三十进制减法计数器。三十进制数器的预制数为 $N=(0011\ 0000)_{8421BCD}=(30)_D$。74LS192(1)计数器从 0011 状态开始计数,因此,就因取 D3D2D1D0=0011。74LS192 是计数器从 0000 状态开始计数,那么,就因取 D3D2D1D0=0000。计数脉冲从 CPD 端输入。它的计数原理十,每当地为计数器的 BO 端发出负跳变借位脉冲时,高位计数器减 1 计数。当高位计数器处于全 0,同时在 CPD=0 期间,高位计数器 BO=LD=0,计数器完成异步制数,之后 BO=LD=1,计数器在 CPD 时钟脉冲作用下,进入下一轮减计数。

4) 时序控制电路的设计

时序控制电路是抢答器设计的关键,它要完成以下三项功能。

(1) 主持人将控制开关拨到"开始"位置时,抢答电路和定时电路进入正常抢答工作状态。

(2) 当参赛选手按动抢答按键时,抢答电路和定时电路停止工作。

(3) 当设定的抢答时间到,无人抢答时表示此次抢答无效。

根据上面的功能要求以及抢答电路,设计的时序控制电路如图 3.40 所示。图中,与门 G1 的作用是控制时钟信号 CP 的放行与禁止,门 G2 的作用是控制 74LS148 的输入片选端。工作原理是:主持人控制开关从"清除"位置拨到"开始"位置时,来自于图 3.32 中的 74LS279 的输出 1Q,即 CTR=0,经 G3 反相,输出为 1,则 555 产生的时钟信号 CP 能够加到 74LS192 的 CPD 时钟输入端(图中用 CLCK 表示接入到 74LS192CPD 端的信号),定时

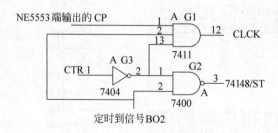

图 3.40 时序控制电路

电路进行递减计时。同时,在定时时间未到时,则"定时到信号"为 1,门 G2 的输出 ＝0,使 74LS148 处于正常工作状态,从而实现功能(1)的要求。当选手在定时时间内按动抢答按键时,CTR＝1,经 G3 反相,输出为 0,封锁 CP 信号,定时器处于保持工作状态;同时,门 G2 的输出 ＝1,74LS148 处于禁止工作状态,从而实现功能(2)的要求。当定时时间到时,则"定时到信号"为 0,$\overline{ST}$＝1,74LS148 处于禁止工作状态,禁止选手进行抢答。同时,门 G1 处于关门状态,封锁时钟 CP 信号,使定时电路保持 00 状态不变,从而实现功能(3)的要求。

第 4 章

电子电路仿真软件 Multisim 10.0

4.1 Multisim 10.0 的基本功能与基本操作

4.1.1 Multisim 10.0 简介

Multisim 的前身为 EWB(electronics workbench)软件。它以界面形象直观、操作方便、分析功能强大、易学易用等突出优点,早在 20 世纪 90 年代初就在我国得到迅速推广,并作为电子类专业课程教学和实验的一种辅助手段。21 世纪初,EWB 5.0 更新换代推出 EWB 6.0,并更名为 Multisim 2001;2003 年升级为 Multisim 7.0;2005 年发布 Multisim 8.0 时其功能已十分强大,能胜任电路分析、模拟电路、数字电路、高频电路、RF 电路、电力电子及自动控制原理等各个方面的虚拟仿真,并提供多达 18 种基本分析方法。

Multisim 10.0 和 Ultiboard 10.0 是美国国家仪器公司下属的 ElectroNIcs Workbench Group 推出的交互式 SPICE 仿真和电路分析软件,专用于原理图捕获、交互式仿真、电路板设计和集成测试。通过将 NI Multisim 10.0 电路仿真软件和 LabVIEW 测试软件相集成,那些需要设计制作自定义印制电路板(PCB)的工程师能够非常方便地比较仿真数据和真实数据,规避设计上的反复,减少原型错误并缩短产品上市时间。

使用 Multisim 10.0 可交互式地搭建电路原理图,并对电路行为进行仿真。Multisim 提炼了 SPICE 仿真的复杂内容,这样使用者无须懂得深入的 SPICE 技术就可以很快地进行捕获、仿真和分析新的设计,使其更适合电子学教育。通过 Multisim 和虚拟仪器技术,使用者可以完成从理论到原理图的捕获与仿真,再到原型设计和测试这样一个完整的综合设计流程。

Multisim 10.0 和 Ultiboard 10.0 推出了很多专业设计特性,主要是高级仿真工具、增强的元件库和扩展的用户社区,主要的新增特性包括:

(1) 元件库包括 1200 多个新元器件和 500 多个新 SPICE 模块,这些都来自于如美国模拟器件公司(Analog Devices)、凌力尔特公司(Linear Technology)和德州仪器(Texas Instruments)等业内领先的厂商,其中也包括 100 多个开关模式电源模块;

(2) 汇聚帮助(convergence assistant)功能能够自动调节 SPICE 参数,纠正仿真错误;

(3) 数据的可视化分析功能,包括一个新的电流探针仪器和用于不同测量的静态探点,以及对 BSIM 4 参数的支持。

NI Ultiboard 10.0 为用户在做 PCB 设计时的布局布线提供了一个易于使用的直观平台。整个设计的过程从布局、元器件摆放到布铜线都在一个灵活的设计环境中完成,使得操作速度和控制都达到最优化。拖放和移动元器件及布铜线的速度在 NI Ultiboard 10.0 中得到了显著提高。这些功能的增强都使得从原理图到实际电路板的转换更加便捷,也使最后的 PCB 设计质量得到很大的提高。

下面将对 Multisim 10.0 的基本功能与基本操作进行简单的介绍,使读者能够较快地熟悉 Multisim 10.0 的基本操作。

4.1.2 Multisim 10.0 的基本操作界面

打开 Multisim 10.0 后,其基本界面如图 4.1 所示。Multisim 10.0 的基本界面主要包括菜单栏、标准工具栏、视图工具栏、主工具栏、仿真开关、元件工具栏、仪器工具栏、设计工具栏、电路工作区、电子表格视窗和状态栏等,下面对各部分加以介绍。

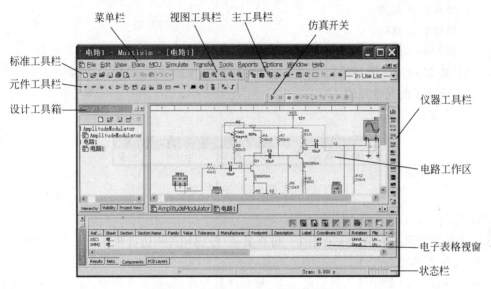

图 4.1 Multisim 10.0 的基本界面

1) 菜单栏

和其他应用软件一样,菜单栏中分类集中了软件的所有功能命令。Multisim 10.0 的菜单栏包含 12 个菜单,分别为"文件"(File)菜单、"编辑"(Edit)菜单、"视图"(View)菜单、"放置"(Place)菜单、MCU 菜单、"仿真"(Simulate)菜单、"文件输出"(Transfer)菜单、"工具"(Tools)菜单、"报告"(Reports)菜单、"选项"(Options)菜单、"窗口"(Windows)菜单和"帮助"(Help)菜单。以上每个菜单下都有一系列菜单项,用户可以根据需要在相应的菜单下寻找。

2) 标准工具栏

标准工具栏如图 4.2 所示,主要提供一些常用的文件操作功能,各按钮的功能从左到右分别为:新建文件、打开文件、打开设计实例、文件保存、打印电路、打印预览、剪切、

图 4.2 标准工具栏

复制、粘贴、撤销和恢复。

3) 视图工具栏

视图工具栏各按钮的功能从左到右分别为：全屏显示、放大、缩小、对指定区域进行放大和在工作空间一次显示整个电路。

4) 主工具栏

主工具栏如图4.3所示，它集中了Multisim 10.0的核心操作，从而使电路设计更加方便。该工具栏中各按钮的功能从左到右为：

(1) 显示或隐藏设计工具栏；

(2) 显示或隐藏电子表格视窗；

(3) 打开数据库管理窗口；

(4) 图形和仿真列表；

(5) 对仿真结果进行后处理；

(6) ERC电路规则检测；

(7) 屏幕区域截图；

(8) 切换到总电路；

(9) 将Ultiboard电路的改变反标到Multisim电路文件中；

(10) 将Multisim原理图文件的变化标注到存在的Ultiboard 10.0文件中；

(11) 使用中的元件列表；

(12) 帮助。

图4.3　主工具栏

5) 仿真开关

用于控制仿真过程的开关有两个：仿真启动/停止开关和仿真暂停开关。

6) 元件工具栏

Multisim 10.0的元件工具栏包括16种元件分类库，如图4.4所示，每个元件库放置同一类型的元件，元件工具栏还包括放置层次电路和总线的命令。元件工具栏从左到右的模块分别为：电源库、基本元件库、二极管库、晶体管库、模拟器件库、TTL器件库、CMOS元件库、杂合类数字元件库、混合元件库、功率元件库、杂合类元件库、高级外围元件库、RF射频元件库、机电类元件库、微处理模块元件库、层次化模块和总线模块。其中，层次化模块是将已有的电路作为一个子模块加到当前电路中。

图4.4　元件工具栏

7) 仪器工具栏

仪器工具栏包含各种对电路工作状态进行测试的仪器仪表及探针，如图4.5所示，仪器工具栏从左到右分别为：数字万用表、函数信号发生器、瓦特表、双通道示波器、四通道示波器、波特图仪、频率计、字信号发生器、逻辑分析仪、伏安特性分析仪、失真分析仪、频谱分析仪、网络分析仪、安捷伦函数发生器、安捷伦示波器、泰克示波器、测量探针、LabVIEW 虚拟仪器和电流探针。

图 4.5 仪器工具栏

8) 设计工具箱

设计工具箱用来管理原理图的不同组成元素。设计工具箱由 3 个不同的选项卡组成，分别为"层次化"（Hierachy）选项卡、"可视化"（Visibility）选项卡和"工程视图"（Project View）选项卡，如图 4.6(a)～(c)所示，各选项卡的功能介绍如下。

(1) "层次化"选项卡：该选项卡包括了所设计的各层化电路，页面上方的 5 个按钮从左到右为：新建原理图、打开原理图、保存、关闭当前电路图和(对当前电路、层次化电路和多页电路)重命名；

(2) "可视化"选项卡：由用户决定工作空间的当前选项卡面显示哪些层；

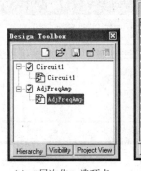  

(a) "层次化"选项卡　　(b) "可视化"选项卡　　(c) "工程视图"选项卡

图 4.6 设计工具箱

(3) "工程视图"选项卡：显示所建立的工程，包括原理图文件、PCB 文件、仿真文件等。

9) 电路工作区

在电路工作区中可进行电路的编制绘制、仿真分析及波形数据显示等操作，如果有需要，还可以在电路工作区内添加说明文字及标题框等。

10) 电子表格视窗

在电子表格视窗可方便查看和修改设计参数，例如，元件的详细参数、设计约束和总体属性等。电子表格视窗包括 4 个选项卡，分别如图 4.7(a)～(d)所示，各选项卡的功能介绍如下。

(1) Results 选项卡：该选项卡可显示电路中元件的查找结果和 ERC 校验结果，但要使 ERC 校验结果显示在该页面上，需要运行 ERC 校验时选择将结果显示在 Result Pane 上。

(2) Nets 选项卡：显示当前电路中所有网点的相关信息，部分参数可以自定义修改。该选项卡上方有 9 个按钮，它们的功能分别为：找到并选择指定网点；将当前列表以文本格

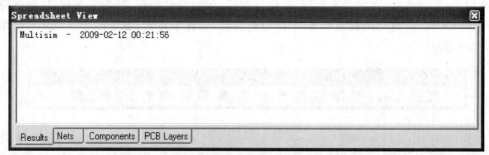

(a) Results选项卡

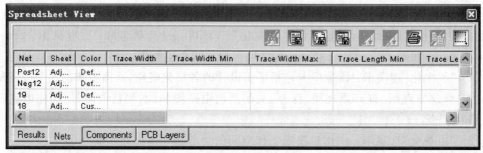

(b) Nets选项卡

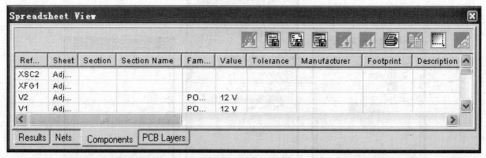

(c) Components选项卡

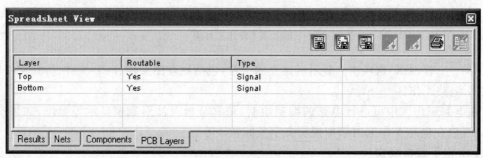

(d) PCB Layers选项卡

图 4.7 电子表格视窗

式保存到指定位置；将当前列表以 CSV（Comma Separate Values）格式保存到指定位置；将当前列表以 Excel 电子表格的形式保存到指定位置；按已选栏数据的升序排列数据；按已选栏数据的降序排列数据；打印已选表项中的数据；复制已选表项中的数据到剪切板；显示当前设计所有页面中的网点（包括所有子电路、层次化电路模块及多页电路）。

（3）Components 选项卡：显示当前电路中所有元件的相关信息，部分参数可自定义修改。该选项卡上方有 10 个按钮，它们的功能分别为：找到并选择指定元件；将当前列表以文本格式保存到指定位置；将当前列表以 CSV 格式保存到指定位置；将当前列表以 Excel 电子表格的形式保存到指定位置；按已选栏数据的升序排列数据；按已选栏数据的降序排列数据；打印已选表项中的数据；复制已选表项中的数据到剪切板；显示当前设计所有页面中的元件（包括所有子电路、层次化电路模块及多页电路）；替换已选元件。

（4）PCB Layers 选项卡：显示 PCB 层的相关信息，其页面上按钮和上面的相同，不再赘述。

11）状态栏

状态栏用于显示有关当前操作及鼠标所指条目的相关信息。

12）其他

前面主要介绍了 Multisim 10.0 的基本界面组成。当用户常用"视图"菜单下的其他功能窗口和工具栏时，也可将其放入界面中。

4.1.3 Multisim 10.0 的菜单栏

1. "文件"（File）菜单

"文件"菜单主要用于管理所创建的电路文件，对电路文件进行打开、保存等操作，其中大多数命令和一般 Windows 应用软件基本相同，这里不赘述，下面主要介绍 Multisim 10.0 的特有命令。

（1）Open Samples：可打开安装路径下的自带实例。

（2）New Project、Open Project、Save Project 和 Close Project：分别对一个工程文件进行创建、打开、保存和关闭操作。一个完整的工程包括原理图、PCB 文件、仿真文件、工程文件和报告文件。

（3）Version Control：用于控制工程的版本。用户可以用系统默认产生的文件名或自定义文件名作为备份文件的名称对当前工程进行备份，也可恢复以前版本的工程。

（4）Print Options：包括两个子菜单。Print Circuit Setup 子菜单为打印电路设置选项；Print Instruments 子菜单为打印当前工作区内仪表波形图选项。

2. "编辑"（Edit）菜单

"编辑"菜单下的命令主要用于在绘制电路图的过程中，对电路和元件进行各种编辑操作。一些常用操作，如复制、粘贴等和一般 Windows 应用程序基本相同，这里不再赘述，下面介绍一些 Multisim 10.0 特有的命令。

（1）Delete Multi-Page：从多页电路文件中删除指定页。执行该项操作一定要小心，尽管使用撤销命令可恢复一次删除操作，但删除的信息无法找回。

（2）Paste as Subcircuit：将剪贴板中已选的内容粘贴成电子电路形式。

（3）Find：搜索当前工作区内的元件，选择该项后可弹出对话框，其中包括要寻找元件的名称、类型及寻找的范围等。

（4）Graphic Annotation：图形注释选项，包括填充颜色、类型、画笔颜色、类型和箭头类型。

（5）Order：安排已选图形的放置层次。

（6）Assign to Layer：将已选的项目（如 REC 错误标识、静态指针、注释和文本/图形）安排到注释层。

（7）Layer Setting：设置可显示的对话框。

（8）Orientation：设置元件的旋转角度。

（9）Title Black Position：设置已有的标题框的位置。

（10）Edit Symbol/Title Block：对已选定的图形符号或工作区内的标题框进行编辑。在工作区内选择一个元件，选择该命令，编辑元件符号，弹出元件编辑窗口，在这个窗口中可对元件各引脚端的线型、线长等参数进行编辑，还可以自行添加文字和线条等；选择工作区内的标题框，选择该命令，弹出标题框编辑窗口，可对选中的文字、边框或位图等进行编辑。

（11）Font：对已选项目的字体进行编辑。

（12）Comment：对已有的注释项进行编辑。

（13）Forms/Questions：对有关电路的记录或问题进行编辑；当一个设计任务由多个人完成时，常需要通过邮件的形式对电路图、记录表及相关问题进行汇总和讨论。Multisim 10.0 可方便地实现这一功能。

（14）Properties：打开一个已被选中元件的属性对话框，可对其参数值、标识值等信息进行编辑。

4.1.4　Multisim 10.0 元件库名称中英文对照表

Multisim 10.0 包含十几种元件库，如表 4.1 所示。

表 4.1　**Multisim 元件库名称中英文对照表**

符号	库　名　称	包　含　元　件
⊹	Source(源库)	电源、信号电压源、信号电流源、可控电压源、可控电流源、函数控制器件 6 类
⊶	BASIC(基础元件库)	如电阻、电容、电感、二极管、三极管、开关等
⊬	Diodes(二极管库)	包含普通二极管、齐纳二极管、二极管桥、变容二极管、PIN 二极管、发光二极管等
⊀	Transistor(三极管库)	包含 NPN、PNP、达林顿管、IGBT、MOS 管、场效应管、可控硅等
⊅	Analog(模拟器件库)	包括运放、滤波器、比较器、模拟开关等模拟器件
⅁	TTL(数字电路库)	如 7400、7404 等门 BJT 电路
⅏	COMS(数字电路库)	74HC00、74HC04 等 MOS 管电路

符号	库 名 称	包 含 元 件
	MIXC Digital(混合数字电路库)	包含 DSP、CPLD、FPGA、PLD、单片机-微控制器、存储器件、一些接口电路等数字器件
	Mixed(混合库)	包含定时器、AC/DA 转换芯片、模拟开关、震荡器等
	Indicators(指示器库)	包含电压表、电流表、探针、蜂鸣器、灯、数码管等显示器件
	Power(电源库)	包含保险丝、稳压器、电压抑制、隔离电源等
	Misc(混合库)	包含晶振、电子管、滤波器、MOS 驱动和其他一些器件等
	Advance Periphearls(外围器件库)	包含键盘、LCD 和一个显示终端的模型
	Elector Mechanical(电子机械器件库)	包含传感开关、机械开关、继电器、电机等
	MCU Model（MCU 模型）	Multisim 的单片机模型比较少,只有 8051、PIC16 的少数模型和一些 ROM、RAM 等

4.2 Multisim 10.0 的虚拟仪器使用方法

Multisim 10.0 中提供了 20 种在电子线路分析中常用的仪器。这些虚拟仪器仪表的参数设置、使用方法和外观设计与实验室中的真实仪器基本一致。在 Multisim 10.0 中单击 Simulate→Instruments 后,便可以使用它们。

下面一一介绍虚拟仪器的使用方法。

4.2.1 数字万用表

数字万用表(Mulitimeter)可以用来测量交流电压(电流)、直流电压(电流)、电阻以及电路中两节点的分贝损耗。其量程可自动调整。

选择 Simulate→Instruments→Multimeter 命令后,有一个万用表虚影跟随鼠标移动在电路窗口的相应位置,单击鼠标,完成虚拟仪器的放置。双击图 4.8(a)所示的图标,得到的数字万用表参数设置控制面板如图 4.8(b)所示,该面板各个按钮的功能如下所述。

图 4.8(b)中,上面的黑色条形框用于测量数值的显示,下面为测量类型的选取栏。

(1) A:测量对象为电流;

(2) V:测量对象为电压;

(3) Ω:测量对象为电阻;

(4) dB:将万用表切换到分贝显示;

(5) ～:表示万用表的测量对象为交流参数;

(6) —:表示万用表的测量对象为直流参数;

(7) ＋:对应万用表的正极;

（8）－：对应万用表的负极；

（9）设置（Set）：单击该按钮，可以设置数字万用表的各个参数，如图4.9所示。

（a）图标　　　　　（a）参数设置控制面板

图4.8　数字万用表

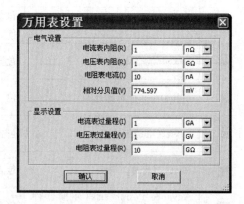

图4.9　数字万用表参数设置对话框

4.2.2　函数信号发生器

函数信号发生器（Function Generator）是用来提供正弦波、三角波和方波信号的电压源。

选择 Simulate→Instruments→Function Generator 命令，得到如图4.10（a）所示的函数信号发生器图标。双击该图标，得到如图4.10（b）所示的函数信号发生器参数设置控制面板，该控制面板的各个部分的功能如下所述。

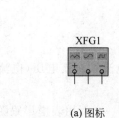

（a）图标　　　　　　　（b）参数设置控制面板

图4.10　函数信号发生器

图4.10（b）中，上方的3个按钮用于选择输出波形，分别为正弦波、三角波和方波。

（1）频率（Fequency）：设置输出信号的频率；

（2）占空比（Dty Cycle）：设置输出的方波和三角波电压信号的占空比；

（3）振幅（Amplitude）：设置输出信号幅度的峰值；

（4）偏移（Offset）：设置输出信号的偏置电压，即设置输出信号中直流成分的大小；

（5）设置上升/下降时间（Set Rise/Fall Time）：设置上升沿与下降沿的时间，仅对方波有效；

（6）＋：表示波形电压信号的正极性输出端；

（7）－：表示波形电压信号的负极性输出端；

(8) 公共(Common)：表示公共接地端。

下面以图 4.11 所示的仿真电路为例来说明函数信号发生器的应用。在本例中,函数信号发生器用来产生幅值为 10V、频率为 1kHz 交流信号,并用万用表测量函数信号发生器产生的交流信号,测量结果如图 4.12 所示。

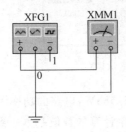

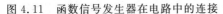

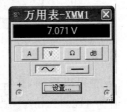

图 4.11　函数信号发生器在电路中的连接　　　　图 4.12　测量结果

注意：在图 4.11 所示的电路中,万用表所测量的交流信号的频率值不能过低,否则万用表无法进行测量。

4.2.3　瓦特表

瓦特表(Wattmeter)用于测量电路的功率。它可以测量电路的交流或直流功率。

选择 Simulate→Instruments→Wattmeter 命令,得到如图 4.13(a)所示的瓦特表图标。双击该图标,便可以得到如图 4.13(b)所示的瓦特表参数设置控制面板。该控制面板很简单,主要功能如下所述。

图 4.13(b)中,上方的黑色条形框用于显示所测量的功率,即电路的平均功率。

(1) 功率因数(Power Factor)：功率因数显示栏;

(2) 电压(Voltage)：电压的输入端点,从"＋"、"－"极接入;

(3) 电流(Current)：电流的输入端点,从"＋"、"－"极接入。

下面在图 4.14 所示的仿真电路中,应用瓦特表来测量复阻抗的功率及功率因数。在图 4.14 中,使用了一个复阻抗 $Z＝A＋\mathrm{j}B$。其中的复阻抗 RL 电路的复阻抗的实部 A 为电阻 $R_1＝250\Omega$,虚部 B 为 $\omega L_1＝471\Omega$。

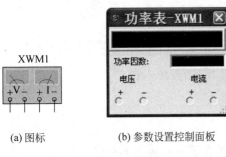

(a)图标　　　(b)参数设置控制面板

图 4.13　瓦特表

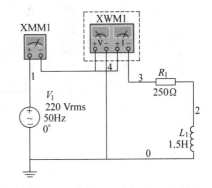

图 4.14　瓦特表在电路中的连接

选择 Simulate→Run 命令,开始仿真,得到的结果如图 4.15 所示。

图 4.15　瓦特表测量结果

从图 4.15 中可以看到,瓦特表的有功功率为 42.553W,电路的功率因数为 0.469,电路电流的有效值为 412.411mA,仿真结果的数值与理论计算的数值基本一致。

4.2.4　双通道示波器

双通道示波器(Oscilloscope)主要用来显示被测量信号的波形,还可以用来测量被测信号的频率和周期等参数。

选择 Simulate→Instruments→Oscilloscope 命令,得到如图 4.16 所示的示波器图标。双击该图标,得到如图 4.17 所示的双通道示波器参数设置控制面板,该控制面板主要功能如下所述。

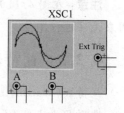

图 4.16　示波器图标

双通道示波器的面板控制设置与真实示波器的设置基本一致,一共分成 3 个区域的控制设置。

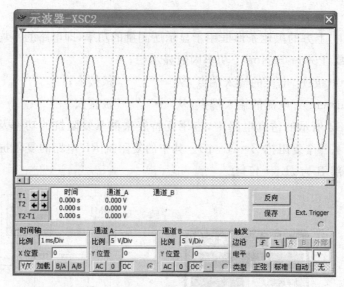

图 4.17　双通道示波器参数设置控制面板

1.“时间轴”(Timebase)区

该模块主要用来进行时基信号的控制调整,其各部分功能如下所述。

(1) 比例(Scale):X 轴刻度选择。控制在示波器显示信号时,横轴每一格所代表的时间,单位为 ms/Div,范围为 1Ps～1000Ts。

(2) X 位置(X position):用来调整时间基准的起始点位置,即控制信号在 X 轴的偏移位置。

(3) Y/T:选择 X 轴显示时间刻度且 Y 轴显示电压信号幅度的示波器显示方法。

(4) 加载(Add):选择 X 轴显示时间以及 Y 轴显示的电压信号幅度为 A 通道和 B 通道的输入电压之和。

(5) B/A:选择将 A 通道信号作为 X 轴扫描信号,B 通道信号幅度除以 A 通道信号幅度后所得信号作为 Y 轴的信号输出。

(6) A/B:选择将 B 通道信号作为 X 轴扫描信号,A 通道信号幅度除以 B 通道信号幅度后所得信号作为 Y 轴的信号输出。

2."通道"(Channel)区

该模块用于双通道示波器输入通道的设置。

(1) 通道 A(Channel A):A 通道设置。

(2) 比例(Scale):Y 轴的刻度选择。控制在示波器显示信号时,Y 轴每一格所代表的电压刻度,单位为 V/Div,范围 1PV～1000TV。

(3) Y 位置(Y position):用来调整示波器 Y 轴方向的原点。

① AC 方式:滤除显示信号的直流部分,仅仅显示信号的交流部分。

② 0:没有信号显示,输出端接地。

③ DC 方式:将显示信号的直流部分与交流部分作和后进行显示。

(4) 通道 B(Channel B):B 通道设置,用法同 A 通道设置。

3."触发"(Trigger)区

该模块用于设置示波器的触发方式。

(1) 边沿(Edge):触发边沿的选择设置,有上边沿和下边沿等选择方式。

(2) 电平(Level):设置触发电平的大小,该选项表示只有当被显示的信号幅度超过右侧的文本框中的数值时,示波器才能进行采样显示。

(3) 类型(Type):设置触发方式,Multisim 10.0 中提供了以下几种触发方式。

① 自动(Auto):自动触发方式,只要有输入信号就显示波形。

② 正弦(Single):单脉冲触发方式,满足触发电平的要求后,示波器仅仅采样一次。

每按 Single 一次产生一个触发脉冲。

③ 标准(Normal):只要满足触发电平要求,示波器就采样显示输出一次。

下面介绍数值显示区的设置。

T1 对应着 T1 的游标指针,T2 对应着 T2 的游标指针。单击 T1 右侧的左右指向的两个箭头,可以将 T1 的游标指针在示波器的显示屏中移动。T2 的使用同理。当波形在示波器的屏幕稳定后,通过左右移动 T1 和 T2 的游标指针,在示波器显示屏下方的条形显示区中,对应显示 T1 和 T2 游标指针使对应的时间和相应时间所对应的 A/B 波形的幅值。通过这个操作,可以简要地测量 A/B 两个通道的各自波形的周期和某一通道信号的上升和下降时间。在图 4.17 中,A、B 表示两个信号输入通道,Ext Trigger 表示触发信号输入端,

"一"表示示波器的接地端。在 Multisim 10.0 中"一"端不接
地也可以使用示波器。

示波器应用举例：在 Multisim 10.0 的仿真电路窗口中
建立如图 4.18 所示的仿真电路。将函数信号发生器的设置
为正弦波发生器，幅值为 10V，频率为 1kHz。

选择 Simulate→Run 命令，开始仿真，结果如图 4.17 所
示，可自行分析波形参数。

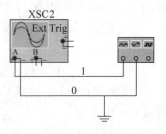

图 4.18　示波器应用电路

4.2.5　四通道示波器

四通道示波器(Four-channel Oscilloscope)与双踪示波器的使用方法和内部参数的调
用方式基本一致。选择 Simulate→Instruments→Four-channel Oscilloscope 命令，得到如
图 4.19 所示的四通道示波器图标。双击该图标得到如图 4.20 所示的四通道示波器参数设
置控制面板。

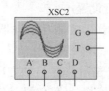

图 4.19　四通道示波器图标

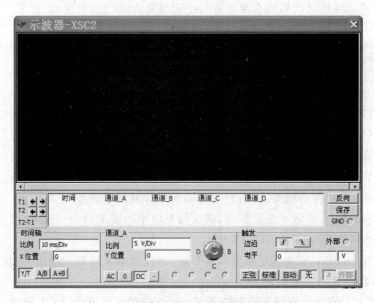

图 4.20　四通道示波器参数设置控制面板

从图 4.20 中可以看出，四通道示波器的内部参数示波器的控制面板仅仅比双踪示波器
的内部参数示波器的控制面板多了一个通道控制旋钮。当旋钮转到 A、B、C、D 中的某一通
道时，四通道示波器对该通道的显示波形进行显示。其中，"反向"(Reverse)按钮可以将示
波器显示屏的背景由黑色改为白色。"保存"(Save)按钮用于保存所显示波形。

4.2.6　波特图仪

波特图仪(Bode Plotter)又称为频率特性仪,主要用于测量滤波器的频率特性,包括测量电路的幅频特性和相频特性。

选择 Simulate→Instruments→Bode Plotter 命令,得到如图 4.21 所示的波特图仪图标。双击该图标,得到如图 4.22 所示的波特图仪内部参数设置控制面板,该控制面板分为以下 4 个部分。

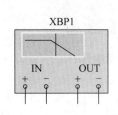

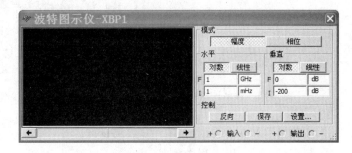

图 4.21　波特图仪图标　　　　　　图 4.22　波特图仪内部参数设置控制面板

(1)"模式"(Mode)区:该区域是输出方式选择区。

① 幅度(Magnitude):用于显示被测电路的幅频特性曲线。

② 相位(Phase):用于显示被测电路的相频特性曲线。

(2)"水平"(Horizontal)区:该区域是水平坐标(X 轴)的频率显示格式设置区,水平轴总是显示频率的数值。

① 对数(Log):水平坐标采用对数的显示格式。

② 线性(Lin):水平坐标采用线性的显示格式。

③ F:水平坐标(频率)的最大值;I:水平坐标(频率)的最小值。

(3)"垂直"(Vertical)区:该区域是垂直坐标的设置区。

① 对数(Log):垂直坐标采用对数的显示格式;Lin:垂直坐标采用线性的显示格式。

② F:垂直坐标(频率)的最大值;I:垂直坐标(频率)的最小值。

(4)"控制"(Control)区:该区域是输出控制区。

① 反向(Reverse):将示波器显示屏的背景色由黑色改为白色。

② 保存(Save):保存显示的频率特性曲线及其相关的参数设置。

③ 设置(Set):设置扫描的分辨率。

在波特图仪内部参数设置控制面板的最下方有 In 和 Out 两个按钮。In 是被测量信号输入端口:"+"和"-"信号分别接入被测信号的正端和负端。Out 是被测量信号输出端口:"+"和"-"信号分别接入仿真电路的正端和负端。

4.2.7　频率计

频率计(Frequency Counter)可以用来测量数字信号的频率、周期、相位以及脉冲信号的上升沿和下降沿。

108

选择 Simulate→Instruments→Frequency Counter 命令,得到如图 4.23 所示的频率计图标。双击该图标,便可以得到如图 4.24 所示的频率计内部参数设置控制面板,该控制面板分为以下 5 个部分。

图 4.23 频率计图标   图 4.24 频率计内部参数设置控制面板

(1)"测量"(Measurement)区:参数测量区。

① 频率(Freq):用于测量频率。

② 周期(Period):用于测量周期。

③ 脉冲(Pulse):用于测量正/负脉冲的持续时间。

④ 上升/下降(Rise/Fall):用于测量上升沿/下降沿的时间。

(2)"耦合"(Coupling)区:用于选择电流耦合方式。

① AC:选择交流耦合方式。

② DC:选择直流耦合方式。

(3)"灵敏度"(Sensitivity)(RMS)区:主要用于灵敏度的设置。

(4)"触发电平"(Trigger Level)区:主要用于灵敏度的设置。

(5)"缓变信号"(Slow Change Signal)区:用于动态地显示被测的频率值。

4.2.8 字信号发生器

字信号发生器(Word Generator)可以采用多种方式产生 32 位同步逻辑信号,用于对数字电路进行测试,是一个通用的数字输入编辑器。

选择 Simulate→Instruments→Word Generator 命令,得到如图 4.25(a)所示的字信号发生器的图标。在字信号发生器的左右两侧各有 16 个端口,分别为 0~15 和 16~31 的数字信号输出端。下面的 R 表示输出端,用以输出与字信号同步的时钟脉冲;T 表示输入端,用来接外部触发信号。

双击图 4.24(a)中的字信号发生器图标,便可以得到图 4.25(b)所示的字信号发生器内部参数设置控制面板,该控制面板大致分为 5 个部分。

(1)"控制"(Control)区:输出字符控制,用来设置字信号发生器的最右侧的字符编辑显示区字符信号的输出方式,有下列 3 种模式。

① 循环(Cycle):在已经设置好的初始值和终止值之间循环输出字符。

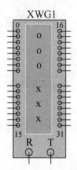

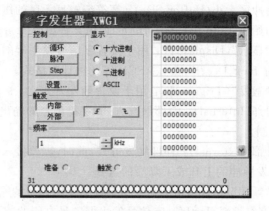

(a) 字信号发生器图标　　　　　　　　　　(b) 内部参数设置控制面板

图 4.25　字信号发生器

② 脉冲(Burst)：每单击该按钮一次，字信号发生器将从初始值开始到终止值之间的逻辑字符输出一次，即单页模式。

③ Step：每单击该按钮一次，输出一条字信号，即单步模式。

图 4.26　设置字符信号对话框

单击"设置"按钮，弹出如图 4.26 所示的对话框。该对话框主要用来设置字符信号的变化规律，其中各参数含义如下所述。

① "预置模式"区

a. 不改变(No Change)：保持原有的设置。

b. 加载(Load)：装载以前的字符信号的变化规律的文件。

c. 保存(Save)：保存当前的字符信号的变化规律的文件。

d. 清除缓冲区(Clear buffer)：将字信号发生器的最右侧的字符编辑显示区的字信号清零。

e. 加计数(Up Count)：字符编辑显示区的字信号以加 1 的形式计数。

f. 减计数(Down Count)：字符编辑显示区的字信号以减 1 的形式计数。

g. 右移(Shift Right)：字符编辑显示区的字信号"右"移。

h. 左移(Shift Left)：字符编辑显示区的字信号"左"移。

② "显示类型"(Display Type)区：用来设置字符编辑显示区字信号的显示格式，即 Hex(十六进制)或 Dec(十进制)。

③ 缓冲区大小(Buffer Size)：字符编辑显示区的缓冲区的长度。

④ 初始模式(Initial Patterns)：采用某种编码的初始值。

(2)"显示"(Display)区：用于设置字信号发生器的最右侧的字符编辑显示区的字符显示格式,有 Hex、Dec、Binary、ASCII 等几种计数格式。

(3)"触发"(Trigger)区：用于设置触发方式。

① 内部(Internal)：内部触发方式,字符信号的输出由"控制"区的 3 种输出方式中的某一种来控制。

② 外部(External)：外部触发方式,此时,需要接入外部触发信号。右侧的两个按钮用于外部触发脉冲的上升或下降沿的选择。

(4)"频率"(Frequency)区：用于设置字符信号的输出时钟频率。

(5) 字符编辑显示区：字信号发生器的最右侧的空白显示区,用来显示字符。

下面看一个字信号发生器应用实例。字信号发生器在数字信号电路的处理中有着极为广泛的应用。单击字信号发生器控制面板右侧的字信号预览窗口的顶部,以便设置循环输出的字信号的起始位置。右击窗口的顶部,选择"设置光标"(Set Cursor),设置起点。将鼠标移动到其他的位置右击,选择"设置终点位置"(Set Final Position),选择字信号循环的终点。

设置完毕后,在字信号发生器的 Display 选项区选择输出信号的模式。本例中,选择二进制(Binary)。输出的字信号为 0～7。可以在窗口中单击数字所在的行后,直接输入即可。所对应的外部引脚为字信号发生器的 0、1、2、3 号引脚。按照对应关系在电路窗口中建立如图 4.27 所示的仿真电路。启动仿真开关进行仿真,并观测结果,如图 4.27 所示。

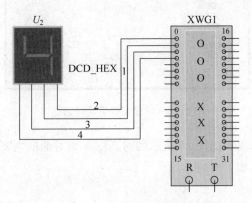

图 4.27　七段数码管显示字信号

图 4.27 所示的电路中,用一个虚拟的七段数码管来显示字信号发生器所产生的循环代码。在本例中,七段数码管循环显示 0～7 的数字,表明仿真结果和仿真操作是正确的。

4.2.9　逻辑分析仪

逻辑分析仪(Logic Analyzer)可以同时显示 16 路逻辑信号。逻辑分析仪常用于数字电路的时序分析。其功能类似于示波器,只不过逻辑分析仪可以同时显示 16 路信号,而示波器最多可以显示 4 路信号。选择 Simulate→Instruments→Logic Analyzer 命令,得到如图 4.28(b)所示的逻辑分析仪内部参数设置控制面板,该控制面板主要功能如下所述。

图 4.28(b)中,最上方的黑色区域为逻辑信号的显示区域。

(1) 停止(Stop)：停止逻辑信号波形的显示。

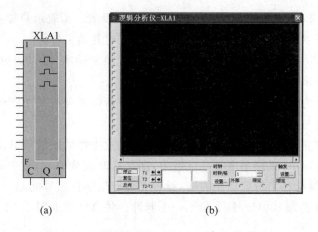

(a)　　　　　　　　　　　　　　(b)

图 4.28　逻辑分析仪(Logic Analyzer)控制面板

(2) 复位(Reset)：清除显示区域的波形，重新仿真。

(3) 反向(Reverse)：将逻辑信号波形显示区域由黑色变为白色。

(4) T1：游标 1 的时间位置。左侧的空白处显示游标 1 所在位置的时间值，右侧的空白处显示该时间处所对应的数据值。

(5) T2：游标 2 的时间位置。同上。

(6) T2－T1：显示游标 T2 与 T1 的时间差。

(7) "时钟"(Clock)区：时钟脉冲设置区。其中，"时钟/格"(Clock/Div)用于设置每格所显示的时钟脉冲个数。

单击"时钟"(Clock)区的"设置"按钮，弹出如图 4.29 所示的对话框。其中，"时钟源"(Clock Source)区用于设置触发模式，有内触发和外触发两种模式；"时钟频率"(Clock Rate)区用于设置时钟频率，仅对内触发模式有效；"取样设置"(Sampling Setting)区用于设置取样方式，有"预触发取样"(Pre-trigger)和"后置触发取样"(Post-trigger Samples)两种方式；"阈值电压(V)"(Threshold Volt(V))用于设置门限电平。

图 4.29　逻辑分析频率设置

图 4.30　逻辑分析触发方式设置

(8) "触发"(Trigger)区：触发方式控制区。单击"设置"按钮，弹出"触发设置"(Trigger Setting)对话框，如图 4.30 所示，其中共分为 3 个区域。

① "触发时钟边沿"(Trigger Clock Edge)区：用于设置触发边沿，有上升沿触发、下降沿触发以及上升沿和下降沿都触发 3 种方式。

② 触发限制(Trigger Qualifier)用于触发限制字设置。X 表示只要有信号逻辑分析仪就采样,0 表示输入为零时开始采样,1 表示输入为 1 时开始采样。

③ "触发模式"(Trigger Patterns)区:用于设置触发样本,可以通过文本框和"混合触发"(Trigger Combinations)下拉列表框设置触发条件。

下面以锁存器为例,通过字信号发生器和逻辑分析仪来分析其功能的同时,并进一步检验前面操作的正确与否。

在工作区中建立电路如图 4.31 所示。将字信号发生器的扫描频率设置为 100Hz,在最右侧的字符编辑窗口中,直接单击某一的数值,即可修改该数值,本例中设置为从 000～100 的二进制数,然后继续在字符窗口中右击,设置循环产生字符信号的起点和终点。逻辑分析仪的扫描频率也设置为 100Hz,每个显示一个脉冲。仿真结果如图 4.32 所示。

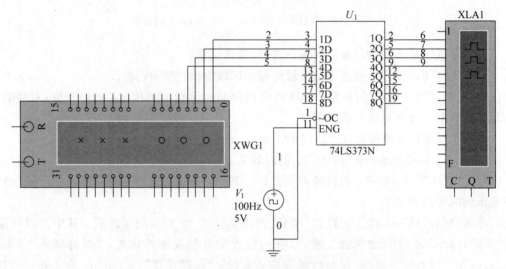

图 4.31　使用信号发生器和逻辑分析仪的电路实例

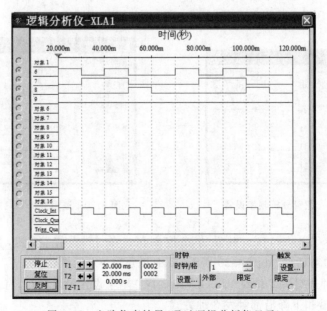

图 4.32　电路仿真结果(通过逻辑分析仪显示)

从图 4.32 中可以看出,逻辑分析仪的 4 个输入端的方波为 000~100 的二进制数循环显示,与字符发生器中的设置完全吻合,由此可以判断图 4.31 中用户自定义器件锁存器的功能已经达到要求。

4.2.10　逻辑转换仪

逻辑转换仪(Logic Converter)在对于数字电路的组合电路的分析中有很实际的应用,逻辑转换仪可以在组合电路的真值表、逻辑表达式、逻辑电路之间任意地转换。

逻辑转换仪只是一种虚拟仪器,并没有实际仪器与之对应。选择 Simulate→Instruments→Logic Converter 命令,得到如图 4.33 所示的逻辑转换仪图标。其中共有 9 个接线端,从左到右的 8 个为接线端,剩下一个为输出端。双击该图标,便可以得到图 4.34 所示的逻辑转换仪内部参数设置控制面板,该控制面板的主要功能如下所述。

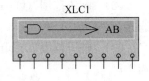

图 4.33　逻辑转换仪

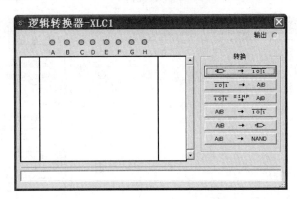

图 4.34　逻辑转换仪内部参数设置控制面板

最上方的 A、B、C、D、E、F、G、H 和"输出"这 9 个按钮分别对应图 4.33 中的 9 个接线端。单击 A、B、C 等端子后,在下方的显示区将显示所输入的数字逻辑信号的所有组合以及其所对应的输出。

(1) ▷→101 按钮用于将逻辑电路转换成真值表。首先在电路窗口中建立仿真电路,然后将仿真电路的输入端与逻辑转换仪的输入端,仿真电路的输出端与逻辑转换仪的输出端连接起来,最后单击此按钮,即可以将逻辑电路转换成真值表。

(2) 101→AIB 按钮用于将真值表转换成逻辑表达式。单击 A、B、C 等端子,在下方的显示区中将列出所输入的数字逻辑信号的所有组合以及其所对应的输出,然后单击此按钮,即可以将真值表转化成逻辑表达式。

(3) 101 SIMP AIB 按钮用于将真值表转化成最简表达式。

(4) AIB→101 按钮用于将逻辑表达式转换成真值表。

(5) AIB→▷ 按钮用于将逻辑表达式转换成组合逻辑电路。

(6) AIB→NAND 按钮用于将逻辑表达式转换成由与非门所组成的组合逻辑电路。

4.2.11　IV 分析仪

IV 分析仪(IV Analyzer)在 Multisim 10.0 中专门用于测量二极管、晶体管和 MOS 管的伏安特性曲线。选择 Simulate→Instruments→IV Analyzer 命令,得到如图 4.35 所示的 IV 分析仪图标。其中共有 3 个接线端,从左到右的 3 个接线端分别接三极管的 3 个电极。

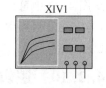

双击 IV 分析仪图标,便可以得到如图 4.36 所示的 IV 分析仪内部参数设置控制面板。该控制面板主要功能如下所述。

图 4.35　IV 分析仪图标

(1)"元件"(Components)区:伏安特性测试对象选择区,有 Diode(二极管)、晶体管、MOS 管等选项;

(2)"电流范围"(Current Range)区:电流范围设置区,有 Log(对数)和 Lin(线性)两种选择;

(3)"电压范围"(Voltage Range)区:电压范围设置区,有 Log(对数)和 Lin(线性)两种选择;

(4)反向(Reverse):转换显示区背景颜色;

(5)仿真参数(Sim-Param):仿真参数设置区。

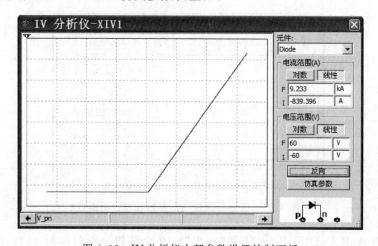

图 4.36　IV 分析仪内部参数设置控制面板

下面应用 IV 分析仪来测量二极管 PN 结的伏安特性曲线。将图 4.36 中的"元件"(Components)设置为 Diode,则 IV 分析仪的右下角的 3 个接线端(见图 4.36)依次为 p、n。在 Multisim 10.0 中建立仿真电路如图 4.37 所示。单击 IV 分析仪的"仿真参数"(Sim-Param)按钮,弹出如图 4.38 所示的对话框。该对话框用于设置仿真时二极管 PN 结两端的电压的起始值和终止值以及步进增量。在本例中保持默认设置,单击"确定"按钮,完成参数设置。

启动仿真开关进行仿真并观测结果,所得的结果如图 4.38 所示。

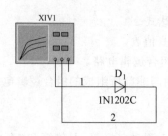

图 4.37　IV 分析仪用于电路

图 4.38　IV 分析仪测量电路结果

4.2.12　失真分析仪

失真分析仪(Distortion Analyzer)是用于测量信号的失真程度以及信噪比等参数的仪器。经常用于测量存在较小失真度的低频信号。选择 Simulate→Instruments→Distortion Analyzer 命令,得到如图 4.39 所示的失真分析仪图标。只有一个接线端,用于连接被测电路的输出端。双击该图标,便可以得到图 4.40 所示的失真分析仪内部参数设置控制面板,该控制面板主要功能如下所述。

图 4.39　失真分析仪图标

图 4.40　失真分析仪内部参数设置控制面板

(1) 总谐波失真(THD)(Total Harmonic Distortion(THD)):总谐波失真显示区。

(2) 启动(Start):启动失真分析按钮。

(3) 停止(Stop):停止失真分析按钮。

(4) 基频(Fundamental Freq):设置失真分析的基频。

(5) 频率分辨率(Resolution Freq):设置失真分析的频率分辨率。

(6) THD:显示总的谐波失真。

(7) SINAD:显示信噪比。

(8) 设置:测试参数对话框设置。单击该按钮,弹出如图 4.41 所示的对话框。该对话框有如下选项:"THD 定义"(THD Definition)区用于设置总的谐波失真的定义方式,有 IEEE 和 ANSI/IEC 两种选择;"谐波数"(Harmonic Num)用于设置谐波分析的次数;"FFT 点"(FFT Points)用于设置傅里叶变换的点数,默认数值为 1024 点。

(9) "显示"(Display)区:用于设置显示模式,有百分比和分贝两种显示模式。

图 4.41　失真分析仪测试
参数对话框

(10) 输入(In):用于连接被测电路的输出端。

谐波失真用来表示检测非线性失真的结果。非线性失真的定义是输入信号经过处理后,理想上输出只有基频信号的频带,但由于谐振现象而在原始声波的基础上生成 2 次、3 次甚至多次谐波,这些谐波是原始信号频率的整数倍,如 1kHz 的信号产生的谐波频率有 2kHz、3kHz 等。总谐波失真是指输出信号(谐波及其倍频成分)比输入信号多出的除基频以外的谐波成分,通常用百分数来表示。

将失真分析仪连接在图的输出节点处,启动仿真后就会得到电路的总谐波失真度百分比。

4.2.13 频谱分析仪

频谱分析仪可以用来分析信号在一系列频率下的功率谱,确定高频电路中各频率成分的存在性。

选择 Simulate→Instruments→Spectrum Analyzer 命令,得到如图 4.42 所示的频谱分析仪图标。其中,IN 为信号输入端子,T 为外触发信号端子。双击该图标,得到如图 4.43 所示的频谱分析仪面板,面板可分为以下 6 个部分。

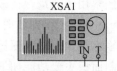

图 4.42　频谱分析仪图标

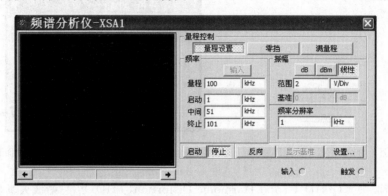

图 4.43　频谱分析仪面板

1. 振幅显示(Amplitude)区

该显示区内横坐标表示频率值,纵坐标表示某频率处信号的幅值(在振幅选项区中可以选择 dB、dBm、线性共 3 种显示形式)。用游标可显示所对应波形的精确值。

2. "量程控制"(Span Control)区

该区域包括 3 个按钮,用于设置频率范围,3 个按钮的功能分别为:

(1) 量程设置(Set Span):频率范围可在频率选项区中设定;

(2) 零挡(Zero Span):仅显示以中心频率为中心的小范围内的权限,此时在 Frequency 选项区仅可设置中心频率值;

(3) 满量程(Full Span):频率范围自动设为 0~4GHz。

3. "频率"(Frequency)区

该选项区包括 4 个文本框,其中,"量程"文本框设置频率范围,"启动"文本框设置起始频率,"中间"文本框设置中心频率,"终止"文本框设置终止频率。设置好后,单击"设置"按钮确定参数。注意,在量程方式下,只要输入频率范围和中心频率值,然后单击"设置"按钮,软件可以自动计算出起始频率和终止频率。

4. "振幅"(Amplitude)区

该选项区用于选择幅值 U 的显示形式和刻度,其中 3 个按钮的作用为:

(1) dB:设定幅值用波特图的形式显示,即纵坐标刻度的单位为 dB。

（2）dBm：当前刻度可由10lg(U/0.775)计算而得，刻度单位为dBm。该显示形式主要应用于终端电阻为600Ω的情况，以方便读数。

（3）线性(Lin)：设定幅值坐标为线性坐标。

范围文本框用于设置显示屏纵坐标每格的刻度值。基准文本框用于设置纵坐标的参考线，参考线的显示与隐藏可以通过"控制"(Control)选项区控制按钮的显示基准按钮控制。参考线的设置不适用于线性坐标的曲线。

5．"频率分辨率"区（Resolution Freq）

用于设置频率分辨率，其数值越小，分辨率越高，但计算时间也会相应延长。

6．控制按钮区（Control）

该区域包含5个按钮，下面分别介绍各按钮的功能：

（1）启动(Start)：启动分析；

（2）停止(Stop)：停止分析；

（3）反向(Reverse)：使显示区的背景反色；

（4）显示基准/隐藏基准(Show-Refer/Hide-Refer)：用来控制是否显示参考线；

（5）设置(Set)：用于进行参数的设置。

4.2.14 网络分析仪

网络分析仪(Network Analyzer)主要用来测试电路中的双端口网络，如高频电路中的混频器是主要用来测试电路的S、H、Y、Z等参数。选择Simulate→Instruments→Network Analyzer命令，得到如图4.44所示的网络分析仪的图标。其中共有两个接线端，用于连接被测端点和外部触发器。双击该图标，便可以得到如图4.45所示的网络分析仪内部参数设置控制面板。

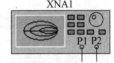

图4.44　网络分析仪的图标

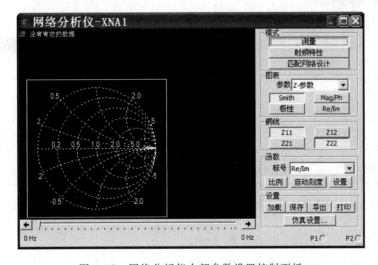

图4.45　网络分析仪内部参数设置控制面板

网络分析仪控制面板共分为以下 5 个区域。

(1)"模式"(Mode)区:设置分析模式。

① 测量(Measurement):设置网络分析仪为测量模式。

② 射频特性(RF Characterizer):设置网络分析仪为射频分析模式。

③ 匹配网络设计(Match Net Designer):设置网络分析仪为高频分析模式。

(2)"图表"(Graph)区:设置分析参数及其结果显示模式。

① 参数(Param):参数选择下拉菜单。有 S-Parameters、H-Parameters、Y-Parameters、Z-Parameters、Stability factor(稳定度)等选项。

② Smith(史密斯模式)、Mag/Ph(波特图方式)、Polar(极化图)、Re/Im(虚数/实数方式显示):用于设置显示格式。

(3)"铜线"(Trace)区:用于显示所要显示的某个参数。

(4)"函数"(Functions)区:功能控制区。

① 标号(Marker):用于设置仿真结果显示方式。有 Re/Im(虚部/实部)、Polar(极坐标)和 dB Mag/Ph(分贝极坐标)3 种形式。

② 比例(Scale):纵轴刻度调整。

③ 自动刻度(Auto Scale):自动纵轴刻度调整。

④ 设置(Set up):用于设置频谱仪数据显示窗口显示方式。单击该按钮后弹出如图 4.46 所示的对话框。在该对话框中,可以对频谱仪显示区的曲线宽度、颜色,网格的宽度、颜色,图片框的颜色等参数进行设置。在"铜线"(Trace)选项卡中,可以对线宽、线长、线的模式等选项进行设置。

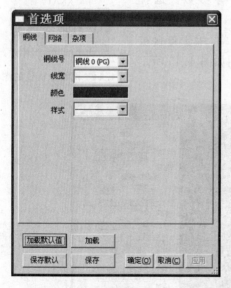

图 4.46 设置频谱仪数据显示窗口

图 4.47 分析模式参数设置对话框

(5)"设置"(Settings)区:数据管理设置区。

① 加载(Load):装载专用格式的数据文件。

② 保存(Save):存储专用格式的数据文件。

③ 导出(Exp)：将数据输出到其他文件。

④ 打印(Print)：打印仿真结果数据。

⑤ 仿真设置(Simulation Set)：单击此按钮,弹出如图 4.47 所示的分析模式参数设置对话框。其中,"开始频率"(Start Frequency)用于设置仿真分析时输入信号源的起始频率;"终止频率"(Stop Frequency)用于设置仿真分析时输入信号源的终止频率;"扫描类型"(Sweep Type)用于设置扫描模式,有"十进制"(Decade)和"线性(Linear)"两种模式;"每十频程点数"(Number of points per decade)用于设置每 10 倍频程的采样点数;"特征阻抗"(Characteristic Impedance)用于设置特性阻抗。

4.2.15 安捷伦万用表

安捷伦万用表(Agilent Multimeter)不仅可以测量电压、电流、电阻、信号周期和频率,还可以进行数字运算。

选择 Simulate→Instruments→Agilent Multimeter 命令,得到如图 4.48 所示的安捷伦万用表的图标。其中共有 5 个接线端,用于连接被测电路的被测端点。其中上面的 4 个接线端子分为两对测量输入端,右侧的上下两个端子为一对,左侧上下两个端子为一对,上面的端子用来测量电压(为正极),下面的端子为公共端(为负极),最下面一个端子为电流测试输入端。

双击图 4.48 所示的安捷伦万用表图标,便可以得到如图 4.49 所示的安捷伦万用表内部参数设置控制面板。

图 4.48　安捷伦万用表　　　　图 4.49　安捷伦万用表内部参数设置控制面板

图 4.49 是安捷伦万用表 34401A 的控制面板,其按键功能分为以下几个模块。

1. FUNCTION 区

DCV 用于测量直流电压/电流,ACV 用于测量交流电压/电流,Ω2W 用于测量电阻,Freq 用于测量信号的频率或周期,Cont 用于连续模式下测量电阻的阻值。

2. MATH 区

Null 表示相对测量方式,将相邻的两次测量值的差值显示出来。Min-max 用于显示已经存储的测量过程中的最大-最小值。

3. MENU 区

左右箭头用于进行菜单的选择。在安捷伦万用表 34401A 中,有 A：MEAS MENU(测量菜单）；B：MATH MENUS（数字运算菜单）；C：TRIG MENU（触发模式菜单）；D：SYS MENU（系统菜单）。

4．RANGE/DIGITS 区

上下箭头用于进行量程的选取。可以用于减小量程或增加量程。Auto/Man 用于进行自动测量和人工测量的转换，人工测量需要手动设置量程。

5．Auto/Hold 区

Single 用于单触发模式的选择设置。打开安捷伦万用表 34401A 时，其自动处于自动触发模式状态，这时，可以通过单击 ＊ 按钮来设置成单触发状态。

6．其他功能键

Shift：用于打开不同的主菜单以及在不同的状态模式之间进行转换，此按钮在安捷伦万用表 34401A 中经常被用到。以触发模式的转换为例，从单触发状态转换到自动触发状态，不能简单单击 Single 来设置，而应该首先单击 Shift 按钮，这时，安捷伦万用表 34401A 显示屏的右下角中将会出现 Shift 字样，此时，单击 Single 后，才从单触发状态转换到自动触发状态。

Power：安捷伦万用表 34401A 的电源开关。

4.2.16　安捷伦示波器

安捷伦示波器（Agilent Oscilloscope）是一款功能强大的示波器，它不但可以显示信号波形，还可以进行多种数字运算。

选择 Simulate→Intruments→Agilent Oscilloscope 命令，得到如图 4.50 所示的安捷伦示波器的图标。其右侧共有 3 个接线端，分别为触发端、接地端、探头补偿输出端。下面的 18 个接线端中，左侧的两个为模拟量测量输入端，右侧的 16 个为数字量测量输入端。

双击图 4.50 所示的安捷伦示波器图标，便可以得到如图 4.51 所示的安捷伦示波器内部参数设置控制面板。

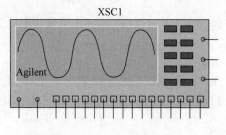

图 4.50　安捷伦示波器

安捷伦示波器 54622D 的控制面板按功能分为以下几个模块。

1．Horizontal 区

该区中左侧的较大旋钮主要用于时间基准的调整，范围从 5ns～50s；右侧的较小的旋

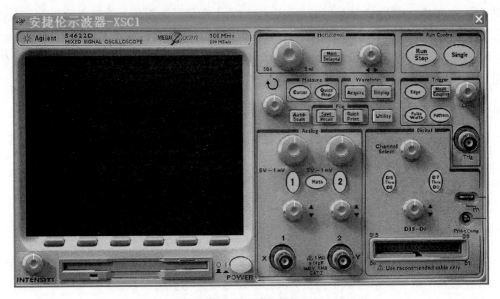

图 4.51 安捷伦示波器内部参数设置控制面板

钮用于调整信号波形的水平位置。Main/Dealyed 按钮用于延迟扫描。

2. Run Control 区

该区的 Run/Stop 按钮用于启动/停止显示屏上的波形显示,单击该按钮后,该按钮呈现黄色表示连续进行;右侧的 Single 按钮表示单触发,Run/Stop 按钮变成红色表示停止触发,即显示屏上的波形在触发一次后保持不变。

3. Measure 区

该区中有 Cursor 和 Quick Mear 两个按钮。单击 Cursor 按钮,在显示区的下方出现如图 4.52 所示的设置。

图 4.52 单击 Cursor 按钮显示结果

Source:用来选择被测对象,单击正下方的按钮后,有 3 个选择:1 代表模拟通道 1 的信号;2 代表模拟通道 2 的信号;Math 代表数字信号。

X Y:用来设置 X 轴和 Y 轴的位置。

Y1:用于设置 Y 的起始位置。单击正下方的按钮,再单击 Measure 区左侧的 图标所对应的旋钮,即可以改变 Y1 的起始位置。X1 的设置方法相同。

Y1-Y2:Y1 与 Y2 的起始位置的频率间隔。

Cursor:游标的起始位置。

单击 Quick Mear 按钮,出现如图 4.53 所示的选项设置。其中,Source:待测信号源的选择；Clear Meas：清除所显示的数值；Frequency：测量某一路信号的频率值；Period：测量某一路信号的周期；Peak-Peak：测量峰-峰值。单击 ➡ 后，弹出新的选项设置，分别是：测量最大值、测量最小值、测量上升沿时间、测量下降沿时间、测量占空比、测量有效值、测量正脉冲宽度、测量负脉冲宽度、测量平均值。

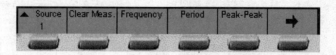

图 4.53　单击 Quick Mear 按钮显示结果

4. Waveform 区

该区中有 ACquite 和 Display 两个按钮，用于调整显示波形。

单击 ACquite 按钮，弹出 [Normal | Averaging | Avgs 8] 选项设置。其中，Normal：设置正常的显示方式；Averaging：对显示信号取平均值；Avgs：设置取平均值的次数。

单击 Display 按钮，弹出 [Clear | Grid 23% | BK Color 77% | Border 24% | Vector] 选项设置。其中，Clear：清除显示屏中的波形；Grid：设置栅格显示灰度；BK Color：设置背景颜色；Border：设置边界大小；Vector，设置坐标。

5. Trigger 区

该区是触发模式设置区。

(1) Edge：触发方式和触发源的选择。

(2) Mode/Coupling：耦合方式的选择。

Mode 用于设置触发模式，有 3 种模式。Normal：常规触发；Auto：自动触发；Auto level：先常规触发，后自动触发。

(3) Pattern：将某个通道的信号的逻辑状态作为触发条件时的设置按钮。

(4) Pulse Width：将毛刺作为触发条件时的设置按钮。

6. Analog 区

该区用于模拟信号通道设置，如图 4.54 所示。

在图 4.54 中，最上面的两个按钮用于模拟信号幅度的衰减，有时，待显示的信号幅度过大或过小，为能在示波器的荧光屏上完整地看到波形，可以调节该旋钮，两个旋钮分别对应 1、2 两路模拟输入。1 和 2 按钮用于选择模拟信号 1 或 2。Math 旋钮用于对 1 和 2 两路模拟信号进行某种数学运算。Math 旋钮下面的两个旋钮用于调整相应的模拟信号在垂直方向上的位置。

以模拟通道 2 为例，选中后(见图 4.55)，在显示屏的下方出现 [Coupling DC | Vernier | Invert] 选项设置。其中，Coupling 用于设置耦合方式，有 DC(直接耦合)、AC(交流耦合)和 Ground(接地，在显示屏上为一条幅值为 0 的直线)几种选择；Vemier 用于对波形进行微调；Invert 用于对波形取反。

图 4.54　模拟信号通道设置

图 4.55　设置数字信号通道

7. Digital 区

该区用于设置数字信号通道，如图 4.55 所示。最上面的旋钮用于数字信号通道的选择。中间的两个按钮用于选择 D0～D7 或者 D8～D15 中的某一组。下面的旋钮用于调整数字信号在垂直方向上的位置。

首先选择 D0～D7 或者 D8～D15 中的某一组，这时在显示屏所对应的通道中会有箭头附注，然后旋转通道选择按钮到某通道即可。

8. 其他按钮

图 4.56 所示的分别为示波器显示屏灰度调节按钮、软驱和电源开关。

图 4.56　示波器显示屏灰度调节按钮、软驱和电源开关

4.2.17　安捷伦函数发生器

安捷伦函数发生器（Agilent Function Generator）不仅可以产生常用的函数波形，也可以产生特殊的函数波形和用户自定义的波形。

选择 Simulate→Instruments→Agilent Function Generator 命令，得到如图 4.57 所示的安捷伦函数发生器的图标。其右侧共有两个接线端，分别为 SYNC 同步信号输出端和普通信号输出端。

双击安捷伦函数发生器图标，便可以得到如图 4.58 所示的安捷伦函数发生器内部参数设置控制面板。在该面板上，其按钮大多数具备两种功能，其功能分别写在按钮上或按钮上方。在使用前可以通过 Shift 键选择不同的状态或功能。图中的控制按钮的功能如下所述。

图 4.57　安捷伦函数发生器

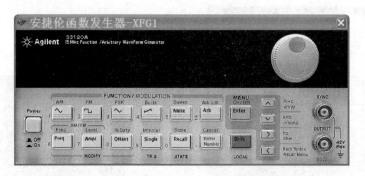

图 4.58　安捷伦函数发生器内部参数设置控制面板

1. FUNCTION/MODULATION 区

该区用来产生电子线路中的常用信号。以 AM 按钮为例,它可以输出正弦波,如果单击 Shift 按钮后,其输出可以改为 AM(调幅)信号。其余按钮用法相同,可分别输出方波、三角波、锯齿波、噪声源或产生用户定义的任意波形,或者输出为 FM 信号、FSK 信号、Burst 信号、Sweep 信号和 Arb List 信号。

2. MODIFY 区

该区主要通过 Freq 和 Ampl 按钮来调节信号的频率和幅度。

3. AM/FM 区

该区主要通过 Freq 和 Ampl 按钮来调节信号的调频频率和调频度。Offset 按钮用来调整信号源的偏置或设置信号源的占空比。

4. TRIG 区

该区只有一个按钮,用来设置信号的触发模式,有 Single(单触发)和 Internal(内部触发)两种模式。

5. STATE 区

Recall 用于调用上次存储的数据,Store 用于选择存储状态。

6. 其他按钮

Enter Number(Cancel)用于输入数字(取消上次操作)。Shift 是功能切换按钮。Enter 是确认菜单按钮,右侧的 4 个按钮用于子菜单或参数设置。

4.3　建立 Multisim 10.0 电路过程

(1) 打开 Multisim 10.0 设计环境。选择“文件”→“新建”→“原理图”命令,弹出一个新的电路图编辑窗口,工程栏同时出现一个新的名称。单击“保存”按钮,将该文件命名,保存到指定文件夹下。

这里需要说明的是：

① 文件的名字要能体现电路的功能，要让自己以后看到该文件名就能知道该文件实现什么功能。

② 在电路图的编辑和仿真过程中，要养成随时保存文件的习惯。以免由于没有及时保存而导致文件的丢失或损坏。

③ 文件的保存位置，最好用一个专门的文件夹来保存所有基于 Multisim 10.0 的例子，这样便于管理。

（2）在绘制电路图之前，需要先熟悉元件栏和仪器栏的内容，看看 Multisim 10.0 都提供了哪些电路元件和仪器。由于我们安装的是汉化版的，直接把鼠标放到元件栏和仪器栏相应的位置，系统会自动弹出元件或仪表的类型。这里就不再详细描述，大家自己体会一下。说明：这个汉化版本汉化得不彻底，并且还有错别字（像"放置基础原件"被译成"放置基楚元件"），我们姑且凑合着用吧。

（3）首先放置电源。选择元件栏的放置信号源选项，出现如图 4.59 所示的对话框。

① "数据库"选项，选择"主数据库"；

② "组"选项里选择 Sources；

③ "系列"选项组里选择 POWER_SOURCES；

④ "元件"组选项里，选择 DC_POWER；

⑤ 右边的"符号"、"功能"等对话框里，会根据所选项目，列出相应的说明。

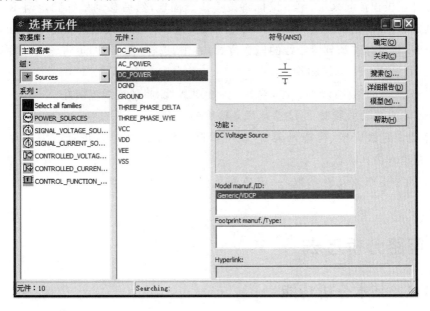

图 4.59　放置电源对话框

（4）选择好电源符号后，单击"确定"按钮，移动鼠标到电路编辑窗口，选择放置位置后，单击即可将电源符号放置于电路编辑窗口中，仿制完成后，还会弹出元件参数选择对话框，可以继续放置，单击"关闭"按钮可以取消放置。

（5）放置的电源符号显示的是 12V。可以根据需要修改其参数值。双击该电源符号，出现相关属性对话框,在该对话框里,可以更改该元件的属性,也可以更改元件的序号、引脚等属性。大家可以单击各个参数项来体验一下。

(6)接下来放置电阻。单击 Basic 按钮,弹出对话框。

① "数据库"选项里,选择"主数据库";

② "组"选项里选择 Basic;

③ "系列"选项里选择 RESISTOR;

④ "元件"选项里,根据要求,选择大小合适的电阻;

⑤ 右边的"符号"、"功能"等对话框里,会根据所选项目,列出相应的说明。

(7)放置后的元件都按照默认的摆放情况被放置在编辑窗口中,例如电阻是默认横着摆放的。但实际在绘制电路过程中,各种元件的摆放情况是不一样的,如果想把电阻 R1 变成竖直摆放,可以通过这样的步骤来操作,将鼠标放在电阻 R1 上,然后右击,这时会弹出一个对话框,在对话框中可以选择让元件顺时针或者逆时针旋转 90°。如果元件摆放的位置不合适,想移动一下元件的摆放位置,则将鼠标放在元件上,按住鼠标左键,即可拖动元件到合适位置。

(8)放置电压表。在仪器栏选择"万用表",将鼠标移动到电路编辑窗口内,这时可以看到,鼠标上跟随着一个万用表的简易图形符号。单击,将电压表放置在合适位置。电压表的属性同样可以双击鼠标左键进行查看和修改。

(9)下面就进入连线步骤了。将鼠标移动到电源的正极,当鼠标指针变成 ✦ 时,表示导线已经和正极连接起来了,单击鼠标将该连接点固定,然后移动鼠标到电阻 R1 的一端,出现小红点后,表示正确连接到 R1 了,单击固定,这样一根导线就连接好了。如果想要删除这根导线,将鼠标移动到该导线的任意位置,右击,选择"删除"即可将该导线删除。或者选中导线,直接按 Delete 键删除。

(10)按照前面第(3)步的方法,放置一个公共地线,将各连线连接好。

注意:在电路图的绘制中,公共地线是必需的。

(11)电路连接完毕,检查无误后,就可以进行仿真了。单击仿真栏中的绿色开始按钮 ▷,电路进入仿真状态。

(12)如果要修改元件参数,一定要先关闭仿真,并及时保存文件,然后再进行新的仿真。

4.4 电路分析方法

4.4.1 基本分析功能

Multisim 10.0 提供了多种分析功能。单击标准工具栏中的分析按钮 w· 或从菜单 Simulate 中选择 Analysis,即弹出分析菜单,列出了所有分析类型。

1. 直流工作点分析(DC Operating Point Analysis)

在进行直流工作点分析时,电路中的交流源将被置零,电容开路,电感短路。

2. 交流分析（AC Analysis）

交流分析用于分析电路的频率特性。需先选定被分析的电路节点，在分析时，电路中的直流源将自动置零，交流信号源、电容、电感等均处在交流模式，输入信号也设定为正弦波形式。若把函数信号发生器的其他信号作为输入激励信号，在进行交流频率分析时，会自动把它作为正弦信号输入。因此输出响应也是该电路交流频率的函数。

3. 瞬态分析（Transient Analysis）

瞬态分析是指对所选定的电路节点的时域响应。即观察该节点在整个显示周期中每一时刻的电压波形。在进行瞬态分析时，直流电源保持常数，交流信号源随着时间而改变，电容和电感都是能量储存模式元件。

4. 傅里叶分析（Fourier Analysis）

傅里叶方法用于分析一个时域信号的直流分量、基频分量和谐波分量。即把被测节点处的时域变化信号作离散傅里叶变换，求出它的频域变化规律。在进行傅里叶分析时，必须首先选择被分析的节点，一般将电路中的交流激励源的频率设定为基频，若在电路中有几个交流源时，可以将基频设定在这些频率的最小公因数上。例如，有一个 10.5kHz 和一个 7kHz 的交流激励源信号，则基频可取 0.5kHz。

5. 噪声分析（Noise Analysis）

噪声分析用于检测电子线路输出信号的噪声功率幅度，用于计算、分析电阻或晶体管的噪声对电路的影响。在分析时，假定电路中各噪声源是互不相关的，因此它们的数值可以分开各自计算。总的噪声是各噪声在该节点的和（用有效值表示）。

6. 噪声系数分析（Noise Figure Analysis）

噪声系数分析主要用于研究元件模型中的噪声参数对电路的影响。在 Multisim 中噪声系数定义中，No 是输出噪声功率，Ns 是信号源电阻的热噪声，G 是电路的 AC 增益（即二端口网络的输出信号与输入信号的比）。噪声系数的单位是 dB，即 $10\lg F$。

7. 失真分析（Distortion Analysis）

失真分析用于分析电子电路中的谐波失真和内部调制失真（互调失真），通常非线性失真会导致谐波失真，而相位偏移会导致互调失真。若电路中有一个交流信号源，该分析能确定电路中每一个节点的二次谐波和三次谐波的复值，若电路有两个交流信号源，该分析能确定电路变量在 3 个不同频率处的复值：两个频率之和的值、两个频率之差的值以及二倍频与另一个频率的差值。该分析方法是对电路进行小信号的失真分析，采用多维的 Volterra 分析法和多维泰勒（Taylor）级数来描述工作点处的非线性，级数要用到三次方项。这种分析方法尤其适合观察在瞬态分析中无法看到的、比较小的失真。

8. 直流扫描分析（DC Sweep Analysis）

直流扫描分析是利用一个或两个直流电源分析电路中某一节点上的直流工作点的数值变化的情况。注意：如果电路中有数字器件，可将其当作一个大的接地电阻处理。

9. DC 和 AC 灵敏度分析（Sensitivity Analysis）

灵敏度分析是分析电路特性对电路中元器件参数的敏感程度。灵敏度分析包括直流灵敏度分析和交流灵敏度分析。直流灵敏度分析的仿真结果以数值的形式显示，交流灵敏度分析仿真的结果以曲线的形式显示。

10. 参数扫描分析（Parameter Sweep Analysis）

采用参数扫描方法分析电路，可以较快地获得某个元件的参数在一定范围内变化时对电路的影响。相当于该元件每次取不同的值，进行多次仿真。对于数字器件，在进行参数扫描分析时将被视为高阻接地。

11. 温度扫描分析（Temperature Sweep Analysis）

温度扫描分析可以同时观察到在不同温度条件下的电路特性，相当于该元件每次取不同的温度值进行多次仿真。可以通过"温度扫描分析"对话框，选择被分析元件温度的起始值、终值和增量值。在进行其他分析的时候，电路的仿真温度默认值设定在 27℃。

12. 转移函数分析（Transfer Function Analysis）

转移函数分析可以分析一个源与两个节点的输出电压或一个源与一个电流输出变量之间的直流小信号传递函数。也可以用于计算输入和输出阻抗。需先对模拟电路或非线性器件进行直流工作点分析，求得线性化的模型，然后再进行小信号分析。输出变量可以是电路中的节点电压，输入必须是独立源。

13. 最坏情况分析（Worst Case Analysis）

最坏情况分析是一种统计分析方法。它可以使你观察到在元件参数变化时，电路特性变化的最坏可能性。适合于对模拟直流电路和小信号电路的分析。所谓最坏情况是指电路中的元件参数在其容差域边界点上取某种组合时所引起的电路性能的最大偏差，而最坏情况分析是在给定电路元件参数容差的情况下，估算出电路性能相对于标称值时的最大偏差。

14. 极点-零点分析（Pole Zero Analysis）

极点-零点分析方法是一种对电路的稳定性分析相当有用的工具。该分析方法可以用于交流小信号电路传递函数中零点和极点的分析。通常先进行直流工作点分析，对非线性器件求得线性化的小信号模型。在此基础上再分析传输函数的零点、极点。零点-极点分析主要用于模拟小信号电路的分析，对数字器件将被视为高阻接地。

15. 蒙特卡罗分析(Monte Carlo Analysis)

蒙特卡罗分析是采用统计分析方法来观察给定电路中的元件参数,按选定的误差分布类型在一定的范围内变化时,对电路特性的影响。用这些分析的结果,可以预测电路在批量生产时的成品率和生产成本。

16. 导线宽度分析(Trace Width Analysis)

导线宽度分析主要用于计算电路中电流流过时所需要的最小导线宽度。

17. 批处理分析(Batched Analyses)

在实际电路分析中,通常需要对同一个电路进行多种分析,例如对一个放大电路,为了确定静态工作点,需要进行直流工作点分析;为了了解其频率特性,需要进行交流分析;为了观察输出波形,需要进行瞬态分析。批处理分析可以将不同的分析功能放在一起依序执行。

4.4.2 分析设置

每种分析都需要进行一些设置。从分析菜单中选择一种分析后,就会看到一个含有几个标签的对话框,如图 4.60 所示。根据选择的分析类型,对话框中包含如图 4.61 所示的部分或全部标签:Analysis Parameters 为分析设置参数,所有参数都有默认值;Output 设置需要分析的节点和输出变量(必需的);Analysis Options 为分析生成的图表选择一个标题,设置分析选项参数(可选)。Summary 为所有分析设置的汇总显示。在分析对话框中单击More 中选项,将显示所有可用选项。分析设置和电路一起被保存。

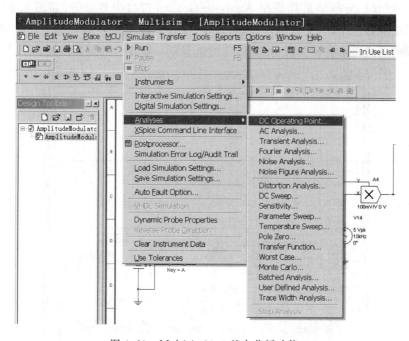

图 4.60 Multisim10.0 基本分析功能

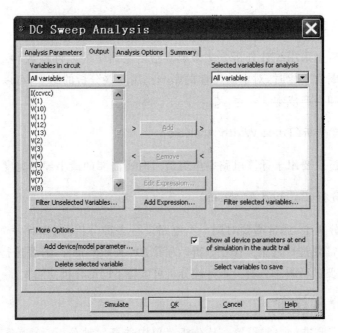

图 4.61　分析设置对话框

　　各选项设置完成后,单击 OK 按钮可保存设置为默认值。单击 Simulate 按钮可进行仿真分析。分析结果在图形窗口中显示出来,并被保存,用于后续处理。

4.4.3　分析结果显示

　　当运行分析时,分析结果都是在 Analysis Graphs 窗口中显示的,如图 4.62 所示。这是一个多用途的显示工具,允许用户观察、调整、保存和输出曲线图和图表。它可以用来以曲线或图表的形式显示各种分析的结果,还可以显示一些仪表的测量曲线。

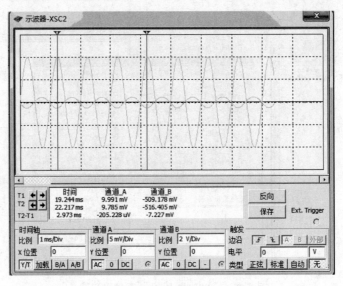

图 4.62　Analysis Graphs 显示窗口

观察分析结果的步骤为：在 View 菜单中选择 Grapher 命令（见图 4.63）即出现 Analysis Graphs 显示窗口。在运行各种仿真分析时，单击 Simulate 按钮即可自动弹出该窗口显示分析结果。

图 4.63 分析结果显示命令

第 5 章

Protel 99 SE设计基础

本章详细介绍 Protel 99 SE 的启动方法及系统参数的设置、设计任务的建立和管理以及主要文档的创建方法和一些基本操作,旨在让读者对 Protel 99 SE 的操作方法有一个初步的认识。

5.1 启动 Protel 99 SE

与其他 Windows 程序类似,除直接在安装目录下双击可执行程序外,启动 Protel 99 SE 还有以下几种方式。

1. 从"开始"菜单启动

单击任务栏上的"开始"按钮,从弹出的"开始"菜单中选择 Protel 99 SE 命令,即可启动程序,如图 5.1 所示。

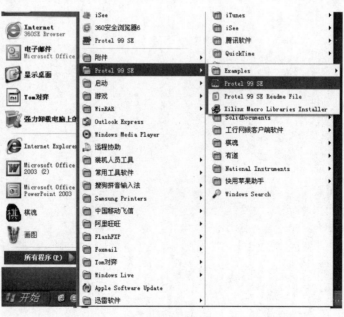

图 5.1 从"开始"菜单启动 Protel 99 SE

2．使用"开始"菜单中的快捷命令

在 Protel 99 SE 的安装过程中，安装程序自动在"开始"菜单中建立快捷命令，可以直接单击快捷命令来启动 Protel 99 SE 程序，如图 5.2 所示。

图 5.2 使用"开始"菜单中的快捷命令

3．桌面快捷方式

在安装 Protel 99 SE 的同时也在桌面上创建了快捷方式，可以直接双击桌面上的快捷方式来启动，如图 5.3 所示。

图 5.3 桌面上 Protel 99 SE 的快捷方式

4．通过设计数据库文件启动

直接在工作目录中双击一个 Protel 99 SE 的设计数据库文件（DDB 文件）也可以启动 Protel 99 SE 程序，同时所选择的设计数据库也会被打开，如图 5.4 所示。

134

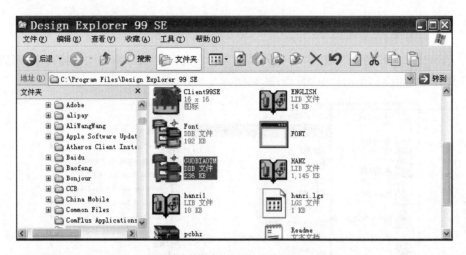

图 5.4 双击设计数据库文件以启动 Protel 99 SE

Protel 99 SE 启动后,屏幕上将出现如图 5.5 所示的启动画面,随后系统将进入 Protel 99 SE 的主程序界面,如图 5.6 所示。

图 5.5 启动画面

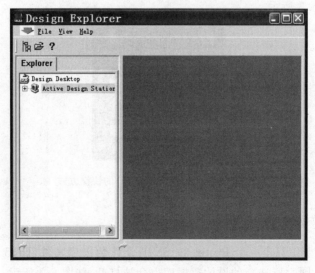

图 5.6 Protel 99 SE 主程序界面

下面简单介绍如何设置系统参数。

第一次运行 Protel 99 SE 时可以打开系统参数对话框,对一些基本的系统参数进行设置。单击菜单栏中 File 菜单旁的  按钮,出现如图 5.7 所示的菜单选项,选择 Preferences命令,即可打开系统参数对话框,如图 5.8 所示。

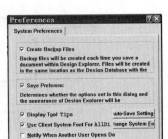

图 5.7　菜单选项　　　　　图 5.8　系统参数对话框

在如图 5.8 所示的系统参数选项卡中有 5 个复选框,其作用分别说明如下。

(1) Create Backup Files:选中该复选框,系统会在每次保存设计文档时生成备份文件,保存在和原设计数据库文件相同的目录下,并以前缀 Backup of 和 Previous Backup of加原文件名来命名备份文件。

(2) Save Preference:选中该复选框,则在关闭程序时系统会自动保存用户对设计环境参数所作的修改。

(3) Display Tool Tips:激活工具栏提示特性。选中此复选框后,当光标移动到工具按钮上时会显示工具描述。

(4) Use Client System Font For All Dialogs:选中此复选框,则所有对话框文字都会采用用户指定的系统字体,否则会采用默认字体显示方式。如要指定或更改系统字体,可以单击 Change System Font 按钮打开系统字体对话框进行设置,如图 5.9 所示。

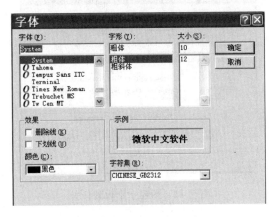

图 5.9　系统字体设置对话框

(5) Notify When Another User Opens Document:在其他用户打开文档时显示提示。此外还有一个 Auto-Save Settings 按钮,可以打开自动保存对话框,如图 5.10 所示。

在这里可以选择是否启用自动保存功能（Enable 复选框），如启用，则可以设置备份文件数（Number，最大为 10）、自动备份的时间间隔（Time Interval，单位为 min）以及设置备份文件夹用于存放备份文件（User Back Folder）。在右侧的 Information 选项组中有关于这些选项的详细介绍。

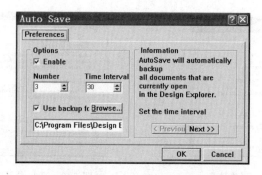

图 5.10　自动保存对话框

5.2　建立一个设计任务

　　Protel 99 SE 对原理图、印制电路板图等文件的管理，借用了 Microsoft Access 数据库的存取技术，将所有相关的文档资料都封装在一个称为"设计数据库"的文件中，统一进行管理，这是一种面向对象的管理方式。对用户来说，一个数据库就是一个工程项目，其中包括了原理图、PCB 等各种有关的文档。这种整合封装使用户从一大堆文档中解脱出来，而通过设计数据库来对文档进行更有效的管理。

　　为了尽快熟悉软件的使用，下面举例说明新建一个设计任务的过程。在如图 5.6 所示的主程序界面中选择 File→New 命令，打开新建设计数据库对话框，如图 5.11 所示。

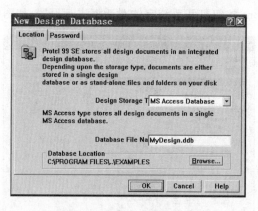

图 5.11　新建一个设计任务

　　图 5.11 的 Location 选项卡中的 Database File Name 文本框显示的是将要保存的设计数据库的文件名，可以对其进行修改，下面的 Database Location 显示的则是数据库文件保存的路径，通过单击 Browse 按钮可以对其进行选择。

　　单击 Password 标签，切换到 Password 选项卡，如图 5.12 所示。在这里可以设置密码，来对设计数据库进行保护。选中 Yes 单选按钮,在 Password 文本框中输入设置的密码,在下面的 Confirm Password 文本框中再次输入进行确认,两次输入必须一致,才能够正确设置密码。选中 No 单选按钮,则可以取消密码的设置,单击 OK 按钮则完成设计任务的新建。

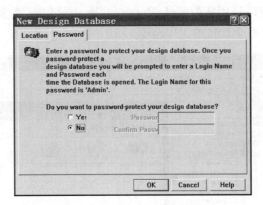

图 5.12 为设计任务设置密码

5.3 设计任务的管理

新建一个设计任务后,会出现如图 5.13 所示的文档管理界面,在这里我们可以很清楚地看到,Protel 99 SE 的文档管理界面由标题栏、菜单栏、工具栏、设计管理器、工作区以及状态栏等部分组成。

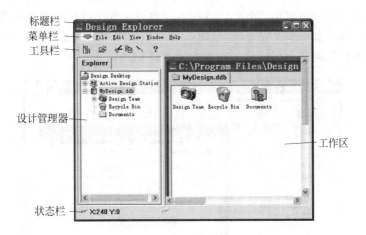

图 5.13 文档管理界面

在设计管理器中可以看到,一个设计任务包含 3 个项目,分别是 Design Team(设计团队管理)、Recycle Bin(回收站)和 Documents(文件管理)。

1. Design Team

Protel 99 SE 通过 Design Team 来管理多用户使用相同的设计数据库,而且允许多个设计者同时安全地在相同的设计图上进行工作。应用 Design Team 可以设定设计小组成员,管理员能够管理每个成员的使用权限,拥有权限的成员还可以看到所有正在使用设计数据库的成员的使用信息,下面进行简单介绍。

双击 Design Team 图标,打开 Design Team 窗口,可以看到有 3 个项目,如图 5.14 所示。Members 用来管理设计团队的成员,Permissions 中可以设置设计成员的工作权限,而在 Sessions 中可以看到每个成员的工作范围。

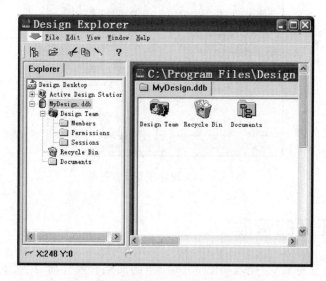

图 5.14 Design Team 窗口

双击 Members 项目打开 Members 窗口,这里系统默认有两个成员 Admin 和 Guest,可以通过右键菜单可添加新成员,如图 5.15 所示。对每个成员可以通过双击或选择右键快捷菜单中的 Properties 命令来设置密码(见图 5.16),当设置了管理员(Admin)密码时,下次再打开设计数据库程序时就会提示输入用户名和密码了。

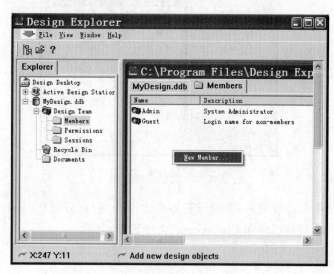

图 5.15 通过右键快捷菜单创建用户

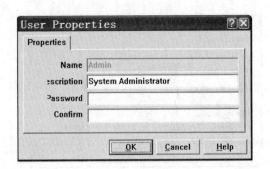

图 5.16 用户属性界面

双击 Permissions 项目以打开 Permissions 窗口,可设置每个成员的访问权限,通过在右键快捷菜单中选择 New Rule 命令来增加规则设置,如图 5.17 和图 5.18 所示,可以在 User Scope 下拉列表框中选择想要设置权限的用户,在 Document Scope 文本框中输入其可以操作的文件范围,而通过下面的复选框来设置用户访问权限,在这里访问权限分为 4 种,分别是:

(1) Read(R): 可以打开文件夹和文档;

(2) Write(W): 可以修改和存储文档;

(3) Delete(D): 可以删除文档和文件夹;

(4) Create(C): 可以创建文档和文件夹。

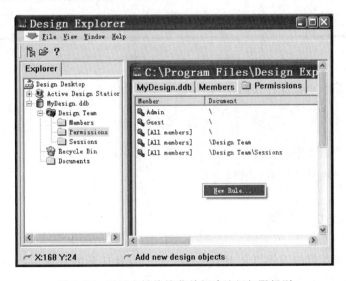

图 5.17 通过右键快捷菜单新建访问权限规则

此外,在 Sessions 窗口中还可以看到同一时间设计数据库被使用的情况,如图 5.19 所示。

2. Recycle Bin

相当于 Windows 中的回收站,所有在设计数据库中删除的文件,均保存在回收站中,可以找回由于误操作而删除的文件。与 Windows 中的一般操作相似,按 Shift+Delete 组合

140

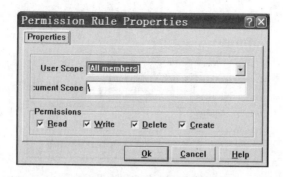

图 5.18 访问权限设置界面

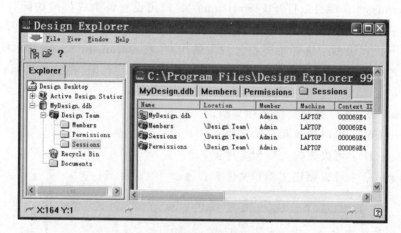

图 5.19 Sessions 窗口

键会彻底删除文档而不会保存在回收站中,这一点需要注意。

3. Documents

相当于一个数据库中的文件夹,设计文档都会保存在这个文件夹中。可以通过左侧的设计管理器很容易地对文档进行管理。

5.4 建立设计文档

在学习了系统参数的设置以及 Protel 99 SE 中设计任务的管理后,下面介绍在 Protel 99 SE 中设计文档的建立过程。

5.4.1 设计文档的新建

如图 5.20 和图 5.21 所示,在 Documents 界面下,选择 File 菜单下的 New 命令,或者直接单击鼠标右键,在弹出的快捷菜单中选择 New 命令,就可以打开如图 5.22 所示的新建文件对话框,选择一种需要设计的文件类型,单击 OK 按钮,即可创建一个新的文件。Protel 99 SE 中提供了多种文件类型,表 5.1 列出了其中的文件类型与说明。

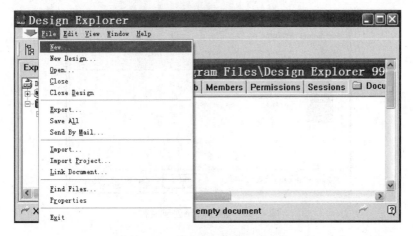

图 5.20　通过 File 菜单新建文件

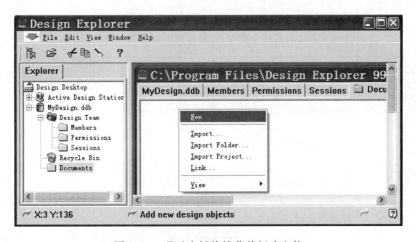

图 5.21　通过右键快捷菜单新建文件

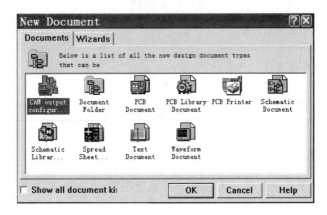

图 5.22　新建文件对话框

　　除了直接创建文件外,还可以通过 Protel 99 SE 提供的向导建立一个文件,如图 5.23
所示。

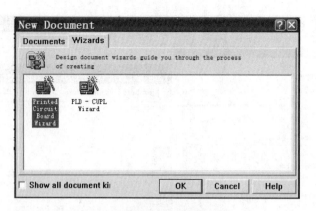

图 5.23 通过向导创建文件

表 5.1 文件类型说明

类　型	功　　能
CAM output config...	生成 CAM 制造输出文件,可以连接电路板和电路板的生产制造各个环节
Document Folder	数据库文件夹
PCB Document	印制电路板(PCB)文件
PCB Library Document	元件封装库(PCB Lib)文件
PCB Printer	印制电路板打印文件
Schematic Document	原理图设计(Sch)文件
Schematic Librar...	原理图元件库(Sch Lib)文件
Spread Sheet...	数据表格文件
Text Document	文本文件
Waveform Document	仿真波形文件

5.4.2　新建原理图文件

通常在电路设计中最主要的工作就是进行原理图设计,进而到 PCB 的设计。下面先介绍如何建立一个原理图设计文档。

选择 File→New 菜单命令,选择 Schematic Document 文件类型,单击 OK 按钮,创建一个新的原理图文件,如图 5.24 所示。这时可以对文件名进行修改,修改后双击使文件打开,进入到如图 5.25 所示的原理图设计界面。

原理图编辑器的界面左侧是元件库以及元件浏览器,右侧是绘图区。图 5.25 显示的界

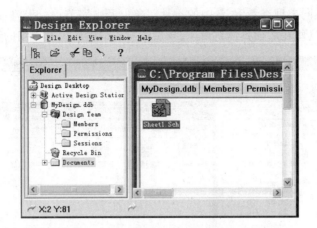

图 5.24　创建一个新的原理图设计文件

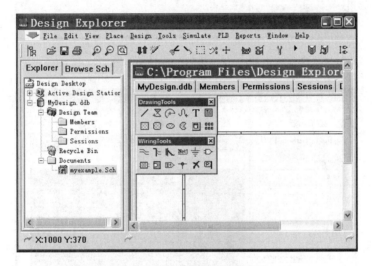

图 5.25　进入原理图设计界面

面中有两个浮动工具栏,分别是布线工具栏(Wiring Tools)和绘图工具栏(Drawing Tools),这是在原理图设计过程中会经常使用的工具栏。用户可以拖动浮动工具栏到界面边缘的地方,此时工具栏会自动停靠在界面中,用户可以根据自己的习惯选择不同的停靠位置。原理图的绘制方法在后面章节有详细的介绍。

5.4.3　新建 PCB 文件

PCB 的设计也是电路设计中的重点,原理图设计仅仅是在原理上实现了电路的逻辑设计,最后要想加工出实际的电路板,就要通过 PCB 的设计来实现。下面简单介绍 PCB 文件的创建及其工作界面,较具体的过程在第 6 章有详细的介绍。

选择 File→New 菜单命令,选择 PCB Document 文件类型,单击 OK 按钮,创建一个新的 PCB 文件,如图 5.26 所示。对文件名进行修改后,双击使文件打开,进入如图 5.27 所示的 PCB 设计界面。

可以看到 PCB 设计界面的布局与原理图编辑器类似,但是功能有所不同,界面左侧的浏览器中可以按不同类型查看 PCB 中的设计对象以及电路节点,工具栏的内容也与原理图中的有很大不同,这些在后面具体讲解 PCB 设计方法的时候会有详细的说明。

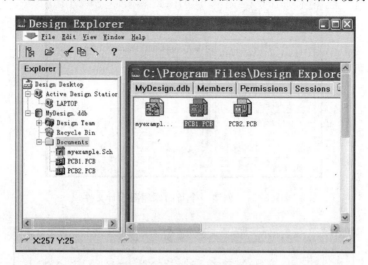

图 5.26　新建一个 PCB 文件

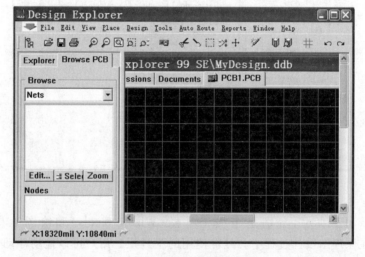

图 5.27　进入 PCB 设计界面

5.5　其他操作

5.5.1　文档的打开、关闭、删除和恢复

1. 设计文档的打开和保存

前面已经提到设计文档可以通过直接双击文档图标打开,此外还可以在设计管理器中选择要打开的文档,如图 5.28 所示,在文档较多时使用设计管理器会带来很大的便利,同时设计管理器与适当的目录结构设计相配合,不仅能帮助用户对设计任务结构有更好的理解,

还能大大提高文件管理的效率。

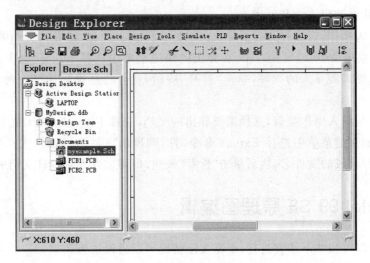

图5.28 通过设计管理器打开文件

文件的保存操作与很多 Windows 程序类似,可以执行 File 菜单中相应的保存命令,还可以直接单击工具栏中的保存按钮。

2．设计文档的关闭

设计文档的关闭可以通过执行 File→Close 菜单命令来完成,也可以在文档标签上右击,从弹出的快捷菜单中选择 Close 命令。

在右键快捷菜单中还有一项 Close All Documents 命令,选择该命令可以一次关闭所有已打开的文件。

3．设计文档的删除和恢复

删除设计文档前需要先将要删除的文档关闭。在 Documents 窗口中选中想要删除的文件,选择 Edit→Delete 菜单命令;或右击,在弹出的快捷菜单中选择 Delete 命令;或者直接使用键盘上的 Delete 键,在弹出的确认对话框中单击 Yes 按钮进行确认,即可将文档放入回收站。在开启设计管理器的情况下直接拖动文档图标到回收站也可以实现上述删除功能。

已经删除到回收站的文件是可以恢复的,方法如下:打开回收站窗口,选择要恢复的文档,右击,在弹出的快捷菜单中选择 Restore 命令,即可将所选文档恢复到原来的位置。

若要彻底删除文档,可以在回收站中选中要删除的设计文档,右击,在弹出的快捷菜单中选择 Delete 命令,然后在弹出的确认对话框中单击 Yes 按钮进行确认。此外在 Documents 窗口选中文件,按下 Shift＋Delete 组合键也可以直接彻底删除文档,这样删除的文档就不能再恢复了,因此在使用时要注意。

5.5.2　文档的导入和导出

Protel 99 SE 提供设计文档的导入和导出操作。导入是指将其他文档引入到当前数据库文件中,供当前设计使用;导出则是指将当前数据库文件中的设计文档单独保存到其他位置,供其他软件调用或作其他用途。

要执行导入操作,应当打开需要导入文档的文件或文件夹,即导入文档的目的地,选择 File→Import 菜单命令,或直接右击,在弹出的快捷菜单中选择 Import 命令,打开"导入文件"对话框,选择需要导入的文件,单击"打开"按钮,就可将所选文件导入到当前文件或文件夹。

文档导出与导入操作类似,选择需要导出的文档,选择 File→Export 菜单命令,或直接右击,在弹出的快捷菜单中选择 Export 命令,打开"导出文件"对话框,选择导出的目的路径,确定所要保存成的文件名,然后单击"保存"按钮,即可实现所选设计文档的导出。

5.6　Protel 99 SE 原理图编辑

原理图绘制可按如下步骤进行,根据实际情况可以进行适当调整。

(1) 新建原理图文件;

(2) 设置图纸大小和工作环境;

(3) 装入元件库;

(4) 放置所需的元器件、电源符号等;

(5) 元器件布局和连线;

(6) 放置说明文字、网络标号等进行电路标注说明;

(7) 电气规则检测,线路、标识调整与修改;

(8) 报表输出;

(9) 电路输出。

下面以图 5.29 所示的单管放大电路为例介绍绘制原理图方法,图中主要由元件、连线、电源体、电路波形及电路说明等组成。

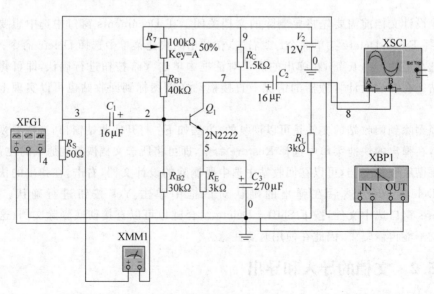

图 5.29　单管放大电路

5.6.1 新建原理图

建立或打开设计数据库文件后,执行 File→New 新建原理图文件,可直接修改原理图文件名,本例中改为"单管放大电路"。

5.6.2 图纸设置

图纸尺寸大小是根据电路图的规模和复杂程度而定的。

执行菜单命令 Design→Options,出现如图 5.30 所示的对话框,选中 Sheet Options 选项卡进行图纸设置。

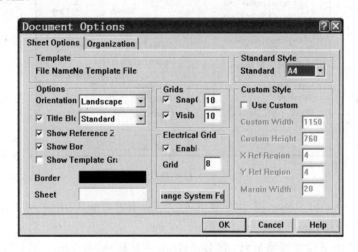

图 5.30 图纸设置参数

图中标准图纸格式(Standard Style)选项是用来设置标准图纸尺寸的,单击下方的下拉列表框激活该选项,可选定图纸大小,本例中为 A4。

5.6.3 设置栅格尺寸

栅格类型主要有 3 种,即捕获栅格、可视栅格和电气栅格。捕获栅格是指光标移动一次的步长;可视栅格指的是图纸上实际显示的栅格之间的距离;电气栅格指的是自动寻找电气节点的半径范围。

1. 栅格尺寸设置

图 5.30 中,Grids 区用于设置栅格,Snap 设定捕获栅格,图中为 10mil,即光标移动一次的距离为 10mil;Visible 设定可视栅格,此设置只影响视觉效果,不影响光标位移。如设定 Visible 为 20mil,Snap 为 10mil,则光标移动两次走完一个栅格。

图 5.30 中,Electrical Grid 区用于设定电气栅格,选中此项后,在绘制导线时,系统会以 Grid 中设置的值为半径,以光标所在的点为中心,向四周搜索电气节点,如果在搜索半径内有节点,系统会将光标自动移到该节点上,并在该点上显示一个圆点。

2. 栅格形状设置

执行菜单命令 Tools→Preferences,屏幕弹出系统参数设置对话框,选中 Graphical Editing 选项卡,在 Cursor/Grid Options(光标/栅格设置)区中设置光标和栅格形状,如图 5.31 所示。

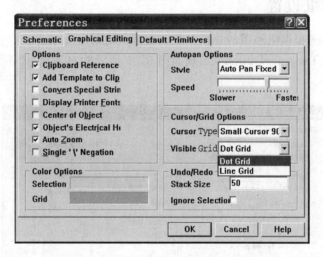

图 5.31　栅格形状设置

图 5.31 中,Cursor Type 用于设置光标类型,有 Large Cursor 90(大十字)、Small Cursor 90(小十字)和 Small Cursor 45(小 45°)3 种。

Visible Grid 用于设置栅格形状,有 Dot Grid(点状栅格)和 Line Grid(线状栅格)两种。

5.6.4　加载元件库

通常加载元件库的做法是只载入必要且常用的元件库,而其他的元件库在需要时再载入。装载元件库的步骤如下:

(1) 选择设计管理器的 Browse Sch 选项卡,单击 Add/Remove 加载元件库,屏幕弹出元件库 Add/Remove 对话框。

(2) 在 Design Explorer 99 SE\\Library\\Sch 文件夹下选中所需元件库文件,然后单击 Add 按钮,此元件库文件就会添加到库列表中,添加完所需的库文件后单击 OK 按钮完成元件库的添加。此时元件库的详细信息将显示在设计管理器中。

(3) 如果要删除设置的元件库,可在图 5.32 中的 Selected Files 框中选中元件库,然后单击 Remove 按钮移去元件库。

常用的分立元件在 Miscellaneous Devices.ddb 中。

5.6.5　放置元件

1. 通过元件库浏览器放置元件

装入元件库后,元件库浏览器中将显示元件库、元件列表及元件外观,如图 5.33 所示。

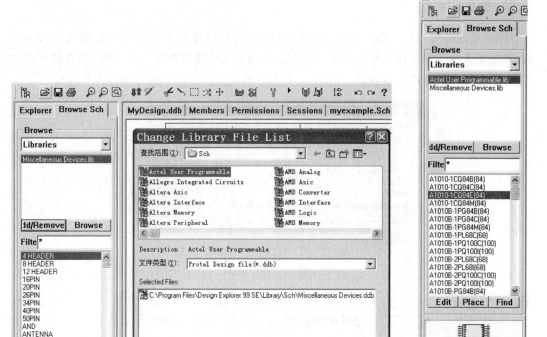

图 5.32　加载元件库　　　　　　　　　　　图 5.33　元件库浏览

　　选中所需元件库,该元件库中的元件将出现在浏览器下方的元件列表中,单击元件名称后的 Place 按钮,将光标移到工作区中的合适位置后再次单击,元件就放到图纸上,右击可以退出放置状态。

　　元件放置好后,双击元件可以修改元件属性,屏幕弹出元件属性对话框,可以设置元件的标号(Designator)、封装形式(Footprint)及标称值或型号(Part Type)等。

　　本例中放置的元件均在 Miscellaneous Devices. ddb 中,其中电阻选择 RES2,电解电容选择 ELECTRO1,三极管选择 NPN,信号源选择 SOURCE VOLTAGE。

　　注意:Footprint 用于设置元件的封装形式,通常应该给每个元件设置封装,而且名字必须正确,否则在印制板自动布局时会丢失元件。

2. 通过菜单放置元件

　　执行 Place→Part 命令,屏幕弹出如图 5.34 所示的对话框,在 Lib Ref 框中输入元件名称;在 Designator 框中输入标号;在 Part Type 栏中输入标称值或元件型号;在 Footprint 框中设置元件的封装形式。所有

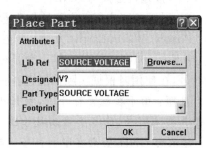

图 5.34　通过菜单放置元件

内容输入完毕,单击 OK 按钮,单击左键放置元件。

3. 查找元件

在放置元件时,若不知道元件在哪个元件库中,可以使用 Protel 99 SE 强大的搜索功能,方便地查找所需元件。单击图 5.33 中的 Find 按钮,打开如图 5.35 所示的查找元件对话框,输入元件信息即可查找。

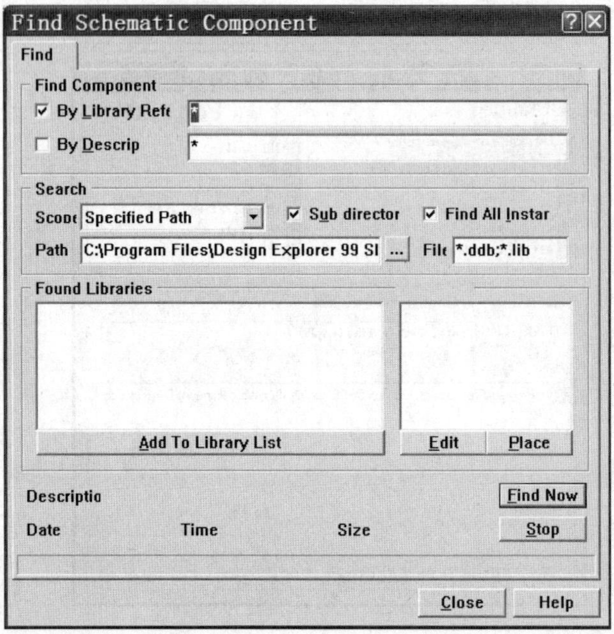

图 5.35　查找元件对话框

5.6.6　放置电源和接地符号

执行 Place→Power Port 命令,放置电源和接地符号,此时光标上带着一个电源符号,按下 Tab 键,出现如图 5.36 所示的属性设置对话框,对话框说明如下。

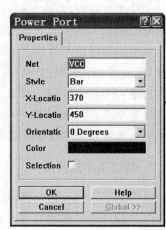

Net:设置电源和接地符号的网络名,通常电源符号设为 VCC,接地符号设为 GND。

Style 下拉列表框:该下拉框中包含 7 个选项:Circle、Bar、Arrow、Wave、Earth(大地)、Signal Ground(信号地)、Power Ground(电源地)。前 4 种是电源符号,后 3 种是接地符号,在使用时根据实际情况选择一种符号接入电路。

注意:由于在放置符号时,初始出现的是电源符号,若要改为接地符号,除了要修改符号图形外,还必须将网络名 Net 修改为 GND,否则在印制板布线时会出错。

初学者对电源地和信号地经常混淆,这里进行补充说明。在单电源供电的普通信号处理电路中,如果整个电子

图 5.36　放置电源和接地属性
设置对话框

电路耗电不是很多，印制电路板的电源走线又足够宽的前提下，信号地通常会跟电源地混合。但在一些要求比较高的精密信号处理电路中，如果依旧使用单电源供电，电源地线电流形成的欧姆效应和感抗效应会影响到精密信号处理电路对微弱信号的采集输入，此时通常需要将信号地线和电源地线分开走线。但电源地和信号地在某一点必然要互相连通，这是因为单电源供电的原因。一般不允许信号地和电源地有两个或以上的连接，确保电源地线的电流不能在信号地线上形成扰动的环流。还有一些精密信号处理系统通常会采用正负双电源供电，这时正负电源的公共点通常即为信号地。信号地通常还被要求与电子电路的金属外壳甚至和大地相连接，形成接地屏蔽，以减少外界杂散电磁场对信号输入和处理的干扰。

5.6.7　放置电路的I/O端口

执行 Place→Port 命令，放置电路 I/O 端口，定下 I/O 端口的起点后，拖动光标可以改变 I/O 端口的长度。双击 I/O 端口，弹出如图 5.37 所示的属性对话框。

Name：设置 I/O 端口名称，若要输入的名称有上画线，如 $\bar{R}$，则输入方式为 R\D\；Style：设置端口形式；I/O Type：设置端口电气特性；Alignment：设置端口名在端口中的位置。

具有相同名称的 I/O 端口在电气上是相连的。

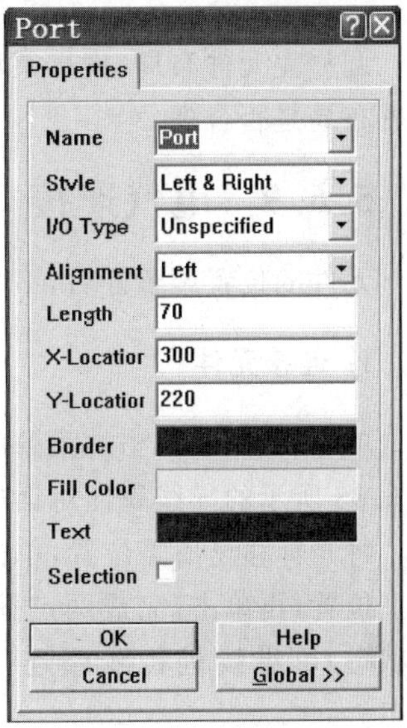

5.6.8　线路布局调整

元件放置完毕后，连线前应合理移动位置，即先调整元件布局。

1. 选中元件

选中元件有以下几种方法。

（1）执行菜单 Edit→Select 命令。有 Inside Area（框内）、Outside Area（框外）、All（所有）、Net（同一网络）和 Connection （引脚间实际连接）4 个选项，前两项可通过下拉框选中，后两项通过单击选中。

图 5.37　I/O 端口属性对话框

（2）执行菜单 Edit→Toggle Selection 命令。当元件处于未选取状态时，可选取元件；当元件处于选取状态时，可解除选取状态。

（3）直接单击元件，用这种方法每次只能选取一个元件。

2. 解除元件选中状态

元件被选中后，元件的外边有一个黄色外框，执行完所需的操作后，必须解除选取状态，有以下两种方法：

（1）执行菜单 Edit→Deselect 命令。有 3 个选项：Inside Area（框内）、Outside Area（框外）和 All（所有），可根据需要选择。

（2）执行菜单 Edit→Toggle Selection 命令，单击元件可以解除选中状态。

3. 移动元件

常用的方法是单击要移动的元件,并按住鼠标左键不放,将元件拖到要放的位置即可。

4. 元件的旋转

按住鼠标左键选中要旋转的元件不放,按 Space 键可以进行逆时针 90°旋转,按 X 键可以进行水平方向翻转,按 Y 键可以进行垂直方向翻转。

5. 元件的删除

要删除某个元件,可单击要删除的元件,此时元件将被虚线框住,按 Delete 键即可删除该元件,也可执行菜单 Edit→Delete 删除元件。

6. 全局显示全部实体

调整完元件布局,执行菜单 View→Fit All Objects 命令,全局显示所有实体,此时可以观察布局是否合理。

5.6.9 电气连接

元件的位置调整好后,下一步是使用画原理图工具对各元件进行线路连线。

1. 连接元件

单击右键,在弹出的菜单中选择 Place Wire,进入画导线状态,此时按下 Tab 键,出现如图 5.38 所示的导线属性对话框,可修改连线粗细和颜色。

将光标移至所需位置,单击,定义导线起点,将光标移至下一位置,再单击,完成两点间的连线。此时系统仍处于连线状态,可继续进行线路连接,若双击右键,则退出画线状态。

在连线中,当光标接近引脚时,出现一个圆点,这个圆点代表电气连接的意义,此时单击,这条导线就与引脚建立了电气连接。

图 5.38 导线属性对话框

2. 放置节点

节点用来表示两条相交导线是否在电气上连接。没有节点,表示在电气上不连接;有节点,则表示在电气上是连接的。

执行 Options→Preference 命令,在 Schematic 选项卡中,选中 Options 区的 Auto Junction 复选框,则当两条导线呈 T 相交时,系统自动放置节点,但对于十字交叉导线,必须采用手动放置。

需要注意的是,系统可能在不该有节点的地方出现节点,应作相应的删除。删除节点的方法是单击需删除的节点,出现虚线框后,按 Delete 键删除该节点。

执行 Place→Junction 命令,进入放置节点状态,此时光标上带着一个悬浮的小圆点,将光标移到导线交叉处,右击即可放下一个节点,右击退出放置状态。当节点处于悬浮状态时,按下 Tab 键,弹出节点属性对话框,可设置节点大小。

5.6.10　元件属性调整

从元件浏览器中放置到工作区的元件都是尚未定义元件标号、标称值和封装形式等属性的,因此必须重新逐个设置元件的参数。元件属性设置的正确与否,不仅影响图纸的可读性,还影响到设计的正确性。

1. 重新标注元件标号

元件标号可以在元件属性中设置,也可以统一标注。统一标注通过执行 Tools→Annotate 命令实现,系统将弹出图 5.39 所示的对话框。

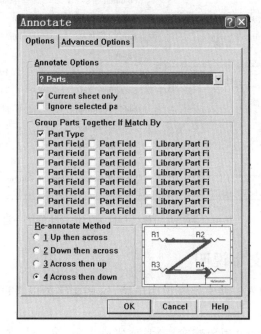

图 5.39　重新标注元件标号对话框

图中,Annotate Options 下拉列表框有 3 项,其中 All Parts 对所有元件进行标注;"? Parts"对电路中尚未标号的元件进行标注;Reset Designators 则取消电路中元件的标注,以便重新标注。

Current sheet only 复选框设置修改当前电路中的元件标号;Group Parts Together If Match By 区选择元件分组标注,一般选取 Part Type;Re-annotate Method 区设置重新标注的方式。

2. 利用全局修改功能进行同种元件封装的统一设置

有的原理图中含有大量的同种元件,若要逐个设置元件的封装,费时费力,且易造成遗漏。Protel 99 SE 提供全局修改功能。下面以电阻为例说明统一设置元件封装形式的方法。

154

双击电阻,屏幕弹出元件属性对话框,单击"Global≫"按钮,屏幕弹出如图 5.40 所示的对话框,图中元件的名称为 RES2。

如果在 Attributes To Match By 选项区的 Lib Ref 文本框中填入 RES2,在 Copy Attributes 选项区的 Footprint 文本框中填入 AXIAL0.3,在 Change Scope(修改范围)下拉列表框中选择 Change Matching Items In Current Document(修改当前电路中的匹配目标),并单击 OK 按钮,则原理图中所有库元件名为 RES2(电阻)的封装形式全部定义为AXIAL0.3。

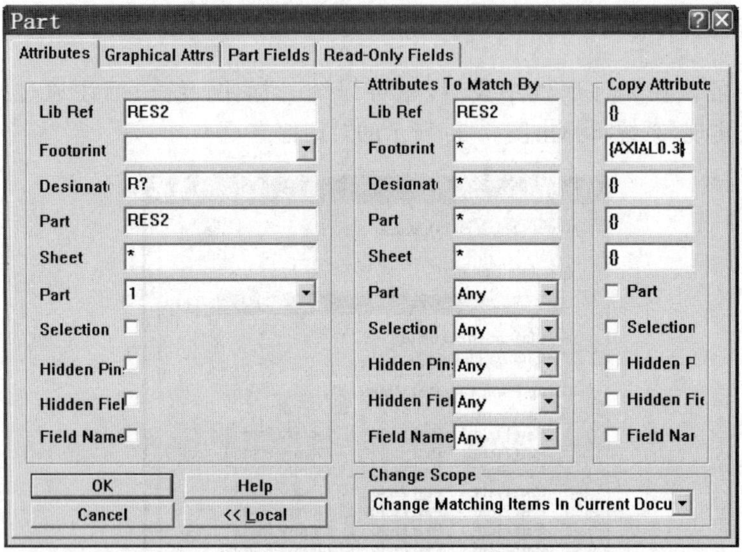

图 5.40　利用全局修改功能进行同种元件封装的统一设置

5.6.11　放置文字说明

在电路中,通常要加入一些文字来说明电路,这些文字可以通过放置说明文字的方式实现。

执行菜单 Place→Annotation 命令,当光标变成十字,按 Tab 键,调出说明文字属性对话框。在 Text 栏中填入需要放置的文字;单击 Change 按钮,改变字体及字号,单击 OK 按钮完成设置,将光标移到需要放置说明文字的位置,单击放置文字,右击退出放置状态。

5.6.12　层次电路图设计

当电路图比较复杂时,可以采用层次型电路来简化电路。层次型电路将一个庞大的电路原理图(称为项目)分成若干个模块,且每个模块可以再分成几个基本模块,设计可采取自上而下或自下而上的方法。本节采用自上而下的设计方法进行介绍。

1. 层次电路设计概念

层次电路图按照电路的功能区分,在其中的子图模块中代表某个特定的功能。

在一个项目中,处于最上方的为主图,一个项目只有一个主图,扩展名为. prj;在主图下方所有的电路均为子图,扩展名为. sch。

2．层次电路设计过程

在层次式电路中,通常主图中是以若干个方块图组成,它们之间的电气连接通过 I/O 端口和网络标号实现。

1）电路方块图设计

电路方块图,也称为子图符号,是层次电路中的主要组件,它对应着一个具体的内层电路。

执行 Place→Sheet Symbol 命令,光标上粘着一个悬浮的虚线框,按 Tab 键,屏幕弹出属性对话框,设置相关参数:在 File Name 中填入子图的文件名(Modulator. sch),在 Name 中填入子图符号的名称(Modulator),设置完毕后,单击 OK 按钮,单击定义子图符号。

2）放置子图符号的 I/O 端口

执行 Place→Add Sheet Entry 命令,将光标移至子图符号内部,在边界单击,光标上出现一个悬浮的 I/O 端口,该端口被限制在子图符号的边界上,光标移至合适位置后,再次单击,放置 I/O 端口。

双击端口,屏幕弹出端口属性对话框,其中,Name 为端口名;I/O Type 为端口电气特性设置;Style 为端口方向设置;Side 用于设置 I/O 端口在子图的左边(Left)或右边(Right);Position 代表子图符号 I/O 端口的上下位置,以左上角为原点,每向下一格增加 1。

3）设置图纸信息

图纸绘制完毕,须添加图纸信息。执行 Design→Options 命令,出现文档参数设置对话框,选中 Organization 选项卡,设置图纸信息,特别是 Sheet 栏中的 No.(设置原理图的编号)和 Total(设置电路图总数)必须设置好。

4）由子图符号生成子图文件

执行 Design→Create Sheet From Symbol 命令,将光标移到子图符号上,单击,屏幕弹出是否颠倒 I/O 端口的电气特性的对话框,一般选择"否",使端口的特性保持相同。

设置完毕,系统自动生成一张新电路图,文件名与子图符号中的文件名相同,在新电路图中,已自动生成对应的 I/O 端口。在此电路图中可以完成子图的电路绘制。

5）层次电路的切换

在层次电路中,经常要在各层电路图之间相互切换,切换的方法主要有两种。

(1)利用设计管理器,单击所需文档,便可在右边工作区中显示该电路图。

(2)执行菜单 Tools→Up/Down Hierarchy 命令,将光标移至需要切换的子图符号上,单击将上层电路切换至下一层的子图;若是从下层电路切换至上层电路,则是将光标移至下层电路的 I/O 端口上,单击进行切换。

5.6.13 电气规则检查

电气规则检查(ERC)是按照一定的电气规则,检查已绘制好的电路图中是否有违反电气规则的错误。ERC 检查报告以错误(Error)或警告(Warning)来提示。

在进行了电气规则检查后,程序会生成检测报告,并在电路图中有错误的地方放上红色的标记。

执行 Tools→ERC 命令,打开电气规则检查设置对话框,如果要做该项检查,选中该复选框。

一般选择默认项,单击 OK 按钮进入电气规则检查。

按照程序给出的错误情况修改电路图,然后再次进行 ERC 检查,直至错误消失。

5.7 印制电路板设计基础

5.7.1 印制电路板概述

印制电路板(printed circuit board,PCB),简称印制板,它是以一定尺寸的绝缘板为基材,以铜箔为导线,经特定工艺加工,用一层或若干层导电图形(铜箔的连接关系)以及设计好的孔(如元件孔、机械安装孔、金属化过孔等)来实现元件间的电气连接关系,它就像在纸上印制似的,故得名印制电路板或印制线路板。在电子设备中,印制电路板可以对各种元件提供必要的机械支撑,提供电路的电气连接并用标记符号把板上所安装的各个元件标注出来,以便于插件、检查及调试。

印制电路板是电子设备中的重要部件之一。从收音机、电视机、手机、微机等民用产品到导弹、宇宙飞船,凡是存在电子元件,它们之间的电气连接就要使用印制电路板。而印制电路板的设计和制造也是影响电子设备的质量、成本和市场竞争力的基本因素之一。在学习印制电路板设计之前,先了解一下有关印制电路板的概念、结构和设计流程。对于初学者,这些知识是十分必要的。

5.7.2 印制电路板的发展

在 19 世纪,由于不存在复杂的电子装置和电气机械,只是大量需要无源元件,如电阻、线圈等,因此没有大量生产印制电路板的问题。经过几十年的实践,英国 Paul Eisler 博士提出印制电路板概念,并奠定了光蚀刻工艺的基础。随着电子元器件的出现和发展,特别是 1948 年产生了晶体管,电子仪器和电子设备大量增加并趋向复杂化,印制板的发展进入一个新阶段。20 世纪 50 年代中期,随着大面积的高黏合强度覆铜板的研制,为大量生产印制板提供了材料基础。1954 年,美国通用电气公司采用了图形电镀-蚀刻法(即减成法)制板。60 年代,印制板得到广泛应用,并日益成为电子设备中必不可少的重要部件。在生产上除大量采用丝网漏印法和图形电镀-蚀刻法等工艺外,还应用了加成法工艺,使印制导线密度更高。目前高层数的多层印制板、挠性印制电路、金属芯印制电路、功能化印制电路都得到了长足的发展。

我国在印制电路技术方面的发展较为缓慢。20 世纪 50 年代中期试制出单面板和双面板;60 年代中期,试制出金属化双面印制板和多层板样品;1977 年左右开始采用图形电镀-蚀刻法工艺制造印制板;1978 年试制出加成法材料——覆铝箔板,并采用半加成法生产印制板;80 年代初研制出挠性印制电路和金属芯印制板。

在电子设备中,印制电路板通常起 3 个作用:

(1) 为电路中的各种元器件提供必要的机械支撑;

(2) 提供电路的电气连接;

（3）用标记符号将板上所安装的各个元器件标注出来，便于插装、检查及调试。

但是，更为重要的是，使用印制电路板有4大优点：

（1）具有重复性；

（2）板的可预测性；

（3）所有信号都可以沿导线任一点直接进行测试，不会因导线接触而引起短路；

（4）印制板的焊点可以在一次焊接过程中将大部分焊完。

正因为印制板有以上特点，所以从它面世的那天起，就得到了广泛的应用和发展，现代印制板已经朝着多层、精细线条的方向发展。特别是20世纪80年代开始推广的SMD(表面封装)技术是高精度印制板技术与VLSI(超大规模集成电路)技术的紧密结合，大大提高了系统安装密度与系统的可靠性。

5.7.3 印制电路板的种类

目前的印制电路板一般以铜箔覆在绝缘板(基板)上，故亦称覆铜板。

1. 根据PCB导电板层划分

（1）单面印制板(single sided print board)。单面印制板指仅一面有导电图形的印制板，板的厚度为0.2~6.0mm，它是在一面敷有铜箔的绝缘基板上，通过印制和腐蚀的方法在基板上形成印制电路。它适用于一般要求的电子设备。

（2）双面印制板(double sided print board)。双面印制板指两面都有导电图形的印制板，板的厚度为0.2~6.0mm，它是在两面敷有铜箔的绝缘基板上，通过印制和腐蚀的方法在基板上形成印制电路，两面的电气互连通过金属化孔实现。它适用于要求较高的电子设备，由于双面印制板的布线密度较高，所以能减小设备的体积。

（3）多层印制板(multilayer print board)。多层印制板是由交替的导电图形层及绝缘材料层压粘合而成的一块印制板，导电图形的层数在两层以上，层间电气互连通过金属化孔实现。多层印制板的连接线短而直，便于屏蔽，但印制板的工艺复杂，由于使用金属化孔，可靠性稍差。它常用于计算机的板卡中。

对于电路板的制作而言，板的层数愈多，制作程序就愈多，失败率当然增加，成本也相对提高，所以只有在高级的电路中才会使用多层板。

图5.41所示为四层板剖面图。通常在电路板上，元件放在顶层，所以一般顶层也称元件面；而底层一般是焊接用的，所以又称焊接面。对于SMD元件，顶层和底层都可以放元件。元件也分为两大类，插针式元件和表面贴片式元件(SMD)。

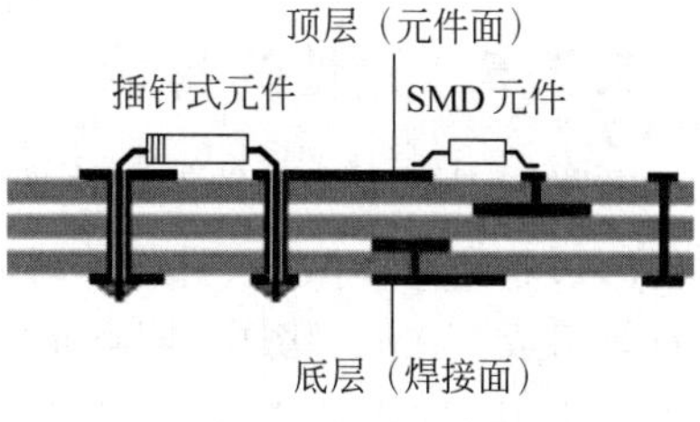

图5.41 四层板剖面图

2. 根据PCB所用基板材料划分

（1）刚性印制板(rigid print board)。刚性印制板是指以刚性基材制成的PCB，常见的PCB一般是刚性PCB，如计算机中的板卡、家电中的印制板等。常用刚性PCB有纸基板、玻璃布板和合成纤维板，后者价格较贵，性能较好，常用作高频电路和高档家电产品中；当频率高于数百兆赫时,必须用介电常数和介质损耗更小的材料,如聚四氟乙烯和高频陶瓷作基板。

(2) 柔性印制板(flexible print board,也称挠性印制板、软印制板)。柔性印制板是以软性绝缘材料为基材的 PCB。由于它能进行折叠、弯曲和卷绕,因此可以节约 $60\%\sim90\%$ 的空间,为电子产品小型化、薄型化创造了条件,它在计算机、打印机、自动化仪表及通信设备中得到广泛应用。

(3) 刚-柔性印制板(flex-rigid print board)。刚-柔性印制板指利用柔性基材,并在不同区域与刚性基材结合制成的 PCB,主要用于印制电路的接口部分。

5.7.4 印制电路板的结构

按照在一块板上导电图形的层数,印制电路板可分为以下 3 类。

1. 单面板

指仅一面有导电图形的电路板,也称单层板。单面板的特点是成本低,但仅适用于比较简单的电路设计,如收音机、电视机。对于比较复杂的电路,采用单面板往往比双面板或多层板要困难。

2. 双面板

指两面都有导电图形的电路板,也称双层板。其两面的导电图形之间的电气连接通过过孔来完成。由于两面均可以布线,对比较复杂的电路,其布线比单面板布线的布通率高,所以它是目前采用最广泛的电路板结构。

3. 多层板

由交替的导电图形层及绝缘材料层叠压黏合而成的电路板。除电路板两个表面有导电图形外,内部还有一层或多层相互绝缘的导电层,各层之间通过金属化过孔实现电气连接。它主要应用于复杂的电路设计,如在微机中,主板和内存条的 PCB 采用 $4\sim6$ 层电路板设计。

看一看:观察收音机、电视机或微型计算机等电子设备中的电路板,并比较有何不同。

5.7.5 元件的封装

电路原理图中的元件使用的是实际元件的电气符号,PCB 设计中用到的元件则是实际元件的封装(footprint)。元件的封装由元件的投影轮廓、引脚对应的焊盘、元件标号和标注字符等组成。在原理图中,同类元件的电气符号往往是相同的,仅仅是元件的型号不同;而在 PCB 图中,同类元件也可以有不同的封装形式,如电阻,其封装形式就有 AXIAL0.3、AXIAL0.4、AXIAL0.6 等;不同类的元件也可以共用一个元件的封装,如封装 TO-220,三极管和集成稳压器都可采用。所以,在进行印制电路板设计时,不仅要知道元件的名称,而且还要确定该元件的封装,这一点是非常重要的。元件的封装最好在进行电路原理图设计时指定。常见元件的封装如图 5.42 所示。

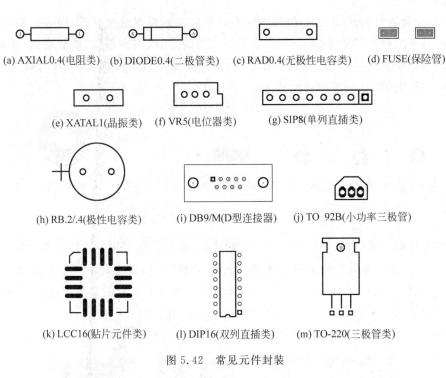

(a) AXIAL0.4(电阻类)　(b) DIODE0.4(二极管类)　(c) RAD0.4(无极性电容类)　(d) FUSE(保险管)

(e) XATAL1(晶振类)　(f) VR5(电位器类)　(g) SIP8(单列直插类)

(h) RB.2/.4(极性电容类)　(i) DB9/M(D型连接器)　(j) TO 92B(小功率三极管)

(k) LCC16(贴片元件类)　(l) DIP16(双列直插类)　(m) TO-220(三极管类)

图5.42　常见元件封装

1. 元件封装的分类

元件的封装形式可分为两大类：针脚式元件封装和表面粘贴式元件封装。

（1）针脚式元件封装：常见的元件封装，如电阻、电容、三极管、部分集成电路的封装就属于该类形式。这类封装的元件在焊接时，一般先将元件的引脚从印制板的顶层插入焊盘通孔，然后在印制板的底层再进行焊接。由于针脚式元件的焊盘通孔贯通整个电路板，故在其焊盘的属性对话框内，Layer(层)的属性必须为 Multi Layer(多层)。

（2）表面粘贴式元件封装：现在，越来越多的元件采用此类封装。这类元件在焊接时元件与其焊盘在同一层。故在其焊盘属性对话框中，Layer属性必须为单一板层（如 Top layer 或 Bottom layer）。

2. 元件封装的编号

元件封装的编号规则一般为元件类型＋焊盘距离（或焊盘数）＋元件外形尺寸。根据元件封装编号可区别元件封装的规格。如 AXIAL0.6 表示该元件封装为轴状，两个引脚焊盘的间距为 0.6in(600mil)；RB.3/.6 表示极性电容类元件封装，两个引脚焊盘的间距为 0.3in(300mil)，元件直径为 0.6in(600mil)；DIP14 表示双列直插式元件的封装，两列共 14 个引脚。

5.7.6　焊盘与过孔

焊盘(Pad)的作用是用来放置焊锡、连接导线和焊接元件的引脚。Protel 99 SE 在封装库中给出了一系列不同形状和大小的焊盘，如圆形、方形、八角形焊盘等。根据元件封装的类型,焊盘也分为针脚式和表面粘贴式两种,其中针脚式焊盘必须钻孔,而表面粘贴式无需钻孔。在选择元件的焊盘类型时,要综合考虑元件的形状、引脚粗细、放置形式、受热情况、受力方向和振动大小等因素。例如,对电流、发热和受力较大的焊盘,可设计成"泪滴状"。图 5.43 为常用的焊盘的形状和尺寸。

圆形焊盘   方型焊盘   八角形焊盘   表面粘贴式焊盘   针脚式焊盘的尺寸

图 5.43　常见焊盘的形状与尺寸

对于双层板和多层板,各信号层之间是绝缘的,需在各信号层有连接关系的导线的交汇处钻上一个孔,并在钻孔后的基材壁上淀积金属(也称电镀)以实现不同导电层之间的电气连接,这种孔称为过孔(Via)。过孔有 3 种,即从顶层贯通到底层的穿透式过孔、从顶层通到内层或从内层通到底层的盲过孔、在内层间的隐藏过孔。过孔的内径(hole size)与外径尺寸(diameter)一般小于焊盘的内外径尺寸。图 5.44 为过孔的尺寸与类型。

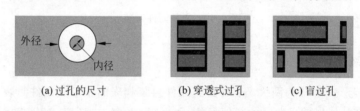

(a) 过孔的尺寸　　　　(b) 穿透式过孔　　　　(c) 盲过孔

图 5.44　过孔的尺寸与类型

5.7.7　铜膜导线

印制电路板上,在焊盘与焊盘之间起电气连接作用的是铜膜导线,简称导线(track)。它也可以通过过孔把一个导电层和另一个导电层连接起来。PCB 设计的核心工作就是围绕如何布置导线。

在 PCB 设计过程中,还有一种与导线有关的线,它是在装入网络表后,系统根据规则自动生成的,用来指引系统自动布线的一种连线,俗称飞线。飞线只在逻辑上表示出各个焊盘间的连接关系,并没有物理的电气连接意义;导线则是利用飞线指示的各焊盘和过孔间的连接关系而布置的,是具有电气连接意义的连接线。导线与飞线的不同,我们将在 5.9 节中看到。

5.7.8　安全间距

进行印制电路板设计时,为了避免导线、过孔、焊盘及元件间的距离过近而造成相互干扰,就必须在它们之间留出一定的间距,这个间距就称为安全间距(clearance)。图 5.45 为安全间距示意图。安全间距不仅与工艺有关,还与两导线间电位差、长短有关。

图 5.45　安全间距

5.7.9 PCB设计流程

1．绘制电路原理图

主要任务是绘制电路原理图，确保无错误后，生成网络表，用于 PCB 设计时的自动布局和自动布线。对于比较简单的电路，也可不绘制原理图，而直接进入 PCB 设计。

2．规划印制板

主要完成确定印制板的物理边界、电气边界、印制板的层数、各种元件的封装形式和布局要求等任务。

3．设置参数

主要是设置软件中印制板的工作层的参数、PCB 编辑器的工作参数、自动布局和布线参数等。

4．装入网络表及元件的封装形式

网络表是 PCB 自动布线的核心，也是电路原理图设计与印制电路板设计系统的接口。只有正确装入网络表后，才能对印制板进行自动布局和自动布线的操作。

5．元件的布局

元件的布局包括自动布局和手工调整两个过程。在规划好印制板和装入网络表之后，系统能自动装入元件，并自动将它们放置在电路板上。自动布局是系统根据某种算法在电气边界内自动摆放元件的位置。如果自动布局不尽如人意，则再进行手工调整。另外，Protel 99 SE 也支持用户的手工布局。

6．自动布线

系统根据网络表中的连接关系和设置的布线规则进行自动布线。只要元件的布局合理，布线参数设置得当，Protel 99 SE 的自动布线的布通率几乎是 100%。

7．调整

自动布线成功后，用户可对不太合理的地方进行调整。如调整导线的走向、导线的粗细、标注字符和添加输入输出焊盘、螺丝孔等。

8．文件的保存及输出

将绘制好的 PCB 图保存在磁盘上，然后利用打印机或绘图仪输出。也可利用 E-mail 将文件直接传给生产厂家进行加工生产。

5.8 Protel 99 SE 印制板编辑器

5.8.1 启动和退出 PCB 99 SE 编辑器

启动 Protel 99 SE 后,执行菜单命令 File→Open 或 File→New,都可以进入 PCB 编辑器。启动 PCB 编辑器的操作方法如下。

1) 通过打开已存在的设计数据库文件启动

(1) 打开一个已有的设计数据库文件(ddb 文件)。

(2) 展开设计导航树,双击 Documents 文件夹,找到扩展名为.PCB 的文件,单击该文件,就可启动 PCB 编辑器,同时将该 PCB 图纸载入工作窗口中。

2) 通过新建一个设计数据库文件进入

(1) 执行菜单命令 File→New,新建一个设计数据库文件。

(2) 打开新建立的设计数据库中的 Documents 文件夹,再次执行菜单命令 File→New,或在 Documents 文件夹的工作窗口中右击,在弹出的快捷菜单中选择 New 命令,都可弹出如图 5.46 所示的 New Document (新建文档)对话框,选取其中的 PCB Document 图标,单击 OK 按钮,即在 Documents 文件夹中建立一个新的 PCB 文件,默认名为 PCB1,扩展名为.PCB,此时可更改文件名。

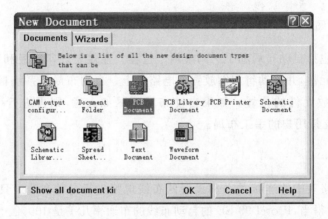

图 5.46　New Document (新建文档)对话框

(3) 双击工作窗口中(或单击设计导航树中)的 PCB1.PCB 文件图标,就可启动 PCB 编辑器,如图 5.47 所示。图中左边是 PCB 管理器窗口,右边是工作窗口。启动 PCB 编辑器后,菜单栏和工具栏将发生变化,并添加了几个浮动的工具栏。

退出 PCB 编辑器,相对于进入 PCB 编辑器要容易。在 PCB 编辑器状态下,执行菜单命令 File→Close,或在 PCB 管理器窗口中,右击要关闭的 PCB 文件,在弹出的快捷菜单中,单击 Close 命令,都可关闭 PCB 编辑器。另外,在该快捷菜单中,还可实现 PCB 文件的导出 (Export)、复制(Copy)和查看属性(Properties)的操作。

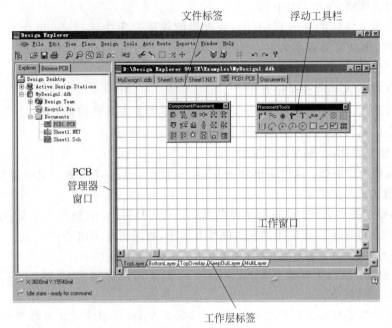

图 5.47　PCB 编辑器

5.8.2　PCB 编辑器的画面管理

1. 画面显示

设计者在进行印制板图的设计时，经常用到对工作窗口中的画面进行放大、缩小、刷新或局部显示等操作，以方便设计者的工作。这些操作既可以使用主工具栏中的图标，也可以使用菜单命令或快捷键。

1）画面的放大

放大画面有 5 种方法。

（1）单击主工具栏的 按钮。

（2）执行菜单命令 View→Zoom in。

（3）使用快捷键 Page Up 键。

（4）在工作窗口中的某一点，右击，在弹出的快捷菜单中选择 Zoom in 命令，或直接按 Page Up 键，则画面以该点为中心进行放大。

（5）在 PCB 管理器中，单击 Browse PCB 选项卡，在 Browse 下拉列表框中，选择浏览类型（如网络或元件），再选择浏览对象（如网络名、节点名或焊盘名），单击 Zoom 或 Jump 按钮，也可对被选中对象进行放大。

2）画面的缩小

缩小画面有 4 种方法。

（1）单击主工具栏的 按钮。

（2）执行菜单命令 View→Zoomout。

（3）使用快捷键 Page Down 键。

（4）在绘图工作区的某一点，右击，在弹出的快捷菜单中选择 Zoom out，或直接按下 Page Down 键，则画面以该点为中心进行缩小。

3）对选定区域放大

对选定区域放大有两种操作方法。

（1）区域放大：执行菜单命令 View→Area 或单击主工具栏的 图标。

（2）中心区域放大：执行菜单命令 View→Around Point。

4）显示整个印制板/整个图形文件

（1）显示整个印制板：执行菜单命令 View→Fit Board，在工作窗口显示整个印制板，但不显示印制板边框外的图形。

（2）显示整个图形文件：执行菜单命令 View→Fit Document 或单击图标 ，将整个图形文件在工作窗口显示。如果印制板边框外有图形，也同时显示出来。

5）采用上次显示比例显示：执行菜单命令 View→Zoom Last。

6）画面刷新：执行菜单命令 View→Refresh 或使用快捷键 END 键，可清除因移动元件等操作而留下的残痕。

注意：在工作窗口右击后弹出的菜单，也收集了 View 菜单中最常用的画面显示命令。

2. PCB 窗口管理

在 PCB 99 SE 中，窗口管理常用命令如下：

（1）执行菜单命令 View→Fit Board，可以实现全印制板显示线路。

（2）执行菜单命令 View→Refresh，可以刷新画面，消除画面残缺。

（3）执行菜单命令 View→Board in 3D，可以显示整个印制板的 3D 模型，在电路布局或布线完毕，可以观察元件的布局或布线是否合理。

3. PCB 99 SE 坐标系

PCB 99 SE 的工作区是一个二维坐标系，其绝对原点位于印制板图的左下角，一般在工作区的左下角附近设计印制板。

执行菜单命令 Edit→Origin→Set，将光标移到要设置为新的坐标原点的位置，单击，即可自定义新的坐标原点。

执行菜单命令 Edit→Origin→Reset，可恢复到绝对坐标原点。

4. 单位制设置

PCB 99 SE 有 Imperial（英制，单位为 mil）和 Metric（公制，单位为 mm）两种单位制，执行 View→Toggle Units 可以实现英制和公制的切换。

执行 Design→Options，在弹出对话框中选中 Options 选项卡，在 Measurement Units 下拉列表框中也可选择所用的单位制。

5. PCB 浏览器使用

在 PCB 设计管理器中（执行菜单命令 View→Design Manager 可设置是否打开管理器）选中 Browse PCB 选项可以打开 PCB 浏览器，Browse 下拉列表框中可以选择浏览器的类

型,常用的如下:

(1) Nets。网络浏览器,显示印制板上所有网络名。如图 5.48 所示,选中某个网络,单击 Edit 按钮可以编辑该网络属性,单击 Select 按钮可以选中网络,单击 Zoom 按钮则放大显示选取的网络,同时在节点浏览器中显示此网络的所有节点。

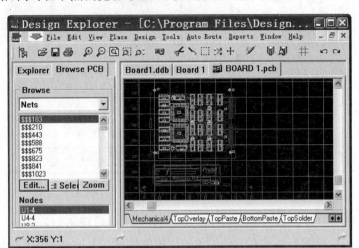

图 5.48 PCB 浏览器

选择某个节点,单击此栏下的 Edit 按钮可以编辑当前焊盘属性;单击 Jump 按钮可以将光标跳跃到当前节点上,一般在印制板比较大时,可以用它查找元件。

在节点浏览器下方,还有一个微型监视器,在监视器中,虚线框为当前工作区所显示的范围,显示出所选择的网络,若单击 Magnifier 按钮,光标变成了放大镜形状,将光标在工作区中移动,便可放大显示光标所在的工作区域。在监视器的下方,有一个 Current Layer 下拉列表框,可用于选择当前工作层,在被选中的层边上会显示该层的颜色。

(2) Component。元件浏览器,显示当前印制板图中的所有元件名称和选中元件的所有焊盘。

(3) Libraries。元件库浏览器,显示当前设置的元件库中的所有元件。在放置元件时,必须使用元件库浏览器,这样才会显示元件的封装名。

(4) Violations。选取此项设置为违规错误浏览器,可以查看当前 PCB 上的违规信息。

(5) Rules。选取此项设置为设计规则浏览器,可以查看并修改设计规则。

5.8.3 工作环境设置

Protel 99 SE 提供的 PCB 工作参数包括 Option(特殊功能)、Display(显示状态)、Color(工作层面颜色)、Show/Hide(显示/隐藏)、Default(默认参数)、Signal Integrity(信号完整性)共 6 部分。根据实际需要和自己的喜好来设置这些工作参数,可建立一个自己喜欢的工作环境。

1. 设置栅格

执行菜单命令 Design→Options,在弹出的对话框中选中 Options 选项卡,出现如图 5.49 所示的对话框。

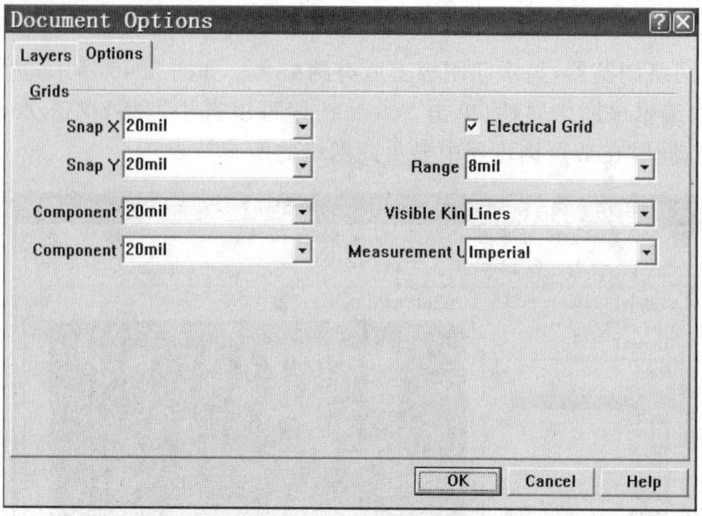

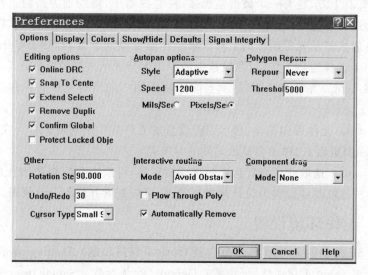

图 5.49　设置栅格对话框

Options 选项卡中可以设置捕获栅格（Snap）、元件移动栅格（Component）、电气栅格（Electrical Grid）、可视栅格样式（Visible Kind）和单位制（Measurement Unit）；Layers 选项卡中可以设置可视栅格（Visible Grid）。

2．设置优选项

执行菜单命令 Tools→Preferences，打开如图 5.50 所示的优选项设置对话框。

图 5.50　优选项设置对话框

1）Options 选项卡的设置

单击 Options 选项卡，它有 6 个选择区域，主要用于设置一些特殊的功能。

（1）Editing options 选择区域

① Online DRC：在选中状态下，进行在线的 DRC 检查。

② Snap To Center：在选中状态下，若用光标选取元件时，则光标移动至元件的第 1 脚

的位置上；若用光标移动字符串，则光标自动移至字符串的左下角。若没有选中该项，将以光标坐标所在位置选中对象。

③ Extend Selection：在选中状态下，若执行选取操作，可连续选取多个对象；否则，只有最后一次的选取操作有效。

④ Remove Duplicate：在选中状态下，可自动删除重复的对象。

⑤ Confirm Global Edit：在选中状态下，当进行整体编辑操作后，将出现要求确认的对话框。

⑥ Protect Locked Object：在选中状态下，保护锁定的对象，使之不能执行如移动、删除等操作。

（2）Autopan options（自动移边）选项区域

① Style：设置自动移边功能模式，共 7 种。

a. Disable：关闭自动移边功能。

b. Re-Center：以光标所在位置为新的编辑区中心。

c. Adaptive：自适应模式，以 Speed 文本框的设定值来控制移边操作的速度。系统默认值为该选项。

d. Ballistic：非定速自动移边，光标越往编辑区边缘移动，移动速度越快。

e. Fix Size Jump：当光标移到编辑区边缘时，系统将以 Step 文本框设定值移边。当按下 Shift 键后，系统将以 Shift Step 文本框设定值移边。

f. Shift Accelerate：自动移边时，按住 Shift 键会加快移边的速度。

g. Shift Decelerate：自动移边时，按住 Shift 键会减慢移边的速度。

② Speed：移动速率，默认值 1200。

③ Mils/Sec：移动速率单位，mil/s。

④ Pixels/Sec：另一个移动速率单位，pixel/s。

（3）Polygon Repour（多边形填充的绕过）选项区域

① Repour：有 3 个选项。

a. Never 选项：当移动多边形填充区域后，一定会出现确认对话框，询问是否重建多边形填充。

b. Threshold 选项：当多边形填充区域偏离距离比 Threshold 设定值小时，会出现确认对话框，否则，不出现确认对话框。

c. Always 选项：不管如何移动多边形填充区域，都不会出现确认对话框，系统会直接重建多边形填充区域。

② Threshold：绕过的临界值。

（4）Interactive routing（交互式布线的参数设置）选项区域

① Mode：设置交互式布线的模式。包括 Ignore Obstacle（忽略障碍，直接覆盖）、Avoid Obstacle（绕开障碍）和 Push Obstacle（推开障碍）共 3 种模式供选择。

② Plow Through Polygons 选项：如此选项有效，则多边形填充绕过导线。

③ Automatically Remove Loops：如此选项有效，自动删除形成回路的走线。

（5）Component drag（元件拖动模式）选项区域

Mode：选择 None，在拖动元件时，只拖动元件本身；选择 Connected Track，则在拖动元件时,该元件的连线也跟着移动。

(6) Other(其他)选项区域

① Rotation Step:设置元件的旋转角度,默认值为 90°。

② Undo/Redo:设置撤销/重复命令可执行的次数。默认值为 30 次。撤销命令的操作对应主工具栏的 ↶ 按钮,重复命令操作对应主工具栏的 ↷ 按钮。

③ Cursor Type:设置光标形状。有 Large 90 (大十字线)、Small 90 (小十字线)、Small 45 (小叉线)3 种光标形状。

2) Display 选项卡的设置

单击 Display 选项卡,如图 5.51 所示,各选项功能如下。

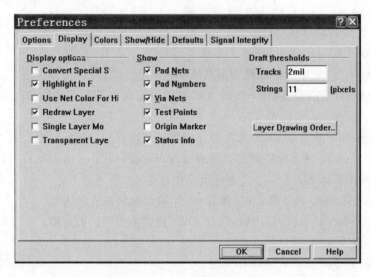

图 5.51　Display 选项卡的设置

(1) Display options 选项区域

① Convert Special String:用于设置是否将特殊字符串转化为它所代表的文字。

② Highlight in Full:设置高亮的状态。该项有效时,选中的对象将被填满白色,否则选中的对象将只加上白色外框,选取状态不十分明显。

③ Use Net Color For Highlight:该项有效时,选中的网络将以该网络所设置的颜色来显示。设置网络颜色的方法:在 PCB 管理器中,切换到 Browse PCB 选项卡,在 Browse 下拉框中选取 Nets 选项,然后在网络列表框内选取工作网络的名称,单击 Edit 按钮,打开 Net 对话框,在 Color 框内选取相应的颜色即可。

④ Redraw Layer:当该项有效时,每次切换板层时系统都要重绘各板层的内容,而工作层将绘在最上层。否则,切换板层时就不进行重绘操作。

⑤ Single Layer Mode:单层显示模式。该项有效时,工作窗口中将只显示当前工作层的内容。否则,工作窗口中将所有使用的层的内容都显示出来。

⑥ Transparent Layer:透明模式。该项有效时,所有层的内容和被覆盖的对象都会显示出来。

(2) Show 选项区域

当工作窗口处于合适的缩放比例时,下面所选取的选项的属性值会显示出来。

① Pad Nets：连接焊盘的网络名称；

② Pad Number：焊盘序号；

③ Via Nets：连接过孔的网络名称；

④ Test Point：测试点；

⑤ Origin Marker：原点；

⑥ Status Info：状态信息。

（3）Draft thresholds 选项区域

可设置在草图模式中走线宽度和字符串长度的临界值。

① Tracks：走线宽度临界值，默认值为 2mil。大于此值的走线将以空心线来表示，否则以细直线来表示。

② Strings：字符串长度临界值，默认值为 11pixel。大于此值的字符串将以细线来表示。否则将以空心方块来表示。

（4）设置工作层的绘制顺序

单击图 5.51 中的 Layer Drawing Order 按钮，将弹出如图 5.52 所示的对话框。在列表框中，先选择要编辑的工作层，再单击 Promote 或 Demote 按钮，可提升或降低该工作层的绘制顺序。单击 Default 按钮，可将工作层的绘制顺序恢复到默认状态。

3）Colors 选项卡的设置

主要用来调整各板层和系统对象的显示颜色。如图 5.53 所示。要设置某一层的颜色，单击该层名称旁边的颜色块，在弹出的 Choose Color(选择颜色)对话框中，拖动滑块来选择给出的颜色，也可自定义工作层的颜色。要调整的系统对象颜色有 DRC Errors（DRC 标记）、Selection(选取对象)、Background(背景)、Pad Holes(焊盘通孔)、Via Holes(过孔通孔)、Connections(飞线)、Visible Grid 1(可视栅格 1)和 Visible Grid 2(可视栅格 2)。无特殊需要，最好不要改动颜色设置，否则会带来不必要的麻烦。如出现颜色混乱，可单击 Default Colors(系统默认颜色)或 Classic Colors(传统颜色)按钮加以恢复。Classic Colors 方案为系统的默认选项。

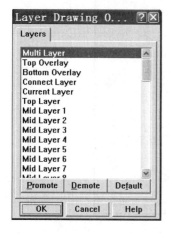

图 5.52 Layer Drawing Order 对话框

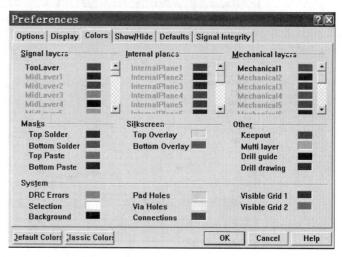

图 5.53 Colors 选项卡的设置

4）Show/Hide 选项卡的设置

如图 5.54 所示，图中对 10 个对象提供了 Final（最终图稿）、Draft（草图）和 Hidden（隐藏）3 种显示模式。这 10 个对象包括 Arcs（弧线）、Fills（矩形填充）、Pans（焊盘）、Polygons（多边形填充）、Dimensions（尺寸标注）、Strings（字符串）、Tracks（导线）、Vias（过孔）、Coordinates（坐标标注）、Rooms（布置空间）。使用 All Final、All Draft 和 All Hidden 按钮，可分别将所有元件设置为最终图稿、草图和隐藏模式。设置为 Final 模式的对象显示效果最好，设置为 Draft 模式的对象显示效果较差，设置为 Hidden 模式的对象不会在工作窗口中显示。

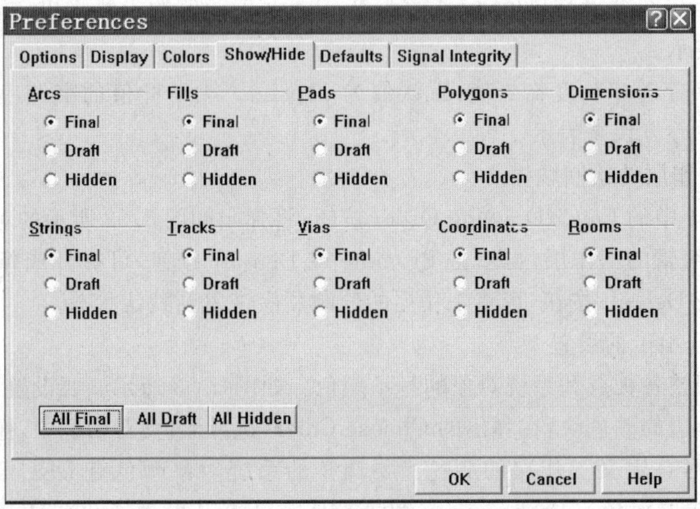

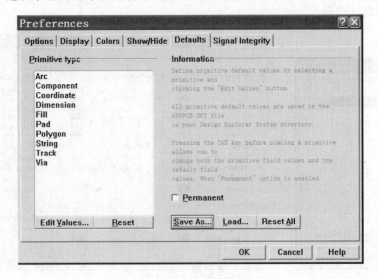

图 5.54　Show/Hide 选项卡的设置

5）Defaults 选项卡的设置

Defaults 选项卡主要用来设置各印制板对象的默认属性值，如图 5.55 所示。

图 5.55　Default 选项卡的设置

（1）Primitive type（基本类型）列表框与按钮

先选择要设置的对象的类型，再单击 Edit Values 按钮，在弹出的对象属性对话框中，即可调整该对象的默认属性值。单击 Reset 按钮，就会将所选对象的属性设置值恢复到原始状态。单击 Reset All 按钮，就会把所有对象的属性设置值恢复到原始状态。单击 Save As 按钮，会将当前的各对象属性值保存到某个.Dft 文件内备份。使用 Load 按钮，可把某个.Dft 文件装载到系统中。

（2）Permanent 复选框

该复选框无效时，在放置对象时，按 Tab 键就可打开其属性对话框加以编辑，而且修改过的属性值会应用在后续放置的相同对象上。

该复选框有效时，就会将所有的对象属性值锁定。在放置对象时，按下 Tab 键，仍可修改其属性值，但对后续放置的对象，该属性值无效。

6）Signal Integrity 选项卡的设置

用来设置信号的完整性，如图 5.56 所示。通过该选项卡可以设置元件标号和元件类型之间的对应关系，为信号完整性分析提供信息。

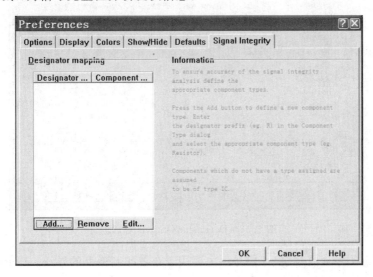

图 5.56　Signal Integrity 选项卡的设置

单击图 5.56 中的 Add 按钮，系统将弹出如图 5.57 所示的元件类型设置对话框，用来定义一个新的元件类型。在 Designator Prefix（序号标头）文本框中，输入所用元件的序号标头，一般电阻类元件用 R 表示，电容类元件用 C 表示等。在 Component Type（元件类型）下拉列表框中选取元件的类型。可选取的元件类型有 BJT（双极型晶体

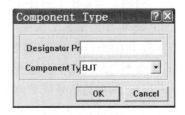

图 5.57　元件类型设置

管）、Capacitor（电容）、Connector（连接器）、Diode（二极管）、IC（集成电路）、Inductor（电感）和 Resistor（电阻）。单击 OK 按钮，刚设置的元件类型就添加到图 5.56 中的 Designator Mapping 列表框中。

在 Designator Mapping 列表框中选取元件类型，单击 Remove 按钮，可以将它从列表中

删除；单击 Edit 按钮，可以打开对应的 Component Type 对话框来修改设定值。

注意：所有没有归类的元件会被视为 IC 类型。

5.8.4 印制电路板的工作层面

印制电路板呈层状结构，不同的印制电路板具有不同的工作层。印制电路板中的各层有何用途？如何设置和选择所用到的工作层？这是下面要介绍的内容。

1. 工作层的类型

Protel 99 SE 提供了多个工作层供用户选择。当进行工作层设置时，在 PCB 编辑器中，执行菜单命令 Design→Option，系统将弹出如图 5.58 所示的 Document Options 对话框。各层的含义及应用介绍如下。

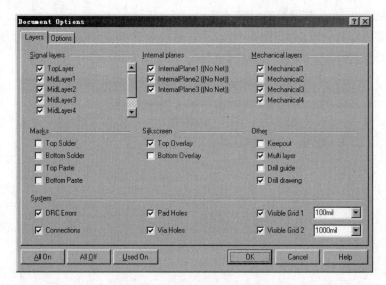

图 5.58 Document Options 对话框

（1）Signal layers（信号层）。信号层主要用于布置印制板上的导线。Protel 99 SE 提供了 32 个信号层，包括 Top layer（顶层）、Bottom layer（底层）和 30 个 MidLayer（中间层）。顶层是印制板主要用于放置元件和布线的一个表面，底层是印制板主要用于布线和焊接的另一个表面，中间层位于顶层与底层之间，在实际的印制板中是看不见的。

（2）Internal plane（内部电源/接地层）。Protel 99 SE 提供了 16 个内部电源层/接地层。该类型的层仅用于多层板，主要用于布置电源线和接地线。我们所称的双层板、四层板、六层板，一般指信号层和内部电源/接地层的数目。

（3）Mechanical layers（机械层）。Protel 99 SE 提供了 16 个机械层，它一般用于设置印制板的外形尺寸、数据标记、对齐标记、装配说明以及其他的机械信息。这些信息因设计公司或 PCB 制造厂家的要求而有所不同。执行菜单命令 Design→Mechanical layer 能为印制板设置更多的机械层。另外，机械层可以附加在其他层上一起输出显示。

（4）Silkscreen layers（丝印层）。丝印层主要用于放置印制信息，如元件的轮廓和标注、各种注释字符等。Protel 99 SE 提供了 Top Overlay 和 Bottom Overlay 两个丝印层。一般

173

地,各种标注字符都在顶层丝印层,底层丝印层可关闭。

（5）Solder mask layers(阻焊层)。为了让印制板适应波峰焊等机器焊接形式,要求印制板上非焊接处的铜箔不能粘锡。所以在焊盘以外的各部位都要涂覆一层涂料,如防焊漆,用于阻止这些部位上锡。阻焊层用于在设计过程中匹配焊盘,是自动产生的。Protel 99 SE提供了 Top Solder(顶层)和 Bottom Solder(底层)两个阻焊层。

（6）Paste mask layers(锡膏防护层)。它和阻焊层的作用相似,区别在于机器焊接时对应的表面粘贴式元件的焊盘不同。Protel 99 SE 提供了 Top Paste(顶层)和 Bottom Paste (底层)两个锡膏防护层。

（7）Drill Layers(钻孔层)。钻孔层提供电路板制造过程中的钻孔信息(如焊盘、过孔就需要钻孔)。Protel 99 SE 提供了 Drill gride(钻孔指示图)和 Drill drawing(钻孔图)两个钻孔层。

（8）Keep Out Layer(禁止布线层)。禁止布线层用于定义在印制板上能够有效放置元件和布线的区域。在该层绘制一个封闭区域作为布线有效区,在该区域外是不能自动布局和布线的。

（9）Multi Layer(多层)。印制板上焊盘和穿透式过孔要穿透整个印制板,与不同的导电图形层建立电气连接关系,因此系统专门设置了一个抽象的层——多层。一般地,焊盘与过孔都要设置在多层上,如果关闭此层,焊盘与过孔就无法显示出来。

（10）System(系统设置)

用户还可以在对话框中的 System 区域中设置 PCB 系统设计参数,各选项功能如下:

① Connections：用于设置是否显示飞线。在绝大多数情况下,在进行布局调整和布线时都要显示飞线。

② DRC Errors：用于设置是否显示印制板上违反 DRC 的检查标记。

③ Pad Holes：用于设置是否显示焊盘通孔。

④ Via Holes：用于设置是否显示过孔的通孔。

⑤ Visible Grid1：用于设置第一组可视栅格的间距以及是否显示出来。

⑥ Visible Grid2：用于设置第二组可视栅格的间距以及是否显示出来。一般在工作窗口中看到的栅格为第二组栅格,放大画面之后,可见到第一组栅格。

2．工作层的设置

Protel 99 SE 允许用户自行定义信号层、内部电源层/接地层和机械层的显示数目。

1）设置 Signal layer 和 Internal plane layer

执行菜单命令 Design→Layer Stack Manager,可弹出如图 5.59 所示的 Layer Stack Manager(工作层堆栈管理器)对话框。

（1）添加层的操作

选取 TopLayer,用鼠标单击对话框右上角的 Add Layer(添加层)按钮,就可在顶层之下添加一个信号层的中间层(MidLayer),如此重复操作可添加 30 个中间层。单击 Add Plane 按钮,可添加一个内部电源层/接地层,如此重复操作可添加 16 个内部电源层/接地层。

（2）删除层的操作

先选取要删除的中间层或内部电源层/接地层,单击 Delete 按钮,在确认之后,可删除

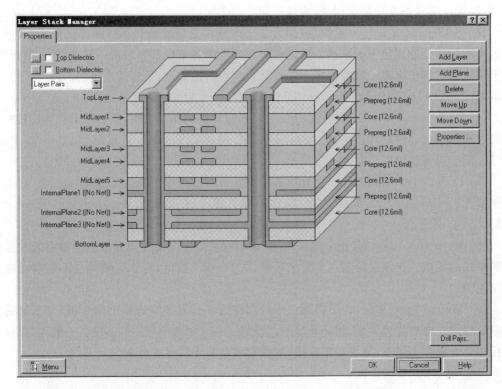

图 5.59　Layer Stack Manager(工作层堆栈管理器)对话框

该工作层。

(3) 层的移动操作

先选取要移动的层,单击 Move Up(向上移动)或 Move Down(向下移动)按钮,可改变各工作层间的上下关系。

(4) 层的编辑操作

先选取要编辑的层,单击 Properties(属性)按钮,弹出如图 5.60 所示的 Edit Layer(工作层编辑)对话框,可设置该层的 Name (名称)和 Copper thickness (覆铜厚度)。

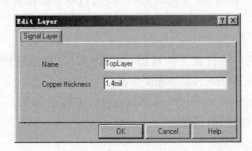

图 5.60　Edit Layer(工作层编辑)对话框

(5) 钻孔层的管理

单击图 5.59 中右下角的 Drill Pairs 按钮,弹出如图 5.61 所示的 Drill-Pair Manager(钻孔层管理)对话框,其中列出了已定义的钻孔层的起始层和终止层。分别单击 Add、Delete、Edit 按钮,可完成添加、删除和编辑任务。

图 5.61　Drill-Pair Manager(钻孔层管理)对话框

　　另外,系统还提供一些印制板实例样板供用户选择。单击图 5.59 中左下角的 Menu 按钮,在弹出的菜单中选择 Example Layer Stack 子菜单,通过它可选择具有不同层数的印制板样板。

　　2) 设置 Mechanical layer

　　执行菜单命令 Desigen→Mechanical Layer,弹出如图 5.62 所示的 Setup Mechanical Layers (机械层设置)对话框,其中已经列出 16 个机械层。选中某复选框,可打开相应的机械层,并可设置层的名称、是否可见、是否在单层显示时放到各层等参数。

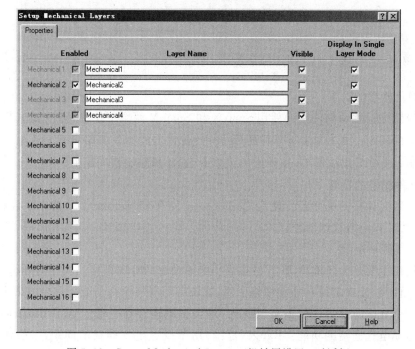

图 5.62　Setup Mechanical Layers (机械层设置) 对话框

在设置完信号层、内部电源层/接地层和机械层后,可以重新打开图 5.58 所示的工作层对话框,观察有何变化。

3) 工作层的打开与关闭

不同的印制电路板的工作层数是不同的,如双层板、四层板。一块印制板的工作层数是固定的,在 PCB 设计过程中,往往只需打开所需要的层进行操作。

在图 5.58 所示的 Document Options 对话框中,单击 Layer 选项卡,可以发现每个工作层前都有一个复选框。如果相应工作层前的复选框被选中,则表明该层被打开,否则该层处于关闭状态。单击 All On 按钮,将打开所有的层;单击 All Off 按钮,所有的层将被关闭;单击 Used On 按钮,可打开常用的工作层。

单击 Document Options 对话框中的 Options 选项卡,打开如图 5.63 所示的对话框。

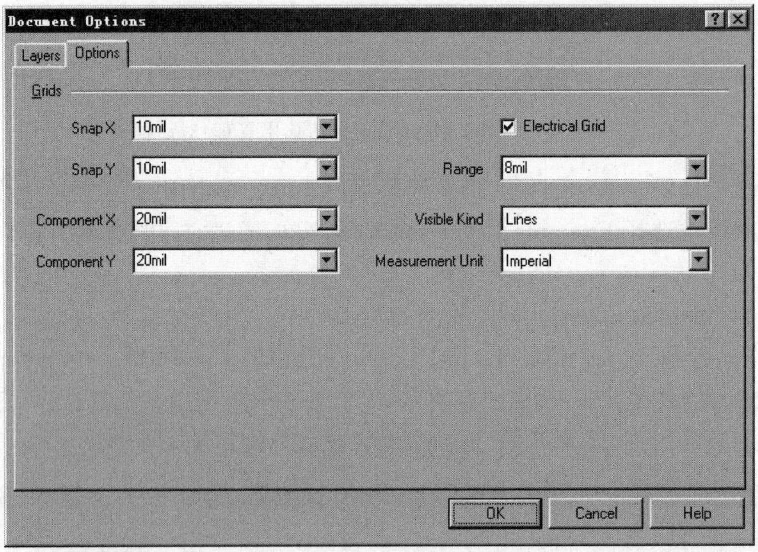

图 5.63　Document Options 对话框中的 Options 选项卡

（1）捕获栅格的设置

用于设置光标移动的间距。使用 Snap X 和 Snap Y 两个下拉框,可设置在 X 和 Y 方向的捕获栅格的间距;或单击主工具栏的 ▦ 按钮,在弹出的捕获栅格设置对话框中输入捕获栅格的间距;或按下快捷键 G,在弹出的菜单中,选择捕获栅格间距值。

（2）元件栅格的设置

用于设置元件移动的间距。使用 Component X 和 Component Y 两个下拉框,可设置元件在 X 和 Y 方向的移动间距。

（3）电气栅格范围

电气栅格主要是为了支持 PCB 的布线功能而设置的特殊栅格。当任何导电对象（如导线、过孔、元件等）没有定位在捕获栅格上时,就该启动电气栅格功能。只要将某个导电对象移到另外一个导电对象的电气栅格范围内,就会自动连接在一起。选中 Electrical Grid 复选框表示启动电气栅格的功能。Range（范围）用于设置电气栅格的间距,一般比捕获栅格的间距小一些才行。

（4）可视栅格的类型

可视栅格是系统提供的一种在屏幕上可见的栅格。通常可视栅格的间距为一个捕获栅格的距离或是其数倍。Protel 99 SE 提供 Dots（点状）和 Lines（线状）两种显示类型。

（5）计量单位的设置

Protel 99 SE 提供 Metric（公制）和 Imperial（英制）两种计量单位，系统默认为英制。电子元件的封装基本上都采用英制单位，如双列直插式集成电路的两个相邻引脚的中心距为 0.1in；贴片类集成电路的相邻引脚的中心距为 0.05in 等。所以，设计时的计量单位最好选用英制。英制的默认单位为 mil（毫英寸），公制的默认单位为 mm（毫米），1mil ＝ 0.0254mm。按下快捷键 Q，计量单位在英制与公制之间切换。

5.9 PCB 自动布线和手工调整

PCB 自动布线就是通过计算机自动将原理图中元件间的逻辑连接转换为 PCB 铜箔连接，PCB 的自动化设计实际上是一种半自动化的设计过程，还需要人工干预才能设计出合格的 PCB。

PCB 自动布线的流程如下：

（1）绘制电路原理图，生成网络表；

（2）在 PCB 99 SE 中，规划印制板；

（3）装载原理图的网络表；

（4）自动布局及手工布局调整；

（5）自动布线参数设置；

（6）自动布线；

（7）手工布线调整及标注文字调整；

（8）输出 PCB 图，采用打印机或绘图仪输出印制板图。

手工布局调整主要目的是通过移动元件、旋转元件等方法合理调整元件的位置，减少网络飞线的交叉。

印制板绘制好后，就可以输出印制板图，输出可以采用 Gerber 文件、绘图仪或一般打印机，采用前两种方法输出，精密度很高，但需要有价格昂贵的设备；采用打印机输出，精密度较差，但价格低廉，打印方便。

第6章

Proteus设计基础

Proteus ISIS 是英国 Labcenter 公司开发的电路分析与实物仿真软件。它运行于 Windows 操作系统上,可以仿真、分析 SPICE 各种模拟器件和集成电路。该软件的特点是: ①实现了单片机仿真和 SPICE 电路仿真相结合。具有模拟电路仿真、数字电路仿真、单片机及其外围电路组成的系统的仿真、RS-232 动态仿真、I^2C 调试器、SPI 调试器、键盘和 LCD 系统仿真的功能;有各种虚拟仪器,如示波器、逻辑分析仪、信号发生器等。②支持主流单片机系统的仿真。目前支持的单片机类型有:68000 系列、8051 系列、AVR 系列、PIC12 系列、PIC16 系列、PIC18 系列、Z80 系列、HC11 系列以及各种外围芯片。③提供软件调试功能。在硬件仿真系统中具有全速、单步、设置断点等调试功能,同时可以观察各个变量、寄存器等的当前状态,因此在该软件仿真系统中,也必须具有这些功能;同时支持第三方的软件编译和调试环境,如 Keil C51 uVision2 等软件。④具有强大的原理图绘制功能。总之,该软件是一款集单片机和 SPICE 分析于一身的仿真软件,功能极其强大。

Proteus 还有使用极方便的印制电路板高级布线编辑软件(PCB)。需特别指出的是,Proteus 库中数千种仿真模型是依据生产企业提供的数据来建模的。因此,Proteus 设计与仿真极其接近实际。

目前,Proteus 已成为流行的单片机系统设计与仿真平台,应用于各种领域。实践证明:Proteus 是单片机应用产品研发的灵活、高效、正确的设计与仿真平台,它明显提高了研发效率,缩短了研发周期,节约了研发成本。Proteus 的问世,刷新了单片机应用产品的研发过程。

1. 单片机应用产品的传统开发

单片机应用产品的传统开发过程一般可分为 3 步:

(1) 单片机系统原理图设计,选择、购买元器件和接插件,安装和电气检测等(简称硬件设计);

(2) 进行单片机系统程序设计、调试、汇编编译等(简称软件设计);

(3) 单片机系统在线调试、检测,实时运行直至完成(简称单片机系统综合调试)。

2. 单片机应用产品的 Proteus 开发

(1) 在 Proteus 平台上进行单片机系统电路设计,选择元器件、接插件,连接电路和电气检测等(简称 Proteus 电路设计)。

（2）在 Proteus 平台上进行单片机系统源程序设计、编辑、汇编编译、调试,最后生成目标代码文件(* .hex)(简称 Proteus 软件设计)。

（3）在 Proteus 平台上将目标代码文件加载到单片机系统中,并实现单片机系统的实时交互、协同仿真(简称 Proteus 仿真)。

（4）仿真正确后,制作、安装实际单片机系统电路,并将目标代码文件(* .hex)下载到实际单片机中运行、调试。若出现问题,可与 Proteus 设计与仿真相互配合调试,直至运行成功(简称实际产品安装、运行与调试)。

本章主要介绍 Proteus ISIS 软件的工作环境和一些基本操作。

6.1　Proteus 7 Professional 概述

6.1.1　启动 Proteus ISIS

双击桌面上的 ISIS 7 Professional 图标或者单击屏幕左下方的“开始”→“程序”→Proteus 7 Professional→ISIS 7 Professional,出现如图 6.1 所示的屏幕,表明进入 Proteus ISIS 集成环境。

图 6.1　启动时的屏幕

Proteus 中的整个电路仿真是在 ISIS 原理图设计模块下延续下来的,原理图中,曲线图和电路激励以及直接布置在线路上的探针一起,出现在元件的旁边。任何时候都能通过按下空格键对电路进行仿真,加快了从编辑到仿真的速度。仿真器有独自的应用窗口和用户界面。

画完原理图后,通过设置一个带有属性设置的图形,选择所需要的电路分析类型,想要多少个图都可以。图形类型包括:模拟、数字和混合瞬时图形,频率,转换器,噪声,失真,傅里叶,交流,直流和音频曲线。这些类型不仅能被用于捕捉和显示暂态数据,而且可以通过声卡放出来。然后,加入并配置一个信号源到仿真电路里,把探针放到观测点,在仿真时这些就能像电路里的元件一样变化。模拟信号发生器包括直流、正弦、脉冲、分段线性、音频、指数、单频 FM;数字信号发生器包括尖脉冲、脉冲、时钟和码流。最后,加入信号源和探针,在图形上可以选择要观察和跟踪的对象。对特定的一些探针和信号源形成的特定的图形足够显示电路的哪部分仿真了,进行了哪种分析。

6.1.2 工作界面

Proteus ISIS 的工作界面是一种标准的 Windows 界面,如图 6.2 所示。包括标题栏、主菜单、标准工具栏、绘图工具栏、状态栏、对象选择按钮、预览对象方位控制按钮、仿真进程控制按钮、预览窗口、对象选择器窗口、图形编辑窗口。

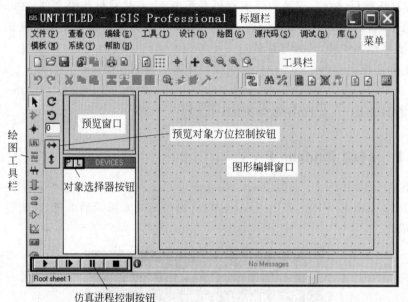

图 6.2 Proteus ISIS 的工作界面

6.1.3 基本操作

1. 图形编辑窗口

在图形编辑窗口内完成电路原理图的编辑和绘制。

1) 坐标系统(CO-ORDINATE SYSTEM)

为了方便作图,坐标系统 ISIS 中坐标系统的基本单位是 10nm,主要是为了和 Proteus ARES 保持一致。但坐标系统的识别(read-out)单位被限制在 1mil。坐标原点默认在图形编辑区的中间,图形的坐标值能够显示在屏幕的右下角的状态栏中。

2) 点状栅格(the dot grid)与捕捉到栅格(snapping to a grid)

编辑窗口内有点状的栅格,可以通过"查看"(View)菜单的"网格"(Grid)命令在打开和关闭间切换。点与点之间的间距由当前捕捉的设置决定。捕捉的尺度可以由"查看"菜单的 Snap 命令设置,或者直接使用快捷键 F4、F3、F2 和 Ctrl+F1。若输入 F3 或者通过 View 菜单选中 Snap 0.1in,当鼠标在图形编辑窗口内移动时,坐标值是以固定的步长 100mil 变化,这称为捕捉。

如果想要确切地看到捕捉位置,可以使用"查看"菜单的光标(X-Cursor)命令,选中后将会在捕捉点显示一个小的或大的交叉十字。

3）实时捕捉（real time snap）

当鼠标指针指向引脚末端或者导线时，鼠标指针将会捕捉到这些物体，这种功能被称为实时捕捉，该功能可以方便地实现导线和引脚的连接。可以通过"工具"（Tools）菜单的Real Time Snap 命令或者是 Ctrl＋S 切换该功能。

可以通过 View 菜单的 Redraw 命令来刷新显示内容，同时预览窗口中的内容也将被刷新。当执行其他命令导致显示错乱时可以使用该特性恢复显示。

4）视图的缩放与移动

视图的缩放与移动可以通过如下几种方式实现：

单击预览窗口中想要显示的位置，这将使编辑窗口显示以鼠标单击处为中心的内容；

在编辑窗口内移动鼠标，按下 Shift 键，用鼠标"撞击"边框，这会使显示平移，我们把这称为 Shift-Pan；

用鼠标指向编辑窗口并按缩放键或者操作鼠标的滚动键，会以鼠标指针位置为中心重新显示。

2．预览窗口

该窗口通常显示整个电路图的缩略图。在预览窗口上单击，将会有一个矩形蓝绿框标示出在编辑窗口中显示的区域。其他情况下，预览窗口显示将要放置的对象的预览。这种Place Preview 特性在下列情况下被激活：

（1）当一个对象在选择器中被选中；

（2）当使用旋转或镜像按钮时；

（3）当为一个可以设定朝向的对象选择类型图标时（如 Component icon、Device Pin icon 等）；

（4）当放置对象或者执行其他非以上操作时，Place Preview 会自动消除；

（5）对象选择器（object selector）根据由图标决定的当前状态显示不同的内容；

（6）在某些状态下，对象选择器有一个 Pick 切换按钮，单击该按钮可以弹出库元件选取窗体。

3．对象选择器窗口

通过对象选择按钮，从元件库中选择对象，并置入对象选择器窗口，供今后绘图时使用。显示对象的类型包括设备、终端、引脚、图形符号、标注和图形。

4．图形编辑的基本操作

1）放置对象（object placement）

放置对象的步骤如下：

（1）根据对象的类别在工具箱选择相应模式的图标（mode icon）。

（2）根据对象的具体类型选择子模式图标（sub-mode icon）。

（3）如果对象类型是元件、端点、引脚、图形、符号或标记，从选择器里（selector）选择想要的对象的名字。对于元件、端点、引脚和符号，可能首先需要从库中调出。

（4）如果对象是有方向的，将会在预览窗口显示出来，可以通过预览对象方位按钮对对象进行调整。

（5）最后，指向编辑窗口并单击鼠标放置对象。

2）选中对象（tagging an object）

用鼠标指向对象并右击可以选中该对象。该操作选中对象并使其高亮显示，然后可以进行编辑。

选中对象时该对象上的所有连线同时被选中。

要选中一组对象，可以通过依次在每个对象右击选中每个对象的方式。也可以通过右键拖出一个选择框的方式，但只有完全位于选择框内的对象才可以被选中。

在空白处右击可以取消所有对象的选择。

3）删除对象（deleting an object）与拖动对象（dragging an object）

用鼠标指向选中的对象并右击可以删除该对象，同时删除该对象的所有连线。

用鼠标指向选中的对象并用左键拖曳可以拖动该对象。该方式不仅对整个对象有效，而且对对象中单独的 Labels 也有效。

如果 Wire Auto Router 功能被使能，被拖动对象上所有的连线将会重新排布或者修正。这将花费一定的时间（10s 左右），尤其在对象有很多连线的情况下，这时鼠标指针将显示为一个沙漏。

如果误拖动一个对象，所有的连线都变成了一团糟，这时可以使用 Undo 命令撤销操作恢复原来的状态。

4）拖动对象标签（dragging an object label）

许多类型的对象有一个或多个属性标签附着。例如，每个元件有一个 reference 标签和一个 value 标签。可以很容易地移动这些标签使电路图看起来更美观。

移动标签（to move a label）的步骤如下：

（1）选中对象；

（2）用鼠标指向标签，按下鼠标左键；

（3）拖动标签到需要的位置，如果想要定位更精确，可以在拖动时改变捕捉的精度（使用 F4、F3、F2、Ctrl＋F1 键）；

（4）释放鼠标。

5）调整对象大小（resizing an object）

子电路（sub-circuits）、图表、线、框和圆可以调整大小。当选中这些对象时，对象周围会出现黑色小方块叫做"手柄"，可以通过拖动这些"手柄"来调整对象的大小。

调整对象大小（to resize an object）的步骤如下：

（1）选中对象；

（2）如果对象可以调整大小，对象周围会出现黑色小方块，叫做"手柄"；

（3）用鼠标左键拖动这些"手柄"到新的位置，可以改变对象的大小，在拖动的过程中手柄会消失以便不和对象的显示混叠。

6）调整对象的朝向（reorienting an object）

许多类型的对象可以调整朝向为 0°、90°、270°、360°，或通过 X 轴 Y 轴镜像。当该类型对象被选中后，Rotation and Mirror 图标会从蓝色变为红色，然后就可以来改变对象的朝向。

调整对象朝向（to reorient an object）的步骤如下：

（1）选中对象；

（2）单击 Rotation 图标可以使对象逆时针旋转，右击 Rotation 图标可以使对象顺时针旋转；

（3）单击 Mirror 图标可以使对象按 X 轴镜像，右击 Mirror 图标可以使对象按 Y 轴镜像。

毫无疑问，当 Rotation and Mirror 图标是红色时，操作它们将会改变某个对象，即你当前没有看到它，实际上，这种颜色的指示在想对将要放置的新对象操作时是格外有用的。当图标是红色时，首先取消对象的选择，此时图标会变成蓝色，说明现在可以"安全"调整新对象了。

7）编辑对象（editing an object）

许多对象具有图形或文本属性，这些属性可以通过一个对话框进行编辑，这是一种很常见的操作，有多种实现方式。

（1）编辑单个对象（to edit a single object using the mouse）的步骤是：

① 选中对象；

② 单击对象。

（2）连续编辑多个对象（to edit a succession of objects using the mouse）的步骤是：

① 选择 Main Mode 图标，再选择 Instant Edit 图标；

② 依次单击各个对象。

（3）以特定的编辑模式编辑对象（to edit an object and access special edit modes）的步骤是：

① 指向对象；

② 使用键盘 Ctrl＋E。

对于文本脚本来说，这将启动外部的文本编辑器。如果鼠标没有指向任何对象，该命令将对当前的图进行编辑。

（4）通过元件的名称编辑元件（to edit a component by name）的步骤如下：

① 输入 E；

② 在弹出的对话框中输入元件的名称（part ID）。

确定后将会弹出该项目中任何元件的编辑对话框，并非只限于当前 sheet 的元件。编辑完后，画面将会以该元件为中心重新显示。可以通过该方式来定位一个元件，即便并不想对其进行编辑。

（5）在 OBJECT SPECIFICS 中列举了对应于每种对象类型的具体编辑操作方式。

（6）编辑对象标签（editing an object label）

元件、端点、线和总线标签都可以像元件一样编辑。

（7）编辑单个对象标签（to edit a single object label using the mouse）的步骤是：

① 选中对象标签；

② 单击对象。

（8）连续编辑多个对象标签（to edit a succession of object labels using the mouse）的步骤是：

① 选择 Main Mode 图标，再选择 Instant Edit 图标。

② 依次单击各个标签。

任何一种方式，都将弹出一个带有 Label and Style 栏的对话框窗体。可以参照软件"帮助"指南中 Editing Local Styles 这一节得到编辑 local 文本类型的详细内容。

8) 复制所有选中的对象(copying all tagged objects)

复制一整块电路的方式(to copy a section of circuitry)如下：

(1) 选中需要的对象，具体的方式参照上文的 Tagging an Object 部分；

(2) 单击 Copy 图标；

(3) 把复制的轮廓拖到需要的位置，单击鼠标放置复件；

(4) 重复步骤(3)放置多个复件；

(5) 右击结束。

当一组元件被复制后，它们的标注自动重置为随机态，用来为下一步的自动标注做准备，防止出现重复的元件标注。

9) 移动所有选中的对象(moving all tagged objects)

移动一组对象(to move a set of objects)的步骤是：

(1) 选中需要的对象，具体的方式参照上文的 tagging an object 部分；

(2) 把轮廓拖到需要的位置，单击鼠标放置。

可以使用块移动的方式来移动一组导线，而不移动任何对象。更进一步的讨论可以参照 Dragging Wires 这一节。

10) 删除所有选中的对象(deleting all tagged objects)

删除一组对象(to delete a group of objects)的步骤是：

(1) 选中需要的对象，具体的方式参照上文的 Tagging an Object 部分；

(2) 单击 Delete 图标。

如果错误删除了对象，可以使用 Undo 命令来恢复原状。

11) 画线(wiring up)

(1) 画线(wire placement)

你一定发现没有画线的图标按钮，这是因为 ISIS 的智能化足以在想要画线的时候进行自动检测，这就省去了选择画线模式的麻烦。

(2) 在两个对象间连线(to connect a wire between two objects)

① 单击第一个对象连接点。

② 如果想让 ISIS 自动定出走线路径，只需单击另一个连接点。另一方面，如果想自己决定走线路径，只需在想要拐点处单击。

一个连接点可以精确地连到一根线。在元件和终端的引脚末端都有连接点。一个圆点从中心出发有 4 个连接点，可以连 4 根线。

由于一般都希望能连接到现有的线上，ISIS 也将线视作连续的连接点。此外，一个连接点意味着 3 根线汇于一点，ISIS 提供了一个圆点，避免由于错漏点而引起的混乱。

在此过程的任何一个阶段，都可以按 ESC 放弃画线。

12) 线路自动路径器(wire auto-router，WAR)

线路自动路径器省了必须标明每根线具体路径的麻烦。该功能默认是打开的，但可

185

通过两种途径方式略过该功能。

如果只是在两个连接点单击,WAR 将选择一个合适的路径。但如果点了一个连接点,然后点一个或几个非连接点的位置,ISIS 将认为你在手工定线的路径,将会让你单击线的路径的每个角。路径是通过单击另一个连接点来完成的。

WAR 可通过使用工具菜单里的 WAR 命令来关闭。想在两个连接点间直接定出对角线时该功能是很有用的。

13）重复布线(wire repeat)

假设要连接一个 8 字节 ROM 数据总线到电路图主要数据总线,你已将 ROM、总线和总线插入点如图 6.3 所示进行放置。

首先单击 A,然后单击 B,在 AB 间画一根水平线。双击 C,重复布线功能会被激活,自动在 CD 间布线。双击 E、F,以下类同。

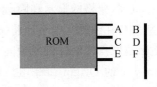

图 6.3　重复布线

重复布线完全复制了上一根线的路径。如果上一根线已经是自动重复布线,将仍旧自动复制该路径。另一方面,如果上一根线为手工布线,那么将精确复制用于新的线。

14）拖线(dragging wires)

尽管线一般使用连接和拖的方法,但也有一些特殊方法可以使用。

如果拖动线的一个角,那么该角就随着鼠标指针移动。

如果鼠标指向一个线段的中间或两端,就会出现一个角,然后可以拖动。

注意:为了使后者能够工作,线所连的对象不能有标示,否则 ISIS 会认为你想拖动该对象。

也可使用块移动命令来移动线段或线段组。

15）移动线段或线段组(to move a wire segment or a group of segments)

（1）在想移动的线段周围拖出一个选择框,若该"框"为一个线段旁的一条线也是可以的;

（2）单击"移动"图标(在工具箱里);

（3）如图标所示的相反方向垂直于线段移动"选择框"(tag-box);

（4）单击结束。

如果操作错误,可使用 Undo 命令返回。

由于对象被移动后节点可能仍留在对象原来位置周围,ISIS 提供一项技术来快速删除线中不需要的节点。

16）从线中移走节点(to remove a kink from a wire)

（1）选中(tag)要处理的线;

（2）用鼠标指向节点一角,按下左键;

（3）拖动该角和自身重合;

（4）松开鼠标左键,ISIS 将从线中移走该节点。

5. 绘图主要操作

1）编辑区域的缩放

Proteus 主窗口是一个标准 Windows 窗口,除具有选择执行各种命令的顶部菜单和显示当前状态的底部状态条外,菜单下方有两个工具条,包含与菜单命令一一对应的快捷按钮,窗口左部还有一个工具箱,包含添加所有电路元件的快捷按钮。工具条、状态条和工具箱均可隐藏。Proteus 的缩放操作多种多样,极大地方便了工程项目的设计。常见的几种方式有:完全显示(或者按 F8)、放大按钮(或者按 F6)和缩小按钮(或者按 F7),拖放、取景、找中心(或者按 F5)。

2)点状栅格和刷新

编辑区域的点状栅格,是为了方便元器件定位用的。鼠标指针在编辑区域移动时,移动的步长就是栅格的尺度,称为 Snap(捕捉)。这个功能可使元件依据栅格对齐。

(1)显示和隐藏点状栅格

点状栅格的显示和隐藏可以通过工具栏的按钮或者按快捷键 G 来实现。鼠标移动的过程中,在编辑区的下面将出现栅格的坐标值,即坐标指示器,它显示横向的坐标值。因为坐标的原点在编辑区的中间,有的地方的坐标值比较大,不利于进行比较。此时可通过单击 View 下的 Origin 命令,也可以单击工具栏的按钮或者按快捷键 O 来自己定位新的坐标原点。

(2)刷新

编辑窗口显示正在编辑的电路原理图,可以通过执行 View 下的 Redraw 命令来刷新显示内容,也可以单击工具栏的刷新命令按钮或者快捷键 R,与此同时预览窗口中的内容也将被刷新。它的用途是当执行一些命令导致显示错乱时,可以使用该命令恢复正常显示。

3)对象的放置和编辑

(1)对象的添加和放置

单击工具箱的元器件按钮,使其选中,再单击 IsIs 对象选择器左边中间的置 P 按钮,出现 Pick Devices 对话框。在这个对话框里可以选择元器件和一些虚拟仪器。

单击鼠标,在对话框的右侧,会显示大量常见的各种型号的单片机芯片型号。找到单片机 AT89C51,双击 AT89C51。这样在左边的对象选择器就有了 AT89C51 这个元件了。单击一下这个元件,然后把鼠标指针移到右边的原理图编辑区的适当位置,单击,就把 AT89C51 放到了原理图区。

(2)放置电源及接地符号

单击工具箱的终端按钮,对象选择器中将出现一些接线端。在器件选择器里分别单击左侧的 TERMNALS 栏下的 POWER 与 GROUND,再将鼠标移到原理图编辑区,单击一下即可放置电源符号。同样,也可以把接地符号放到原理图编辑区。

(3)对象的编辑

用于调整对象的位置、放置方向以及改变元器件的属性等,有选中、删除、拖动等基本操作。

①拖动标签:许多类型的对象有一个或多个属性标签附着。可以很容易地移动这些标签使电路图看起来更美观。移动标签的步骤如下:首先右击选中对象,然后用鼠标指向标签,按下鼠标左键。一直按着左键就可以拖动标签到需要的位置,释放鼠标即可。

②对象的旋转:许多类型的对象可以调整旋转为 0°、90°、270°、360°或通过 X 轴、Y 轴镜像旋转。当该类型对象被选中后,"旋转工具按钮"图标会从蓝色变为红色,然后就可以改变对象的放置方向。旋转的具体方法是:首先右击选中对象,然后根据要求单击旋转工具

的4个按钮。

③ 编辑对象的属性：对象一般都具有文本属性，这些属性可以通过一个对话框进行编辑。编辑单个对象的具体方法是：先右击选中对象，然后单击对象，此时出现属性编辑对话框。也可以单击工具箱的按钮，再单击对象，也会出现编辑对话框。在电阻属性的编辑对话框里，可以改变电阻的标号、电阻值、PCB封装以及是否把这些东西隐藏等，修改完毕，单击OK按钮即可（其他元器件的操作方法相同）。

6. 电路图线路的绘制

1）画导线

Proteus的智能化可以在想要画线的时候进行自动检测。当鼠标的指针靠近一个对象的连接点时，跟着鼠标的指针就会出现一个×号，单击元器件的连接点，移动鼠标（不用一直按着左键）就出现了粉红色的连接线变成了深绿色。如果想让软件自动定出走线路径，只需单击另一个连接点即可。这就是Proteus的线路自动路径功能（简称WAR），如果只是在两个连接点单击，WAR将选择一个合适的线径。WAR可通过使用工具栏里的WAR命令按钮来关闭或打开，也可以在菜单栏的Tools下找到这个图标。如果想自己决定走线路径，只需在想要拐点处单击即可。在此过程的任何时刻，都可以按ESC键或者右击鼠标放弃画线。

2）画总线

为了简化原理图，可以用一条导线代表数条并行的导线，这就是所谓的总线。单击工具箱的总线按钮，即可在编辑窗口画总线。

3）画总线分支线

单击"工具"按钮，画总线分支线，它是用来连接总线和元器件引脚的。画总线的时候为了和一般的导线区分，一般喜欢画斜线来表示分支线，但是这时如果WAR功能打开是不行的，需要把WAR功能关闭。画好分支线还需要给分支线起个名字。右击分支线选中它，接着单击选中的分支线就会出现分支线编辑对话框同端是连接在一起的，放置方法是用鼠标单击连线工具条中图标或者执行Place→Net Label菜单命令，这时光标变成十字形并且将有一虚线框在工作区内移动，再按一下键盘上的Tab键，系统弹出网络标号属性对话框，在Net项定义网络标号（如PB0），单击OK按钮，将设置好的网络标号放在第1)步（画导线）放置的短导线上（注意一定是上面），单击鼠标即可将其定位。

4）放置总线

将各总线分支连接起来，方法是单击放置工具条中图标或执行Place→Bus菜单命令，这时工作平面上将出现十字形光标，将十字光标移至要连接的总线分支处单击，系统弹出十字形光标并拖着一条较粗的线，然后将十字光标移至另一个总线分支处，单击，一条总线就画好了。

5）放置线路节点

如果在交叉点有电路节点，则认为两条导线在电气上是相连的，否则就认为它们在电气上是不相连的。笔者发现ISIS在画导线时能够智能地判断是否要放置节点。但在两条导线交叉时是不放置节点的，这时要想两个导线电气相连，只有手工放置节点了。单击工具箱的节点放置按钮＋，当把鼠标指针移到编辑窗口，指向一条导线的时候，会出现一个×号，单击就能放置一个节点。

Proteus 可以同时编辑多个对象，即整体操作。常见的有整体复制暑、整体删除暖、整体移动墨、整体旋转圈几种操作方式。

7. 模拟调试

1）一般电路的模拟调试

笔者用一个简单的电路来演示如何进行模拟调试，电路如图 6.5 所示。设计这个电路的时候需要在 Category(器件种类)里找到 BATTERY（电池）、FUSE(保险丝)、LAMP(灯泡)、POT- LIN（滑动变阻器）、SWITCH(开关)这几个元器件并添加到对象选择器里。另外还需要一个虚拟仪器——电流表。单击虚拟仪表按钮，在对象选择器找到 DC AMMETER(电流表)，添加到原理图编辑区。按照图 6.4 布置元器件，并连接好。

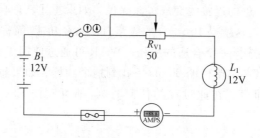

图 6.4　一般电路的模拟调试

在进行模拟之前还需要设置各个对象的属性。选中电源 B1，单击，属性对话框如图 6.5 所示。在 Component Reference 文本框中填上电源的名称；在 Voltage 文本框中填上电源的电动势的值，这里设置为 12V。

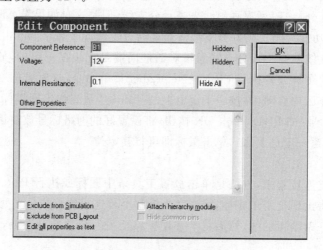

图 6.5　电源属性编辑

在 Internal Resistance 文本框中填上内电阻的值 0.1Ω。其他元器件的属性设置如下：滑动变阻器的阻值为 50Ω；灯泡的电阻是 10Ω，额定电压是 12V；保险丝的额定电流是 1A，内电阻是 0.1Ω。单击菜单栏 Debug(调试)下的按钮或者单击模拟调试按钮的运行按钮，也

可以按快捷键 Ctrl＋F12,进入模拟调试状态。把鼠标指针移到开关的●,这时出现了一个
"＋"号,单击一下,就合上了开关;如果想打开开关,鼠标指针移到●,将出现一个"－"号,
单击一下就会打开开关。开关合上后,就会发现灯泡已经点亮了,电流表也有了示数。把鼠
标指针移到滑动变阻器附近的●●,分别单击,使电阻变大或者变小,会发现灯泡的亮暗程
度发生了变化,电流表的示数也发生了变化。如果电流超过了保险丝的额定电流,保险丝就
会熔断。可惜在调试状态下没有修复的命令。那么可以这样修复:按住按钮停止调试,然
后再进入调试状态,保险丝就修复好了。

2) 单片机电路的模拟

(1) 电路设计

设计一个简单的单片机用于点阵 LED 显示屏驱动电路,轮流显示数字 0～9,如图 6.6
所示。电路的核心是单片机 AT89C51,C_1、C_2 和晶振构成单片机时钟电路。

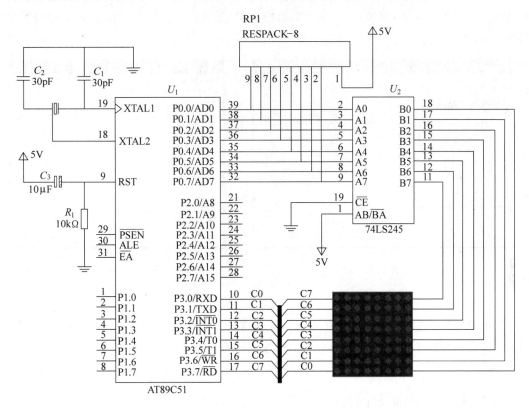

图 6.6　简单的单片机电路——点阵 LED 显示屏驱动电路

(2) 电路功能

运行时轮流显示 0～9 的数字,显示方式自右向左拉幕式显示。

74LS245 是我们常用的芯片,用来驱动 LED 或者其他的设备,它是 8 路同相三态双向
总线收发器,可双向传输数据。74LS245 还具有双向三态功能,既可以输出,也可以输入
数据。

① 当片选端 $\overline{CE}$ 低电平有效时,DIR＝0,信号由 B 向 A 传输(接收);

② DIR＝1,信号由 A 向 B 传输(发送);当 $\overline{CE}$ 为高电平时,A、B 均为高阻态。

当 8051 单片机的 P0 口总线负载达到或超过 P0 最大负载能力时,必须接入 74LS245 等总线驱动器。

(3) 程序设计

程序主要有点阵驱动程序等。

(4) 程序的编译

该软件有自带编译器,有 ASM、PIC、AVR 的汇编器等。在 ISIS 添加上编写好的程序,方法如下:单击菜单栏 Source,在下拉菜单中单击 Add/Remove Source Files(添加或删除源程序),出现一个对话框,如图 6.7 所示。单击对话框的 New 按钮,在出现的对话框中找到设计好的文件 huayang. asm,单击打开;在 Code Generation Tool 的下面找到 ASEM51,然后单击 OK 按钮,设置完毕我们就可以编译了。单击菜单栏的 Source,在下拉菜单中单击 Build All,过一会儿,编译结果的对话框就会出现,如图 6.8 所示。如果有错误,对话框会说明是哪一行出现了问题,可惜的是,单击出错的提示,光标不能跳到出错地方,但是能说明出错的行号。

图 6.7　加载源程序

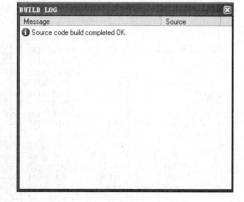

图 6.8　编译结果

(5) 模拟调试

选中单片机 AT89C51,单击 AT89C51,在出现的对话框里单击 Program File 按钮,找到刚才编译得到的 HEX 文件,然后单击 OK 按钮就可以模拟了。单击模拟调试按钮,进入调试状态。

6.1.4　菜单命令简述

以下分别列出主窗口和 4 个输出窗口的全部菜单项。对于主窗口,在菜单项旁边同时列出工具条中对应的快捷鼠标按钮。

1. 主窗口菜单

1) File(文件)

(1) New (新建)　　　　　　　　📄新建一个电路文件

(2) Open (打开)…　　　　　　　📂打开一个已有电路文件

(3) Save (保存)　　　　　　　　💾将电路图和全部参数保存在打开的电路文件中

（4）Save As（另存为）…　　　　　　将电路图和全部参数另存在一个电路文件中

（5）Print（打印）…　　　　　　　　打印当前窗口显示的电路图

（6）Page Setup（页面设置）…　　　设置打印页面

（7）Exit（退出）　　　　　　　　　退出 Proteus ISIS

2）Edit（编辑）

（1）Rotate（旋转）　　　　　　　　旋转一个欲添加或选中的元件

（2）Mirror（镜像）　　　　　　　　对一个欲添加或选中的元件镜像

（3）Cut（剪切）　　　　　　　　　将选中的元件、连线或块剪切入裁剪板

（4）Copy（复制）　　　　　　　　　将选中的元件、连线或块复制入裁剪板

（5）Paste（粘贴）　　　　　　　　将裁切板中的内容粘贴到电路图中

（6）Delete（删除）　　　　　　　　删除元件、连线或块

（7）Undelete（恢复）　　　　　　　恢复上一次删除的内容

（8）Select All（全选）　　　　　　选中电路图中全部的连线和元件

3）View（查看）

（1）Redraw（重画）　　　　　　　　重画电路

（2）Zoom In（放大）　　　　　　　放大电路到原来的两倍

（3）Zoom Out（缩小）　　　　　　缩小电路到原来的 1/2

（4）Full Screen（全屏）　　　　　全屏显示电路

（5）Default View（默认）　　　　　恢复最初状态大小的电路显示

（6）Simulation Message（仿真信息）　显示/隐藏分析进度信息显示窗口

（7）Common Toolbar（常用工具栏）　显示/隐藏一般操作工具条

（8）Operating Toolbar（操作工具栏）　显示/隐藏电路操作工具条

（9）Element Palette（元件栏）　　　显示/隐藏电路元件工具箱

（10）Status Bar（状态信息条）　　　显示/隐藏状态条

4）Place（放置）

（1）Wire（连线）　　　　　　　　　添加连线

（2）Element（元件）▶　　　　　　　添加元件

① Lumped（集总元件）　　　　　　添加各个集总参数元件

② Microstrip（微带元件）　　　　　添加各个微带元件

③ S Parameter（S 参数元件）　　　添加各个 S 参数元件

④ Device（有源器件）　　　　　　添加各个三极管、FET 等元件

（3）Done（结束）　　　　　　　　　结束添加连线、元件

5）Parameters（参数）

（1）Unit（单位）　　　　　　　　　打开单位定义窗口

（2）Variable（变量）　　　　　　　打开变量定义窗口

（3）Substrate（基片）　　　　　　打开基片参数定义窗口

（4）Frequency（频率）　　　　　　打开频率分析范围定义窗口

（5）Output（输出）　　　　　　　　打开输出变量定义窗口

（6）Opt/Yield Goal（优化/成品率目标）　　打开优化/成品率目标定义窗口

（7）Misc（杂项）　　打开其他参数定义窗口

6）Simulate（仿真）

（1）Analysis（分析）　　执行电路分析

（2）Optimization（优化）　　执行电路优化

（3）Yield Analysis（成品率分析）　　执行成品率分析

（4）Yield Optimization（成品率优化）　　执行成品率优化

（5）Update Variables（更新参数）　　更新优化变量值

（6）Stop（终止仿真）　　强行终止仿真

7）Result（结果）

（1）Table（表格）　　打开一个表格输出窗口

（2）Grid（直角坐标）　　打开一个直角坐标输出窗口

（3）Smith（圆图）　　打开一个 Smith 圆图输出窗口

（4）Histogram（直方图）　　打开一个直方图输出窗口

（5）Close All Charts（关闭所有结果显示）　　关闭全部输出窗口

（6）Load Result（调出已存结果）　　调出并显示输出文件

（7）Save Result（保存仿真结果）　　将仿真结果保存到输出文件

8）Tools（工具）

（1）Input File Viewer（查看输入文件）　　启动文本显示程序显示仿真输入文件

（2）Output File Viewer（查看输出文件）　　启动文本显示程序显示仿真输出文件

（3）Options（选项）　　更改设置

9）Help（帮助）

（1）Content（内容）　　查看帮助内容

（2）Elements（元件）　　查看元件帮助

（3）About（关于）　　查看软件版本信息

2. 表格输出窗口（Table）菜单

1）File（文件）

（1）Print（打印）…　　打印数据表

（2）Exit（退出）　　关闭窗口

2）Option（选项）

Variable（变量）…　　选择输出变量

3. 方格输出窗口（Grid）菜单

1）File（文件）

（1）Print（打印）…　　打印曲线

（2）Page setup（页面设置）…　　打印页面

（3）Exit（退出）　　关闭窗口

2) Option（选项）

(1) Variable（变量）…　　　　　　　　选择输出变量

(2) Coord（坐标）…　　　　　　　　　设置坐标

4. Smith 圆图输出窗口（Smith）菜单

1) File（文件）

(1) Print（打印）…　　　　　　　　　打印曲线

(2) Page setup（页面设置）…　　　　　打印页面

(3) Exit（退出）　　　　　　　　　　关闭窗口

2) Option（选项）

Variable（变量）…　　　　　　　　　选择输出变量

5. 直方图输出窗口（Histogram）菜单

1) File（文件）

(1) Print（打印）…　　　　　　　　　打印曲线

(2) Page setup（页面设置）…　　　　　打印页面

(3) Exit（退出）　　　　　　　　　　关闭窗口

2) Option（选项）

Variable（变量）…　　　　　　　　　选择输出变量

6.1.5　Proteus 模型/元件库

Proteus VSM 包含超过 6000 种器件模型：

（1）标准电子元件：电阻、电容、二极管、晶体管、SCR、光耦合器、运放、555 定时器等；

（2）74 系列 TTL 和 4000 系列 CMOS 器件；

（3）存储器：ROM、RAM、EEPROM、I^2C 器件等；

（4）微控制器支持的器件如 I/O 口、USART 等。

Proteus VSM 除上述库外，同样包含大量复杂的外设模型：

（1）7 段 LED 和灯标志；

（2）字符和图形 LCD 显示；

（3）通用矩阵键盘；

（4）按钮、开关和电压表；

（5）压电发声器和喇叭；

（6）直流、步进和伺服电机模型；

（7）RAM、ROM 和 I^2C EEPROM；

（8）I^2C、SPI 和其他一线 I/O 扩充设备和外设；

（9）ATA/IDE 硬件驱动；

（10）COM 口和以太网口物理界面模型等。

1. Proteus VSM 高级外设模型

Proteus VSM 高级外设模型如表 6.1 所示。

表 6.1　**Proteus VSM 高级外设模型**

虚拟仪器和分析工具	交互式虚拟仪器	双通道示波器、24 通道逻辑分析仪、计数器/计时器、RS-232 终端、交流电压表/直流电压表、交流电流表/直流电流表
	规程分析仪	双模式(主/从)I^2C 规程分析仪、双模式(主/从)SPI 规程分析仪
	交互式电路激励工具	模拟信号发生器：可输出方波、锯齿波、三角波、和正弦波信号；数字图形发生器：支持 1K 的标准 8bit 数据流
光电显示模型和驱动模型		数字式 LCD 模型、图形 LCD 模型、LED 模型七段显示模型、光电驱动模型、光耦模型
电机模型和控制器		电机模型、电机控制器模型
存储器模型		I^2C EPROM 存储器模型、静态存储器模型、永久性 EPROM 模型
温度控制模型		温度计和温度自动调节器模型、温度传感器模型、热电偶模型
计时模型		实时时钟模型
I^2C/SPI 规程模型		I^2C 外设、SPI 外设、规程分析仪
1 次规程模型		一线 EEPROM 模型、一线温度计模型、一线开关模型、一线按钮模型
RS-232/RS-485/RS-422 规程模型		RS-232 终端模型、Maxim 外设模型
ADC/DAC 转换模型		模数转换模型、数模转换模型
电源管理模型		正电源标准仪、负电源标准仪、混合电源标准仪
脉宽控制模型		全桥脉宽放大器、半桥脉宽放大器、脉宽调节器
拉普拉斯转换模型		操作模型、一阶模型、二阶模型、过程控制线性模型、非线性模型
热离子管模型		二极管模型、五极真空管模型、四极管模型、三极管模型
变换器模型		压力传感器模型

2. Proteus VSM 元件库

Proteus VSM 元件库如表 6.2 所示。

表 6.2　**Proteus VSM 元件库**

元件名称	中文名	说明
7407	驱动门	
1N914	二极管	
74LS00	与非门	
74LS04	非门	
74LS08	与门	
74LS390	TTL 双十进制计数器	
7SEG	4 针 BCD-LED	输出从 0~9 对应于 4 根线的 BCD 码
7SEG	3-8 译码器电路 BCD-7SEG 转换电路	
ALTERNATOR	交流发电机	
AMMETER-MILLI	mA 安培计	

续表

元 件 名 称	中 文 名	说 明
AND	与门	
BATTERY	电池/电池组	
BUS	总线	
CAP	电容	
CAPACITOR	电容器	
CLOCK	时钟信号源	
CRYSTAL	晶振	
D-FLIPFLOP	D触发器	
FUSE	保险丝	
GROUND	地	
LAMP	灯	
LED-RED	红色发光二极管	
LM016L	2行16列液晶	可显示2行16列英文字符,有8位数据总线D0～D7,RS、R/W、EN共3个控制端口(共14线),工作电压为5V。没背光,和常用的1602B功能和引脚一样(除了调背光的两个线脚)
LOGIC ANALYSER	逻辑分析器	
LOGICPROBE	逻辑探针	
LOGICPROBE[BIG]	逻辑探针(大)	用来显示连接位置的逻辑状态
LOGICSTATE	逻辑状态	用鼠标单击可改变该方框连接位置的逻辑状态
LOGICTOGGLE	逻辑触发	
MASTERSWITCH	按钮	手动闭合,立即自动打开
MOTOR	马达	
OR	或门	
POT-LIN	三引线可变电阻器	
POWER	电源	
RES	电阻	
RESISTOR	电阻器	
SWITCH	按钮	手动按一下一个状态
SWITCH-SPDT	二选通一按钮	
VOLTMETER	伏特计	
VOLTMETER-MILLI	mV伏特计	
VTERM	串行口终端	
Electromechanical	电机	
Inductors	电感器	
Laplace Primitives	拉普拉斯变换	
Memory Ics	存储器	
Microprocessor Ics	微控制器	
Miscellaneous	各种器件	AERIAL-天线、ATAHDD、ATMEGA64、BATTERY、CELL、CRYSTAL-晶振、FUSE、METER-仪表

元 件 名 称	中 文 名	说 明
Modelling Primitives	各种仿真器件	是典型的基本元器模拟,不表示具体型号,只用于仿真,没有 PCB
Optoelectronics	各种光电器件	发光二极管、LED、液晶等
PLDs & FPGAs	可编程逻辑控制器件	
Resistors	各种电阻	
Simulator Primitives	常用的仿真器件	
Speakers & Sounders		
Switches & Relays	开关、继电器、键盘	
Switching Devices	晶闸管	
Transistors	晶体管(三极管、场效应管)	
TTL 74 series		
TTL74ALS series		
TTL 74AS series		
TTL74F series		
TTL 74HC series		
TTL 74HCT series		
TTL 74LS series		
TTL 74S series		
Analog Ics	模拟电路集成芯片	
Capacitors	电容器	
CMOS 4000 series		
Connectors	排座,排插	
Data Converters	ADC、DAC	
Debugging Tools	调试工具	
ECL10000 Series	各种常用集成电路	

6.2 MCS-51 单片机介绍

MCS-51 系列单片机已有 10 多种产品,但本文主要讲述的是 C51 系列的 AT89C51。

AT89C51 是一个低电压,高性能 CMOS 8 位单片机,片内含 4KB 的可反复擦写的只读程序存储器(PEROM)和 128B 的随机存取数据存储器(RAM),器件采用 ATMEL 公司的高密度、非易失性存储技术生产,兼容标准 MCS-51 指令系统,片内置通用 8 位中央处理器和 Flash 存储单元,内置功能强大的微型计算机的 AT89C51 提供了高性价比的解决方案。

AT89C51 是一个低功耗高性能单片机,40 个引脚,32 个外部双向输入输出(I/O)端口,同时内含 2 个外中断口,2 个 16 位可编程定时计数器,2 个全双工串行通信口,AT89C51 可以按照常规方法进行编程,也可以在线编程。其将通用的微处理器和 Flash 存储器结合在一起,特别是可反复擦写的 Flash 存储器可有效地降低开发成本。

6.2.1 MCS-51 系列单片机内部结构及功能部件

MCS-51 系列单片机的内部结构框图如图 6.9 所示。按其功能部件划分可以看出，MCS-51 系列单片机是由 8 大部分组成的。

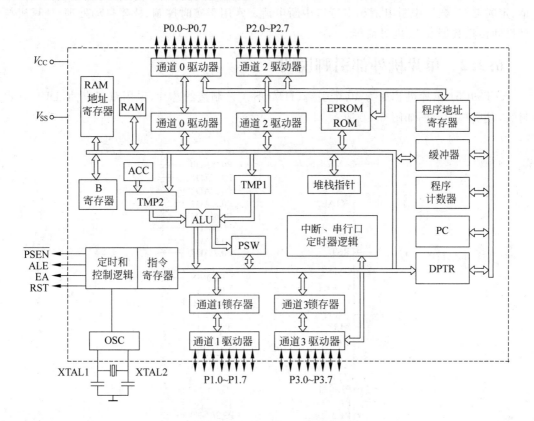

图 6.9　MCS-51 系列单片机内部结构框图

（1）一个 8 位中央处理器 CPU。它由运算部件、控制部件构成，其中包括振荡电路和时钟电路，其主要完成单片机的运算和控制功能。它是单片机的核心部件，决定了单片机的主要功能特性。

（2）128B 的片内数据存储器 RAM。其片外数据存储器的寻址范围为 64KB，用于存放可读写的数据，如运算的中间结果或最终结果等。

（3）4KB 的片内程序只读存储器 ROM 或 EPROM（8031 和 8032 无）。其片外可寻址范围为 64KB，主要用于存放已编制的程序，也可以存放一些原始数据和表格。

（4）18 个特殊功能寄存器 SFR。用于控制和管理片内算术逻辑部件、并行 I/O 口、串行 I/O 口、定时器/计数器、中断系统等功能模块的工作。

（5）4 个 8 位并行输入输出 I/O 接口：P0 口、P1 口、P2 口、P3 口（共 32 线），用于并行输入或输出数据。

（6）1 个串行 I/O 接口。它可使数据一位一位串行地在计算机与外设之间传递，可用软件设置为 4 种工作方式，用于多处理机和通信、I/O 口扩展或全双工通用异步接收器（UART）。

（7）2 个 16 位定时器/计数器。它可以设置为计数方式对外部事件进行计数，也可以设置为定时方式进行定时。计数或定时的范围由软件来设定，一旦计数或定时到则向 CPU 发出中断请求，CPU 根据计数或定时的结果对计算机或外设进行控制。

（8）1 个具有 5 个中断源、可编程为 2 个优先级的中断系统。它可以接收外部中断申请、定时器/计数器中断申请和串行口中断申请。常用于实时控制、故障自动处理、计算机与外设间传送数据及人-机对话等。

6.2.2 单片机外部引脚说明

AT89C51 单片机芯片为 40 个引脚、HMOS 工艺制造的芯片，采用双列直插（DIP）方式封装，其引脚示意图如图 6.10 所示。

U_1

19	XTAL1	P0.0/AD0	39
18	XTAL2	P0.1/AD1	38
		P0.2/AD2	37
		P0.3/AD3	36
		P0.4/AD4	35
		P0.5/AD5	34
		P0.6/AD6	33
9	RST	P0.7/AD7	32
20	GND		
		P2.0/A8	21
		P2.1/A9	22
		P2.2/A10	23
29	PSEN	P2.3/A11	24
30	ALE	P2.4/A12	25
31	EA	P2.5/A13	26
		P2.6/A14	27
		P2.7/A15	28
1	P1.0	P3.0/RXD	10
2	P1.1	P3.1/TXD	11
3	P1.2	P3.2/INT0	12
4	P1.3	P3.3/INT1	13
5	P1.4	P3.4/T0	14
6	P1.5	P3.5/T1	15
7	P1.6	P3.6/WR	16
8	P1.7	P3.7/RD	17

图 6.10 AT89C51 单片机引脚示意图

AT89C51 的 38 个引脚中有 2 个外接晶体的引脚，4 个控制或与其他电源复用的引脚，以及 32 个输入输出 I/O 引脚。

下面介绍各引脚的功能。

1. 外接晶体引脚 XTAL1 和 XTAL2

XTAL1(19 脚)：接外部石英晶体的一端。在单片机内部，它是一个反相放大器的输入端，这个放大器构成了片内振荡器。

XTAL2(18 脚)：接外部晶体的另一端。在单片机内部，接至片内振荡器的反相放大器的输出端。来自反向振荡器的输出。

2.控制信号或与其他电源复用引脚

控制信号或与其他电源复用引脚有 RST/V_{pd}、ALE/PROG、$\overline{PSEN}$、EA/V_{pp} 等 4 种形式。

（1）RST/V_{pd}（9 脚）：RST 即为 RESET，V_{pd} 为备用电源，所以该引脚为单片机的上电复位或掉电保护端。当单片机振荡器工作时，该引脚上出现持续两个机器周期的高电平，就可实现复位操作，使单片机回复到初始状态。

当 V_{CC} 发生故障、降低到低电平规定值或掉电时，该引脚可接上备用电源 V_{pd} 为内部 RAM 供电，以保证 RAM 中的数据不丢失。

（2）ALE/PROG（30 脚）：当访问外部存储器时，ALE（允许地址锁存信号）以每机器周期两次的信号输出，用于锁存出现在 P0 口的低 8 位地址。在不访问外部存储器时，ALE 端仍以上述不变的频率（振荡器频率的 1/6），周期性地出现正脉冲信号，可作为对外输出的时钟脉冲或用于定时目的。但要注意，在访问片外数据存储器期间，ALE 脉冲会跳过一个，此时作为时钟输出就不妥当了。

（3）$\overline{PSEN}$（29 脚）：外部程序存储器的选通信号，低电平有效。在由外部程序存储器取指期间，每个机器周期两次 $\overline{PSEN}$ 有效，以通过数据总线口读回指令或常数。当访问外部数据存储器时，这两次有效的 $\overline{PSEN}$ 信号将不出现。

（4）EA/V_{pp}（31 脚）：EA 为访问外部程序存储器控制信号，低电平有效。当 EA 端保持高电平时，单片机访问片内程序存储器 4KB。若超出该范围时，自动转去执行外部程序存储器。当 EA 端保持低电平时，无论片内有无程序存储器，均只访问外部程序存储器。

3.输入输出（I/O）引脚 P0 口、P1 口、P2 口及 P3 口

（1）P0 口（32 脚～39 脚）：P0.0～P0.7 统称为 P0 口。当不接外部存储器与不扩展 I/O 接口时，它可作为准双向 8 位输入输出接口。当接有外部存储器或扩展 I/O 接口时，P0 口为地址/数据分时复用口。它分时提供 8 位地址总线和 8 位双向数据总线。

（2）P1 口（1 脚～8 脚）：P1.0～P1.7 统称为 P1 口，可作为准双向 I/O 接口使用。P1 口引脚写入 1 后，被内部上拉为高，可用作输入；P1 口被外部下拉为低电平时，将输出电流，这是由于内部上拉的缘故。对 EPROM 编程和进行程序验证时，P1 口接收输入的低 8 位地址。

（3）P2 口（21 脚～28 脚）：P2.0～P2.7 统称为 P2 口，一般可作为准双向 I/O 接口。当 P2 口用于外部程序存储器或 16 位地址外部数据存储器进行存取时，P2 口输出地址的高 8 位。对 EPROM 编程和进行程序验证时，P2 口接收输入的高 8 位地址。

（4）P3 口（10 脚～17 脚）：P3.0～P3.7 统称为 P3 口。它为双功能口，可以作为一般的准双向 I/O 接口，也可以将每一位用于第 2 功能，而且 P3 口的每一个引脚均可独立定义为第 1 功能的输入输出或第 2 功能。

P3 口的第 2 功能，如下列所示：

P3.0/RXD：串行输入口；

P3.1/TXD：串行输出口；

$P3.2/\overline{INT0}$：外部中断 0；

$P3.3/\overline{INT1}$：外部中断 1；

$P3.4/T0$：计时器 0 外部输入；

$P3.5/T1$：计时器 1 外部输入；

$P3.6/\overline{WR}$：外部数据存储器写选通；

$P3.7/\overline{RD}$：外部数据存储器读选通。

P3 口同时为闪烁编程和编程校验接收一些控制信号。

综上所述，AT89C51 单片机的引脚作用可归纳为以下两点：

（1）单片机功能多，引脚数少，因而许多引脚都具有第 2 功能；

（2）单片机对外呈 3 总线形式，由 P2、P0 口组成 16 位地址总线；由 P0 口分时复用作为数据总线；由 ALE、$\overline{PSEN}$、RST、$\overline{EA}$ 与 P3 口中的$\overline{INT0}$、$\overline{INT1}$、T0、T1、$\overline{WR}$、$\overline{RD}$共 10 个引脚组成控制总线。

6.2.3 单片机的振荡电路与复位电路

1. 振荡电路

单片机的定时控制功能是由片内的时钟电路和定时电路来完成的，而片内的时钟产生有两种方式：一种是内部时钟方式，另一种是外部时钟方式，如图 6.11 所示。

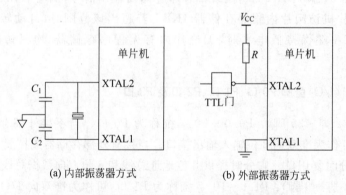

(a) 内部振荡器方式　　　　　(b) 外部振荡器方式

图 6.11　HMOC 型 MCS-51 单片机时钟产生方式

采用内部时钟方式时，如图 6.11（a）所示。片内的高增益反相放大器通过 XTAL1、XTAL2 外接作为反馈元件的片外晶体振荡器（呈感性）与电容组成的并联谐振回路构成一个自激振荡器，向内部时钟电路提供振荡时钟。振荡器的频率主要取决于晶体的振荡频率，一般晶体可在 $1.2\sim12MHz$ 之间任选，电容 C_1、C_2 可在 $5\sim30pF$ 之间选择，电容的大小对振荡频率有微小的影响，可起频率微调作用。

采用外部时钟方式时，如图 6.11（b）所示。外部振荡信号通过 XTAL2 端直接接至内部时钟电路，这时内部反相放大器的输入端 XTAL1 应接地。通常外接振荡信号为低于 $12MHz$ 的方波信号。

2. 复位电路

复位电路可分为上电复位和外部复位两种方式，电路如图 6.12 所示。

通过某种方式,使单片机内各寄存器的值变为初始状态的操作称为复位。MCS-51单片机在时钟电路工作以后,在 RST/V_{pd} 端持续给出两个机器周期的高电平,就可以完成复位操作(一般复位正脉冲宽度大于10ms)。复位分为上电复位和外部复位两种方式。

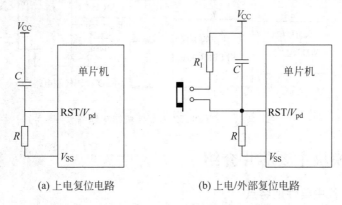

图 6.12 MCS-51 单片机复位参考电路

上电复位是在单片机接通电源时,对单片机的复位。上电复位电路如图 6.12(a)所示。在上电瞬间 RST/V_{pd} 端与 V_{cc} 电位相同,随着电容上电压的逐渐上升,RST/V_{pd} 端电位逐渐下降。上电复位所需的最短时间是振荡器振荡建立时间加两个机器周期。复位电路的阻容参数通常由实验调整。图 6.12(a)参考电路中,电路参数 C 取 $22\mu F$,R 取 $1k\Omega$,可在 RST/V_{pd} 端提供足够的高电平脉冲,使单片机能够可靠地上电自动复位。

图 6.12(b)为既可进行上电自动复位,也可外部手动复位的电路示意图,R_1 可取 200Ω 左右。当需要外部复位时,按下复位按钮即可达到复位目的。

此外,AT89C51 设有稳态逻辑,可以在最低零频率的条件下设置静态逻辑,支持两种软件可选的掉电模式。在闲置模式下,CPU 停止工作。但 RAM、定时器、计数器、串口和中断系统仍在工作。在掉电模式下,保存 RAM 的内容并且冻结振荡器,禁止所用其他芯片功能,直到下一个硬件复位为止。

6.3 AT89C52 单片机介绍

6.3.1 模块结构框图

模块结构框图如图 6.13 所示,采用 8 位单片机 89C52,时钟电路使用片内时钟振荡器,具有上电复位和手动按键复位功能,外接 MWDG 复位电路。

通过并行总线外扩了 128kW SRM 和 64KB 的 Flash ROM;串行扩展:通过 RS-232 连接了 UART 口;通过跳线器可选两个 I/O 口来虚拟 I^2C 总线,并外接带 I^2C 总线的 EEPROM 和 RTC。数据总线、地址总线经总线驱动后引出到总线插槽与其他模块相连。模块的译码控制电路由一片 CPLD 来完成。

AT89C52 由 +5V 单电源供电,工作频率 12MHz;具有正常、空闲和掉电模式。MCU 内部存储器包括 8KB 片内 Flash/EE 程序存储器,256B 片内数据 RAM;外部存储器包括 128kW 外部 SRAM,64KB 外部 Flash ROM,256K EEPROM;串行接口包括一个 UART 接口,一个虚拟 I^2C 总线接口。

UART口
MCU
总线驱动
总线
插槽
64KB
SRAM
手动复位
WDT复位
I²C 接口的 RTC
和 EEPROM
32KB
Flash
CPLD 译码控制电路

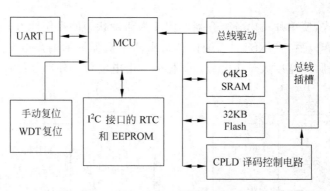

图 6.13　AT89C52 内部模块结构框图

6.3.2　模块主要芯片介绍

1. 89C52 芯片主要性能特点

兼容 8052 的单片机内核，12MHz 额定工作频率(最大 24MHz)，8KB 片内 Flash 程序存储器，256B 片内数据 RAM，3 个 16 位定时/计数器，32 条可编程 I/O 线，可允许 2 个优先级的 8 个中断源。引脚排列如图 6.14 所示。

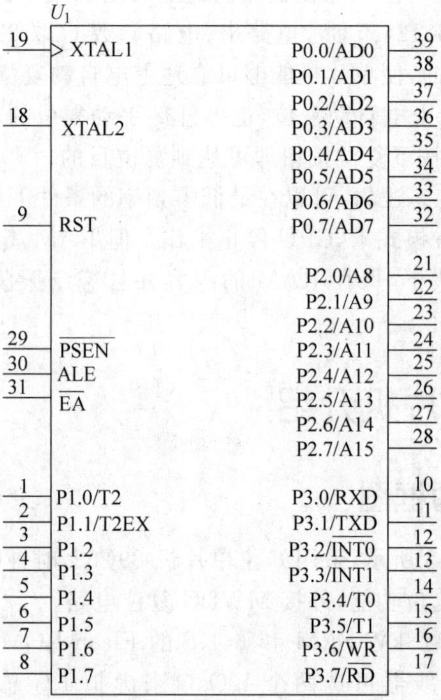

U1
19 XTAL1
18 XTAL2
9 RST
29 PSEN
30 ALE
31 EA
1 P1.0/T2
2 P1.1/T2EX
3 P1.2
4 P1.3
5 P1.4
6 P1.5
7 P1.6
8 P1.7
P0.0/AD0 39
P0.1/AD1 38
P0.2/AD2 37
P0.3/AD3 36
P0.4/AD4 35
P0.5/AD5 34
P0.6/AD6 33
P0.7/AD7 32
P2.0/A8 21
P2.1/A9 22
P2.2/A10 23
P2.3/A11 24
P2.4/A12 25
P2.5/A13 26
P2.6/A14 27
P2.7/A15 28
P3.0/RXD 10
P3.1/TXD 11
P3.2/INT0 12
P3.3/INT1 13
P3.4/T0 14
P3.5/T1 15
P3.6/WR 16
P3.7/RD 17

图 6.14　89C52 引脚排列

2. 89C52 单片机存储器

(1) 片内 ROM 存储器

SFR 映射到内部数据存储空间的高 128B，仅通过直接寻址来访问(地址为 X0H 或

X8H 的 SFR 可位寻址),并提供 CPU 和所有片上外设间的接口。

256B 的内部数据存储器具有直接寻址、间接寻址及位寻址等多种寻址方式。

(2) 片内 Flash 程序存储器

作为 89C52 可寻址 64KB 程序存储器的低 8KB 空间,用于存放用户程序代码。

3. 89C52 单片机接口资源

并行 I/O 接口 P0,当作为通用的 I/O 口时,P0 口的引脚以"开漏"的方式输出,所以必需外加上拉电阻。当作为外部程序或数据存储器的数据/地址总线时,内部控制信号为高电平,P0 口的引脚可以在数据/地址总线的作用下实现上拉,不需要外加上拉电阻。

(1) P1:具有内部的上拉功能,可作为准双向口(用作输入时引脚被拉成高电平)使用。作为专用功能引脚,相应的口锁存器必须为 1 状态。

(2) P2:具有内部的上拉功能,可作为准双向口(用作输入时引脚被拉成高电平)使用。作为外部程序或数据存储器的高地址总线。

(3) P3:具有内部的上拉功能,可作为准双向口(用作输入时引脚被拉成高电平)使用。作为专用功能引脚,相应的口锁存器必须为 1 状态。

4. 89C52 的 SFR 地址及复位值

89C52 的 SFR 地址及复位值如图 6.15 所示。

0F8H								0FFH
0F0H	B 00000000							0F7H
0E8H								0EFH
0E0H	ACC 00000000							0E7H
0D8H								0DFH
0D0H	PSW 00000000							0D7H
0C8H	T2CON 00000000	T2MOD ××××××00	RCAP2L 00000000	RCAP2H 00000000	TL2 00000000	TH2 00000000		0CFH
0C0H								0C7H
0B8H	IP ××000000							0BFH
0B0H	P3 11111111							0B7H
0A8H	IE 0×000000							0AFH
0A0H	P2 11111111							0A7H
98H	SCON 00000000	SBUF ××××××××						9FH
90H	P1 11111111							97H
88H	TCON 00000000	TMOD 00000000	TL0 00000000	TL1 00000000	TH0 00000000	TH1 00000000		8FH
80H	P0 11111111	SP 0000111	DPL 00000000	DPH 00000000			PCON 0×××0000	87H

图 6.15 89C52 的 SFR 地址及复位值

5．89C82 单片机中断系统

89C52 提供具有 2 个优先级的 8 个中断源。

（1）中断源、中断向量与中断优先级

INT0：外部中断 0 请求。低电平有效。通过 P3.2 引脚输入。

INT1：外部中断 1 请求。低电平有效。通过 P3.3 引脚输入。

T0：定时器/计数器 0 溢出中断请求。

T1：定时器/计数器 1 溢出中断请求。

T2：定时器/计数器 2 溢出中断请求。

（2）中断使用的 SFR

IE：中断使能寄存器。

EA	—	ET2	ES	ET1	EX1	ET0	EX0

EA：全局中断使能位。置 1 允许任何中断开放,清 0 禁止所有中断。

ET2：定时器 2 中断使能位。置 1 中断有效,清 0 禁止中断。

ES：UART 串行中断使能位。置 1 中断有效,清 0 禁止中断。

ET1：定时器 1 中断使能位。置 1 中断有效,清 0 禁止中断。

EX1：外部中断 1 使能位。置 1 中断有效,清 0 禁止中断。

ET0：定时器 0 中断使能位。置 1 中断有效,清 0 禁止中断。

EX0：外部中断 0 使能位。置 1 中断有效,清 0 禁止中断。

（3）IP：中断优先权寄存器

PT2：对定时器 2 中断。置 1 为高优先权,清 0 为低优先权。

PS：对 UART 中断。置 1 为高优先权,清 0 为低优先权。

PT1：对定时器 1 中断。置 1 为高优先权,清 0 为低优先权。

PX1：对外部中断 1 中断。置 1 为高优先权,清 0 为低优先权。

PT0：对定时器 0 中断。置 1 为高优先权,清 0 为低优先权。

PX0：对外部中断 0 中断。置 1 为高优先权,清 0 为低优先权。

6.4 电路设计实例

设计电路实例的电路图如图 6.16 所示。

6.4.1 电路图的绘制步骤

1．将所需元器件加入到对象选择器窗口

单击对象选择器按钮 P ,如图 6.17 所示。在弹出的 Pick Devices 页面中,使用搜索引擎,在 Keywords 栏中分别输入 74LS373、80C51.BUS 和 MEMORY_13_8,在搜索结果 Results 栏中找到该对象,并将其添加至对象选择器窗口,如图 6.17 所示。

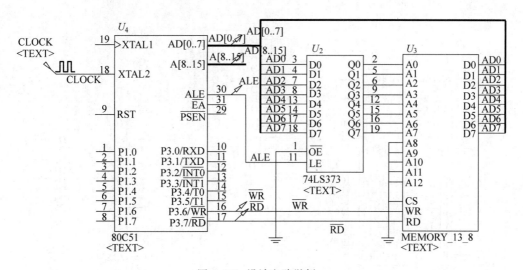

图 6.16　设计电路举例

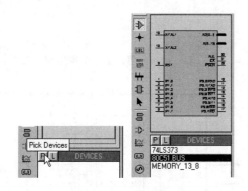

图 6.17　选择器件

2. 放置元器件至图形编辑窗口

将 74LS373、80C51. BUS 和 MEMORY_13_8 放置到图形编辑窗口,如图 6.18 所示。

3. 放置总线至图形编辑窗口

单击绘图工具栏中的总线按钮 ✛,使之处于选中状态。将鼠标置于图形编辑窗口,绘制出图 6.19 所示的总线。

在绘制总线的过程中,应注意:

(1) 当鼠标的指针靠近对象的连接点时,鼠标的指针会出现一个×号,表明总线可以接至该点;

(2) 在绘制多段连续总线时,只需要在拐点处单击,其他步骤与绘制一段总线相同。

4. 添加时钟信号发生器和接地引脚

单击绘图工具栏中的信号发生器按钮 ◎,在对象选择器窗口,选中对象 DCLOCK,如

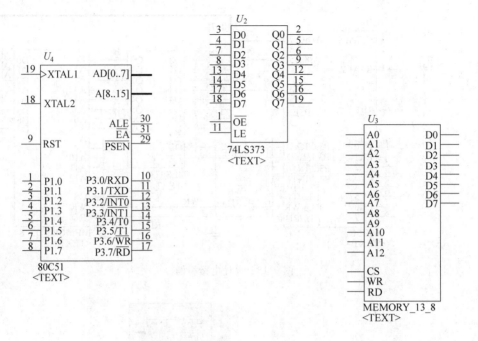

图 6.18　放置元器件至图形编辑窗口

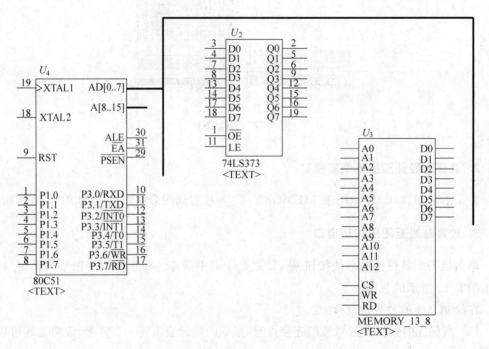

图 6.19　放置总线至图形编辑窗口

图 6.20 所示。将其放置到图形编辑窗口。

　　单击绘图工具栏中的 Inter-sheet Terminal 按钮 ，在对象选择器窗口，选中对象 GROUND，如图 6.20 所示，将其放置到图形编辑窗口。

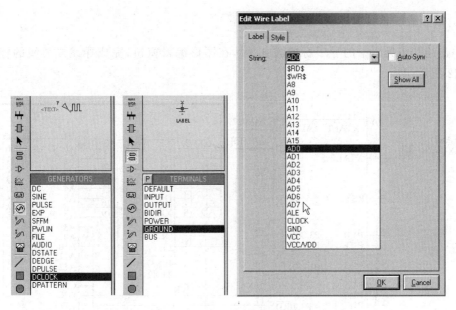

图6.20 添加时钟和接地线

5. 元器件之间的连线

在图形编辑窗口,完成各对象的连线,如图6.21所示。

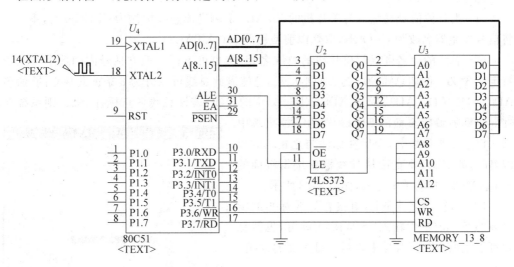

图6.21 引脚之间的连线

此过程中注意两点:

(1)当时钟信号发生器与单片机的XTAL2引脚完成连线后,系统自动将信号发生器名改为U1(XTAL2),取代以前使用的"?"。

(2)当线路出现交叉点时,若出现实心小黑圆点,表明导线接通,否则表明导线无接通关系。当然,我们可以通过绘图工具栏中的连接点按钮✛,完成两交叉线的接通。

6. 给导线或总线加标签

单击绘图工具栏中的导线标签按钮 ，在图形编辑窗口，完成导线或总线的标注，如图 6.22 所示。

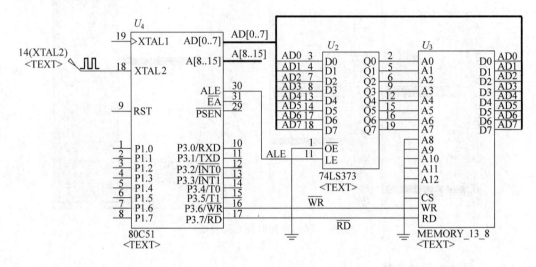

图 6.22　给导线或总线加标签

此过程中注意以下几点：

（1）当时钟信号发生器与单片机的 XTAL2 引脚完成连线标注为 CLOCK 后，系统自动将信号发生器名改为 CLOCK，取代以前使用的 U1(XTAL2)。

（2）总线的命名可以与单片机的总线名相同，也可不同。但方括号内的数字却赋予了特定的含义。例如总线命名为：AD[0..7]，意味着此总线可以分为 8 条彼此独立的，命名为 AD0、AD1、AD2、AD3、AD4、AD5、AD6、AD7 的导线，若该总线一旦标注完成，则系统自动在导线标签编辑页面的 String 栏的下拉菜单中加入以上 8 组导线名，今后在标注与之相联的导线名时，如 AD0，要直接从导线标签编辑页面的 String 栏的下拉菜单中选取，如图 6.23 所示。

（3）若标注名为 $\overline{WR}$，直接在导线标签编辑页面的 String 栏中输入"＄WR＄"即可，也就是说可以用两个"＄"符号来表示字母上面的横线。

7. 添加电压探针

单击绘图工具栏中的电压探针按钮 ，在图形编辑窗口，完成电压探针的添加，如图 6.24 所示。

在此过程中，电压探针名默认为"?"，当电压探针的连接点与导线或者总线连接后，电压探针名自动更改为已标注的导线名、总线名或者与该

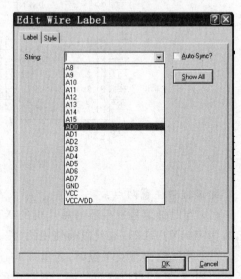

图 6.23　给与总线相连的导线加标签

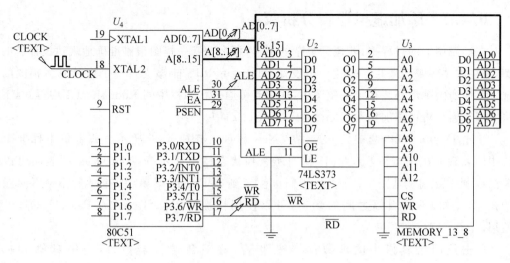

图 6.24 添加电压探针

导线连接的设备引脚名。

8. 设置元器件的属性

在图形编辑窗口内,将鼠标置于时钟信号发生器上右击,选中该对象,再单击,进入对象属性编辑页面,如图 6.25(a)所示。在 Frequency(Hz)栏中输入 12M,单击 OK 按钮,结束设置。此番操作意味着,时钟信号发生器给单片机提供频率为 12MHz 的时钟信号。

在图形编辑窗口内,将鼠标置于单片机上,右击,选中该对象,单击,进入对象属性编辑页面,如图 6.25(b)所示。在 Program File 中,通过打开按钮 添加程序执行文件。

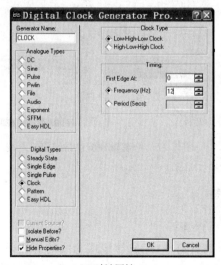

(a) 时钟属性　　　　　　　　　　　(b) 单片机属性

图 6.25 设置元器件的属性

6.4.2 添加虚拟逻辑分析仪

在绘制图形的过程中,若遇到复杂的图形,那么通常一幅图很难准确地表达设计者的意图,往往需要多幅图来共同表达一个设计。Proteus ISIS 能够支持一个设计有多幅图的情况。前面所绘图形是装在第一幅图中,这一点可通过状态栏中的 Root sheet 1 中得知,下面将虚拟逻辑分析仪添加到第二幅图(Root sheet 2)中。

单击 Design 菜单,选中其下拉菜单 New Sheet,如图 6.26 所示。或者单击标准工具栏中的新建一幅图按钮 ,此时,我们注意到状态栏中显示为 Root sheet 2,表明可以在第二幅图中绘制设计图了。此时,我们也注意到在 Design 菜单中,有许多针对不同图幅的操作,比如,不同图幅之间的切换,可以使用快捷键 Page Down 或 Page Up 等,可供使用。

单击绘图工具栏中的虚拟仪器按钮 ,在对象选择器窗口,选中对象 LOGIC ANALYSER,如图 6.26 所示。将其放置到图形编辑窗口。

1. 给逻辑分析仪添加信号终端

单击绘图工具栏中的 Inter-sheet Terminal 按钮 ,在对象选择器窗口,选中对象 DEFAULT,将其放置到图形编辑窗口;在对象选择器窗口,选中对象 BUS,将其放置到图形编辑窗口,如图 6.27 所示。

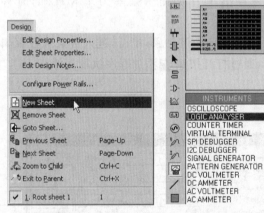

图 6.26 在多幅图中添加虚拟仪器   图 6.27 给逻辑分析仪添加信号终端

2. 将信号终端与虚拟逻辑分析仪连线并加标签

在图形编辑窗口,完成信号终端与虚拟逻辑分析仪连线。

单击绘图工具栏中的导线标签按钮 ,在图形编辑窗口,完成导线或总线的标注,将标注名移动至合适位置,如图 6.28 所示。通过标注,顺利地完成了第一幅图与第二幅图的衔接。至此,便完成了整个电路图的绘制。

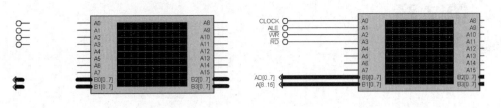

图 6.28　将信号终端与虚拟逻辑分析仪连线并加标签

6.4.3　调试运行

使用快捷键 Page Down，将图幅切换到 Root sheet 1，如图 6.29 所示。单击仿真运行开始按钮 ▶，能清楚地观察到：

（1）引脚的电频变化。红色代表高电频；蓝色代表低电频；灰色代表未接入信号，或者为三态。

（2）电压探针的值在周期性地变化。单击仿真运行结束按钮 ■，仿真结束。

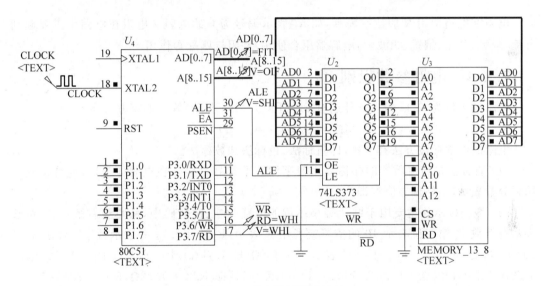

图 6.29　总电路图调试运行

使用快捷键 Page Down，将图幅切换到 Root sheet 2。单击仿真运行开始按钮 ▶，能清楚地观察到，虚拟逻辑分析仪 A1、A2、A3、A4 端代表高低电频红色与蓝色交替闪烁，通常会同时弹出虚拟逻辑分析仪示波器。如未弹出虚拟逻辑分析仪示波器，可单击仿真结束按钮 ■，结束仿真。单击 Debug 菜单，选中并执行下拉菜单 Reset Popup Windows。在弹出的对话框中，选择 Yes 执行。再单击仿真运行开始按钮 ▶，便会弹出虚拟逻辑分析仪示波器。单击逻辑分析仪的启动键 ■，在逻辑分析仪上出现的波形图，就是读写存储器的时序图。

第 7 章

电子元器件的识别和使用

7.1 电阻器和电位器

电阻在电路中用 R 加数字表示，如 R_6 表示编号为 6 的电阻。电阻在电路中主要起到分流、限流、分压、偏置、滤波(与电容器组合使用)和阻抗匹配等作用。

7.1.1 电阻参数识别

电阻的单位为 Ω(欧姆)，此外还有 kΩ(千欧)、MΩ(兆欧)等。换算方法为

$$1M\Omega = 1000k\Omega = 1\,000\,000\Omega$$

电阻的参数标注方法有 3 种，即直标法、色标法和数标法。

(1) 直标法是将电阻器的标称值用数字和文字符号直接标在电阻体上，其允许偏差则用百分数表示，未标偏差值的即为 ±20%。

(2) 数码标示法主要用于贴片等小体积的电路，在三位数码中，从左至右第一、二位数表示有效数字，第三位表示 10 的倍幂或者用 R 表示(R 表示 0.)，50 表示数字 324，C 表示 10 的 2 次方，也就是 100。如，472 表示 $47×10^2\Omega$(即 4.7kΩ)，104 则表示 100kΩ，R22 表示 0.22Ω，122＝1200Ω＝1.2kΩ，1402＝14 000Ω＝14kΩ，R22＝0.22Ω，50C＝324×100＝32.4kΩ，17R8＝17.8Ω，000＝0Ω，0＝0Ω。

(3) 色环标注法使用最多，普通的色环电阻器用四环表示，精密电阻器用五环表示，紧靠电阻体一端头的色环为第一环，露着电阻体本色较多的另一端头为末环。现举例如下：

色环电阻器用四环表示，则前面两位数字是有效数字，第三位是 10 的倍幂，第四环是色环电阻器的误差范围，如图 7.1 所示。

色环电阻器用五环表示，则前面三位数字是有效数字，第四位是 10 的倍幂，第五环是色环电阻器的误差范围，如图 7.2 所示。

(4) SMT 精密电阻的表示法，通常也是用 3 位标示。一般是 2 位数字和 1 位字母表示，两个数字是有效数字，字母表示 10 的倍幂，但是要根据实际情况到精密电阻查询表(见表 7.1)里查找。

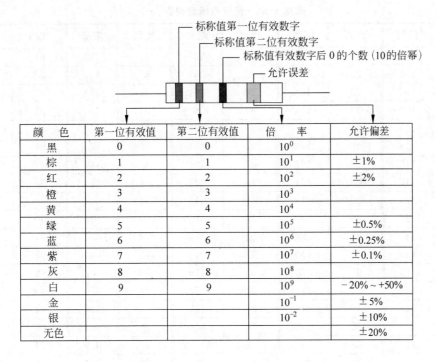

图 7.1 两位有效数字阻值的色环表示法(四色环电阻器)

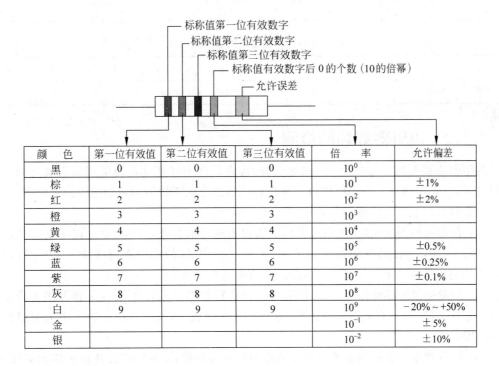

图 7.2 三位有效数字阻值的色环表示法(五色环电阻器)

表 7.1(a)　精密电阻查询表(一)

代码	阻值	代码	阻值	代码	阻值	代码	阻值	代码	阻值
1	100	21	162	41	261	61	422	81	681
2	102	22	165	42	267	62	432	82	698
3	105	23	169	43	274	63	442	83	715
4	107	24	174	44	280	64	453	84	732
5	110	25	178	45	287	65	464	85	750
6	113	26	182	46	294	66	475	86	768
7	115	27	187	47	301	67	487	87	787
8	118	28	191	48	309	68	499	88	806
9	121	29	0.196	49	316	69	511	89	825
10	124	30	200	50	324	70	523	90	845
11	127	31	3205	51	332	71	536	91	866
12	130	32	210	52	340	72	549	92	887
13	133	33	215	53	348	73	562	93	909
14	137	34	221	54	357	74	576	94	931
15	140	35	226	55	365	75	590	94	981
16	143	36	232	56	374	76	604	95	953
17	147	37	237	57	383/388	77	619	96	976
18	150	38	243	58	392	78	634	96	976
19	154	39	249	59	402	79	649		
20	153	40	255	60	412	80	665		

表 7.1(b)　精密电阻查询表(二)

字母	A	B	C	D	E	F	G	H	X	Y	Z
倍率	10^0	10^1	10^2	10^3	10^4	10^5	10^6	10^7	10^{-1}	10^{-2}	10^{-3}

7.1.2　电阻器好坏的检测

电阻器在使用前一定要进行严格地检查,检查其性能好坏就是测量实际阻值与标称值是否相符,误差是否在允许范围之内。电阻器的检查方法是用万用表的电阻挡进行测量。

用指针万用表判定电阻的好坏的检测步骤如下:

(1)首先选择测量挡位,再将倍率挡旋钮置于适当的挡位,一般 100Ω 以下电阻器可选 $R\times1$ 挡,100Ω～1kΩ 的电阻器可选 $R\times10$ 挡,1～10kΩ 的电阻器可选 $R\times100$ 挡,10～100kΩ 的电阻器可选 $R\times1k$ 挡,100kΩ 以上的电阻器可选 $R\times10k$ 挡。

(2)测量挡位选择确定后,对万用表电阻挡进行校零,校零的方法是:将万用表两表笔金属棒短接,观察指针有无到 0 的位置,如果不在 0 位置,调整调零旋钮表针指向电阻刻度的 0 位置。

(3)接着将万用表的两表笔分别和电阻器的两端相接,表针应指在相应的阻值刻度上,如果表针不动或指示不稳定或指示值与电阻器上的标示值相差很大,则说明该电阻器已损坏。

用数字万用表判定电阻的好坏:首先将万用表的挡位旋钮调到欧姆挡的适当挡位,一般 200Ω 以下的电阻器可选 200 挡,200Ω～2kΩ 的电阻器可选 2k 挡,2～20kΩ 可选 20k 挡,20～200kΩ 的电阻器可选 200k 挡,200kΩ～200MΩ 的电阻器选择 2MΩ 挡。2～20MΩ 的电阻器选择 20M 挡,20MΩ 以上的电阻器选择 200M 挡。

7.1.3 电位器及其检测

电位器是可变电阻器的一种,属于可调的电子元件。它是由一个电阻体和一个转动或滑动系统组成。当电阻体的两个固定触点之间外加一个电压时,通过转动或滑动系统改变触点在电阻体上的位置,在动触点与固定触点之间便可得到一个与动触点位置成一定关系的电压。它大多是用作分压器,这时电位器是一个四端元件。

电位器能够调节电压(含直流电压与信号电压)和电流的大小,主要依赖于它的结构特点。电位器的电阻体有两个固定端,通过手动调节转轴或滑柄,改变动触点在电阻体上的位置,则改变了动触点与任一个固定端之间的电阻值,从而改变了电压与电流的大小。

电位器在使用过程中,由于旋转频繁而容易发生故障,这种故障表现为噪声、声音时大时小、电源开关失灵等。可用万用表来检查电位器的质量。

1. 标称阻值的检测

测量时,选用万用表电阻挡的适当量程,将两表笔分别接在电位器两个固定引脚焊片之间,先测量电位器的总阻值是否与标称阻值相同。若测得的阻值为无穷大或较标称阻值大,则说明该电位器已开路或变值损坏。然后再将两表毛分别接电位器中心头与两个固定端中的任一端,慢慢转动电位器手柄,使其从一个极端位置旋转至另一个极端位置,正常的电位器,万用表表针指示的电阻值应从标称阻值(或 0Ω)连续变化至 0Ω(或标称阻值)。整个旋转过程中,表针应平稳变化,而不应有任何跳动现象。若在调节电阻值的过程中,表针有跳动现象,则说明该电位器存在接触不良的故障。直滑式电位器的检测方法与此相同。

2. 带开关电位器的检测

对于带开关的电位器,除应按以上方法检测电位器的标称阻值及接触情况外,还应检测其开关是否正常。先旋转电位器轴柄,检查开关是否灵活,接通、断开时是否有清脆的"喀哒"声。用万用表 $R \times 1\Omega$ 挡,两表笔分别在电位器开关的两个外接焊片上,旋转电位器轴柄,使开关接通,万用表上指示的电阻值应由无穷大(∞)变为 0Ω。再关闭开关,万用表指针应从 0Ω 返回 ∞ 处。测量时应反复接通、断开电位器开关,观察开关每次动作的反应。若开关在"开"的位置阻值不为 0Ω,在"关"的位置阻值不为无穷大,则说明该电位器的开关已损坏。

3. 双连同轴电位器的检测

用万用表电阻挡的适当量程,分别测量双连电位器上两组电位器的电阻值(即 A、C 之间的电阻值和 A'、C' 之间的电阻值)是否相同且是否与标称阻值相符。再用导线分别将电位器 A、C' 及电位器 A'、C 短接,然后用万用表测量中心头 B、B' 之间的电阻值。在理想的情况下,无论电位器的转轴转到什么位置,B、B' 之间的电阻值均应等于 A、C 或 A'、C' 之间的电阻值(即万用表指针应始终保持在 A、C 或 A'、C' 阻值的刻度上不动)。若万用表指针有偏转,则说明该电位器的同步性能不良。

使用电位器时应注意以下几点。

(1) 各类电子设备中,设置电位器的安装位置比较重要,如需要对电位器经常进行调节,电位器轴或驱动装置应装在不需要拆开设备就能方便地调节的位置。微调电位器放在印制电路板上可能会受到其他元件的影响。例如,把一个关键的微调电位器靠近散发较多热量的大功率电阻器安装是不合适的。电位器的安装位置与实际的组装工艺方法也有一定的关系。各种微调电位器可能散布在给定的印制电路板上,但是只有一个入口方向可进行调节。因此,设计者必须精心地排列所有的电路元件,使全部微调电位器都能沿同一入口方向加以调节而不致受到相邻元件的阻碍。

(2) 用前进行检查。电位器在使用前,应用万用表测量其是否良好。

(3) 正确安装。安装电位器时,应把紧固零件拧紧,使电位器安装可靠。由于经常调节,若电位器松动变位,与电路中其他元件相碰,会使电路发生故障或损坏其他元件。特别是带开关的电位器,开关常常和电源线相连,引线脱落与其他部位相碰,更易发生故障。在日常使用中,若发现松动,应及时紧固,不能大意。

(4) 正确焊接。像大多数电子元件那样,电位器在装配时如果在其接线柱或外壳上加热过度,则易损坏。

(5) 使用中必须注意不能超负荷使用,尤其是终点电刷。

(6) 任何使用电位器调整的电路,都应注意避免在错误调整电位器时造成某些元件有过电流现象。最好在调整电路中串入固定电阻器,以避免损坏其他元件。

(7) 正确调整使用。调节电位器的机会很多,收音机、电视机等在关闭时,都要旋转电位器,由于调节频繁,在使用中应注意调节时用力均匀,带开关的电位器不要猛拉猛关。

(8) 修整电位器特别是截去较长的调节轴时,应夹紧转轴,再截短,避免电位器主体部位受力损坏。

(9) 避免在高湿度环境下使用,因为传动机构不能进行有效的密封,潮气会进入电位器内。

7.2 电容器

电容在电路中一般用 C 加数字表示(如 C_{16} 表示编号为 16 的电容)。电容是由两片金属膜紧靠,中间用绝缘材料隔开而组成的元件。电容的特性主要是隔直流通交流。常用电容的种类有电解电容、瓷片电容、贴片电容、独石电容、钽电容等。

7.2.1 电容参数识别

电容容量的大小就是表示能储存电能的大小,电容对交流信号的阻碍作用称为容抗,它与交流信号的频率和电容量有关。容抗 $X_C = 1/2\pi fC$(f 表示交流信号的频率,C 表示电容容量)。电容的基本单位为 F(法拉),其他单位还有:mF(毫法)、μF(微法)、nF(纳法)、pF(皮法),其中:

$$1F = 10^3 mF = 10^6 \mu F = 10^9 nF = 10^{12} pF$$

容量大的电容,其容量值在电容上直接标明,如 $10\mu F/16V$;容量小的电容,其容量值在电容上用字母或数字表示。

电容的识别方法与电阻的识别方法基本相同，分直标法、色标法和数标法 3 种。

（1）直标法就是在电容器的表面直接标出其主要参数和技术指标的一种方法。直标法可以用阿拉伯数字和文字符号标出。电容器的直标内容及次序一般是：①商标；②型号；③工作温度组别；④工作电压；⑤标称电容量及允许偏差；⑥电容温度系数等。上述直标内容不一定全部标出。

例：cb41 250V 2000pF±5%

示例标志的内容表明：cb41 型精密聚苯乙烯薄膜电容器，其工作电压为 250V，标称电容量为 2000pF，允许偏差为±5%。

（2）不标单位的数码表示法。其中用 1～4 位数表示有效数字，一般为 pF，而电解电容其容量则为 μF，如 3 表示 3pF，2200 表示 2200pF，0.056 表示 $0.056\mu F$。

（3）数字表示法：一般用 3 位数字表示容量的大小，前两位表示有效数字，第三位表示 10 的倍幂，如 102 表示 $10 \times 10^2 pF = 1000pF$；224 表示 $22 \times 10^4 pF = 0.2\mu F$。

还可以使用色环或色点表示电容器的主要参数。电容器的色标法与电阻相同。

电容容量误差用符号 F、G、J、K、L、M 表示，分别表示允许误差±1%、±2%、±5%、±10%、±15%、±20%，如一瓷片电容为 104J，表示容量为 $0.1\mu F$，误差为±5%。

在电路图中电容器容量单位的标注有一定的规则。当电容器的容量大于 100pF 而又小于 $1\mu F$ 时，一般不标注单位，没小数点的其单位是 pF，有小数点的其单位是 μF，如 4700 就是 4700pF，0.22 就是 $0.22\mu F$。当电容量大于 10 000pF 时，可用 μF 为单位，当电容量小于 10 000pF 时用 pF 为单位。

7.2.2　电容器的选用方法

电容器的种类繁多，性能指标各异，合理选用电容器对产品设计十分重要。

（1）不同的电路应选用不同种类的电容器。在电源滤波、退耦电路中要选用电解电容器；在高频、高压电路中应选用瓷介电容、云母电容；在谐振电路中，可选用云母、陶瓷、有机薄膜等电容器；用作隔直流时可选用纸介、涤纶、云母、电解等电容器；用在调谐回路时，可选用空气介质或小型密封可变电容器。

（2）电容器耐压的选择。电容器的额定电压应高于实际工作电压的 10%～20%，对工作稳定性较差的电路，可留有更大的余量，以确保电容器不被损坏和击穿。

（3）容量的选择。对业余的小制作一般不必考虑电容器的误差。对于振荡、延时电路，电容器容量应尽可能小，选择误差应小于 5%；对于低频耦合电路的电容器其误差可大一些，一般 10%～20% 就能满足要求。

（4）在选用时还应注意电容器的引线形式。可根据实际需要选择焊片引出、接线引出、螺丝引出等，以适应线路的插孔要求。

（5）电容器在选用时不仅要注意以上几点，有时还要考虑其体积、价格、电容器所处的工作环境（温度、湿度）等情况。

（6）电容器的代用。在选购电容器的时候可能买不到所需要的型号或所需容量的电容器，或在维修时手头有的与所需的不相符合时，便考虑代用。代用的原则是：电容器的容量基本相同；电容器的耐压值不低于原电容器的耐压值；对于旁路电容、耦合电容，可选用比原电容容量大的代用；在高频电路中，代换时一定要考虑频率特性，应满足电路的要求。

（7）使用电容器时应测量其绝缘电阻，其值应该符合使用要求。

7.2.3 电容器好坏的检测

为保证装入电路后的电容器正常工作，因此在装入电路前对电容器必须进行检测。在没有特殊仪表仪器的条件下，电容器的好坏和质量可以用万用表电阻挡进行检测，并加以判断。

1．脱离线路时检测

采用万用表 $R \times 1k$ 挡，在检测前，先将电解电容的两根引脚相碰，以便放掉电容内残余的电荷。当表笔刚接通时，表针向右偏转一个角度，然后表针缓慢地向左回转，最后表针停下。表针停下来所指示的阻值为该电容的漏电电阻，此阻值越大越好，最好应接近无穷大处。如果漏电电阻只有几十千欧，说明这一电解电容漏电严重。表针向右摆动的角度越大（表针还应该向左回摆），说明这一电解电容的电容量也越大，反之说明容量越小。

2．线路上直接检测

主要是检测电容器是否已开路或已击穿这两种明显故障，而对漏电故障由于受外电路的影响一般是测不准的。用万用表 $R \times 1$ 挡，电路断开后，先放掉残存在电容器内的电荷。测量时若表针向右偏转，说明电解电容内部断路。如果表针向右偏转后所指示的阻值很小（接近短路），说明电容器严重漏电或已击穿。如果表针向右偏后无回转，但所指示的阻值不很小，说明电容器开路的可能性很大，应脱开电路后进一步检测。

3．线路上通电状态时检测

若怀疑电解电容只在通电状态下才存在击穿故障，可以给电路通电，然后用万用表直流挡测量该电容器两端的直流电压，如果电压很低或为 0V，则说明该电容器已击穿。对于电解电容的正、负极标志不清楚的，必须先判别它的正、负极。对换万用表笔测两次，以漏电大（电阻值小）的一次为准，黑表笔所接的脚为负极，另一脚为正极。

7.2.4 电容器故障特点

在实际检测中，电容器的故障主要表现为：

（1）引脚腐蚀致断的开路故障；

（2）脱焊和虚焊的开路故障；

（3）漏液后造成容量小或开路故障；

（4）漏电、严重漏电和击穿故障。

7.2.5 电解电容器

电解电容器是以铝、钽、铌、钛等金属氧化膜作介质的电容器。应用最广的是铝电解电容器。它容量大、体积小；耐压高（但耐压越高，体积也就越大），一般在 500V 以下。常用于交流旁路和滤波。缺点是容量误差大，且随频率而变动，绝缘电阻低。电解电容有正、负极之分(外壳为负极,另一接头为正极)。一般,电容器外壳上都标有"＋"、"－"记号,如无标记则引线长的为"＋"端,引线短的为"－"端。使用时必须注意不要接反,若接反,电解作用会反向进行,氧化膜很快变薄,漏电流急剧增加,如果所加的直流电压过大,则电容器很快发热,甚至会引起爆炸。

电解电容器极性的判断方法如下:

用指针式万用表测量电解电容器的漏电电阻,并记下这个阻值的大小,然后将红黑表笔对调再测电容器的漏电电阻,将两次所测得的阻值对比,漏电电阻小的一次,黑表笔所接触的就是正极。

7.3 电感器

电感器是利用漆包线在绝缘骨架上绕制而成的一种能够存储磁场能的电子元件。在电路中电感有阻流、变压、传送信号等作用。

直流可通过线圈,直流电阻就是导线本身的电阻,压降很小;当交流信号通过线圈时,线圈两端将会产生自感电动势,自感电动势的方向与外加电压的方向相反,阻碍交流的通过,所以电感的特性是通直流阻交流,频率越高,线圈阻抗越大。电感在电路中可与电容组成振荡电路。

7.3.1 电感器的分类

电感器通常分为两大类,一类是应用于自感作用的电感线圈,另一类是应用互感作用的变压器。下面分别介绍它们各自的分类情况。

1) 电感线圈的分类

电感线圈是根据电磁感应原理制成的器件。它的用途极为广泛,如 LC 滤波器、调谐放大器或振荡器中的谐振回路、均衡电路、去耦电路等。电感线圈用符号 L 表示。

按电感线圈圈芯性质划分,有空心线圈和带磁芯的线圈。按绕制方式不同划分,有单层线圈、多层线圈、蜂房线圈等。按电感量变化情况划分,有固定电感和微调电感等。

2) 变压器的分类

变压器利用两个绕组的互感原理来传递交流电信号和电能,同时能起变换前、后级阻抗的作用。

按变压器的贴心和线圈结构划分,有芯式变压器和壳式变压器等。大功率变压器以芯式结构为多,小功率变压器常采用壳式结构。按变压器的使用频率划分,有高频变压器、中频变压器和低频变压器。

7.3.2 常用的电感器

1) 小型固定电感器

这种电感器是在棒形、工形或王字形的磁心上绕制漆包线制成,它体积小、质量轻、安装方便,用于滤波、陷波及退耦电路中。其结构有卧式和立式两种。

2) 中频变压器

中频变压器是超外差式无线电接收设备中的主要元器件之一,它广泛应用于调幅收音机、调频收音机、电视机等电子产品中。调幅收音机中的中频变压器谐振为 465kHz；调频收音机的中频变压器谐振为 10.7MHz，伴音中频变压器谐振为 31.5MHz。其主要功能是选频及阻抗匹配。

　　3）电源变压器

　　电源变压器由带铁芯的绕组、绕组骨架、绝缘物等组成。铁芯变压器的铁芯有"E"形、"口"形和"C"形等，"E"形铁芯使用较多，用这种铁芯制成的变压器，铁芯对绕组形成保护外壳。"口"形铁芯用在大功率的变压器中。"C"形铁芯采用新型材料，具有体积小、质量轻、品质好等优点，但制作要求高。绕组是用不同规格的漆包线绕制而成。绕组由一个一次绕组和多个二次绕组组成，并在一、二次绕组之间加有静电屏蔽层。

7.3.3　电感器和变压器的主要参数

　　电感线圈的主要参数包括电感量、品质因数、固有电容和额定电流。

　　电感量是电感线圈的一个重要参数，国际单位是 H（亨利），常用单位还有 mH（毫亨）和 μH（微亨），$1H=10^3 mH=10^6 \mu H$。电感量的大小主要取决于线圈的直径、匝数及有无铁磁心等。电感线圈的用途不同，所需的电感量也不同。如，在高频电路中，线圈的电感量一般为 $0.1\mu H \sim 100H$。

　　线圈的品质因数 Q 用来表示线圈损耗的大小，高频线圈 Q 通常为 $50\sim300$。对调谐回路，线圈的 Q 值要求高，用高 Q 值的线圈与电容组成的谐振电路有更好的谐振特性；用低 Q 值线圈与电容器组成的谐振电路，其谐振特性不明显。对耦合线圈，要求可以低一些，对高频扼流线圈和低频扼流线圈，则无要求。Q 值的大小直接影响回路的选择性、效率、滤波特性以及频率的稳定性。一般均希望 Q 值大，但提高线圈的 Q 值并不是一件容易的事。因此应根据实际使用场合，对线圈 Q 值提出适当的要求。

　　为了提高线圈的品质因数 Q，可以采用镀银铜线，以减小高频电阻；用多股的绝缘线代替具有同样总截面的单股线，以减少集肤效应；采用介质损耗小的高频瓷为骨架，以减小介质的损耗。采用磁芯虽然增加了磁芯损耗，但可以大大减小线圈的匝数，从而减小导线的直流电阻，对提高线圈的 Q 值有利。

　　线圈绕组的匝与匝之间存在着分布电容，多层绕组层与层之间，也都存在着分布电容。这些分布电容可以等效成一个与线圈并联的电容 C_0，实际为由 L、R 和 C_0 组成的并联谐振电路，因此存在一个线圈的固有频率。为了保证线圈有效电感量的稳定，使用电感线圈时，都使其工作频率远低于线圈的固有频率。为了减小线圈的固有电容，可以减少线圈骨架的直径，用细导线绕制线圈或采用间绕法。

　　额定电流也是线圈的一个重要参数。额定电流主要是对高频扼流圈和大功率的谐振而言。对于在电源滤波电路中常用的低频阻流圈，它是指电感器正常工作时，允许通过的最大电流。若工作电流大于额定电流，电感器会因发热而改变参数，严重时烧毁。

　　变压器的主要参数包括变压比、效率、额定功率、额定频率、额定电压等。

　　一次电压与二次电压之比为变压比，简称变比。变比大于 1，变压器称为降压变压器；变比小于 1，变压器称为升压变压器。

　　在额定负载下，变压器的输出功率与输入功率之比值称做变压器的效率。变压器的效率与功率有关，一般功率越大，效率越高，如表 7.2 所示。

表 7.2　一般变压器效率与功率的关系

功率/（V·A）	<10	10～30	35～50	50～100	100～200	>200
效率/%	60～70	70～80	80～85	85～90	90～95	>95

电源变压器的额定功率是指在规定的频率和电压下,变压器能长期工作而不超过规定温升时的输出功率。由于变压器的负载不是纯电阻性的,额定功率中会有部分无功功率。故常用 V·A 来表示变压器的容量。变压器铁芯中的磁通密度与频率有关。因此变压器在设计时必须确定使用频率,这一频率称为额定频率。

额定电压指变压器工作时,一次绕阻上允许施加的电压不应超过这个额定值。

7.3.4　电感器的标识

为了表明各种电感器的不同参数,便于在生产、维修时识别、应用,常在小型固定电感器的外壳上涂上标识,其标志方法有直标法、色标法和电感值数码表示方法 3 种。

直标法是指在小型固定电感器的外壳上直接用文字标出电感器的主要参数,如电感量、误差值、最大直流工作的对应电流等。其中,最大工作电流常用字母 A、B、C、D、E 等标注,字母和电流的对应关系如表 7.3 所示。

表 7.3　小型固定电感器的工作电流和字母的关系

字　　母	A	B	C	D	E
最大工作电流/mA	50	150	300	700	1600

例如,电感器外壳上标有 3.9mH、A、Ⅱ 等字样,则表示其电感量为 3.9mH,误差为Ⅱ%（±10%）,最大工作电流为 A 挡（50mA）。

色标法是指在电感器的外壳涂上各种不同颜色的环,用来标注其主要参数。第一条色环表示电感量的第一位有效数字,第二条色环表示第二位有效数字,第三条色环表示倍乘数（即 10^n）,第四条表示允许偏差。数字与颜色的对应关系和色环电阻标志法相同,可参见表 7.4,其单位为 μH。

表 7.4　固定电感器色码表

色标	标称电感量/H	第一数字、第二数字、倍乘	允许偏差/%
黑	0	100	±20
棕	1	101	—
红	2	102	—
橙	3	103	—
黄	4	—	—
绿	5	—	—
蓝	6	—	—
紫	7	—	—
灰	8	—	—
白	9	—	—
金	—	0.1	±5
银	—	0.01	±10

例如,某电感器的色环标志分别为:

红红银黑:表示其电感量为 $0.22\pm20\%\mu H$;

棕红红银:表示其电感量为 $12\times102\pm10\%\mu H$;

黄紫金银:表示其电感量为 $4.7\pm10\%\mu H$。

标称电感值采用 3 位数字表示,前 2 位数字表示电感值的有效数字,第 3 位数字表示 0 的个数,小数点用 R 表示,单位为 μH。

例如,222 表示 $2200\mu H$,151 表示 $150\mu H$,100 表示 $10\mu H$,R68 表示 $0.68\mu H$。

7.3.5 电感器的简易测量

电感器的电感量一般可通过高频 Q 表或电感表进行测量,若不具备以上两种仪表,可用万用表测量线圈的直流电阻来判断其好坏。

1) 电感器的测试

用万用表电阻挡测量电感器阻值的大小。若被测电感器的阻值为零,说明电感器内部绕阻有短路故障。注意操作时一定要将万用表调零,反复测试几次。若被测电感器阻值为无穷大,说明电感器的绕组或引出脚与绕组接点处发生了断路故障。

2) 变压器的简易测试

绝缘性能测试是用万用表欧姆挡 $R\times10k$ 分别测量铁芯与一次绕组,一次与二次绕组,铁芯与二次绕组,静电屏蔽层与一次绕组、二次绕组间的电阻值,应均为无穷大。否则,说明变压器绝缘性能不良。

测量绕组通断的方法是用万用表 $R\times1$ 挡,分别测量变压器一次、二次各个绕组间的电阻值,一般一次绕阻值应为几十欧至几百欧,变压器功率越小电阻值越小;二次绕组电阻值一般为几欧至几十欧,如某一组的电阻值为无穷大,则该组有断路故障。

7.3.6 电感器的选用

电感的质量检测包括外观和阻值测量。首先检测电感的外表是否完好,磁性有无缺损、裂缝,金属部分有无腐蚀氧化,标志是否完整清晰,接线有无断裂和折伤等。用万用表对电感作初步检测,测线圈的直流电阻,并与原已知的正常电阻值进行比较。如果检测值比正常值显著增大,或指针不动,可能是电感器本体断路。若比正常值小许多,可判断电感器本体严重短路,线圈的局部短路需用专用仪器进行检测。设计电路需要挑选电感时,还要注意:

(1) 按工作频率的要求选择某种结构的线圈。用于音频段的一般要用带铁芯(硅钢片或坡莫合金)或低铁氧体芯的,在几百千赫到几十兆赫间的线圈最好用铁氧体芯,并以多股绝缘线绕制。要用几兆赫到几十兆赫的线圈时,宜选用单股镀银粗铜线绕制,磁芯要采用短波高频铁氧体,也常用空心线圈。在 100MHz 以上时一般不能选用铁氧体芯,只能用空心线圈。如要作微调,可用铜芯。

(2) 因为线圈的骨架材料与线圈的损耗有关,因此用在高频电路里的线圈,通常应选用高频损耗小的高频瓷作骨架。对要求不高的场合,可以选用塑料、胶木和纸作骨架的电感器,虽然它们价格低廉,但制作方便、质量轻。

(3) 选用线圈时必须考虑机械结构是否牢固,不应使线圈松脱、引线接点活动等。

7.4 继电器

7.4.1 继电器的作用

在自动装置里,继电器可以起到控制和转换电路的作用。就是说,它可以用小电流去控制大电流或高电压的通断。

继电器的种类很多,分类方法也不一样。按功率的大小可分为小功率继电器、中功率继电器、大功率继电器。按用途可分为启动继电器、限时继电器、眼位继电器等。常用的可分为直流继电器、交流继电器、舌簧继电器、时间继电器等。继电器的外形、结构及电路如图7.3所示。

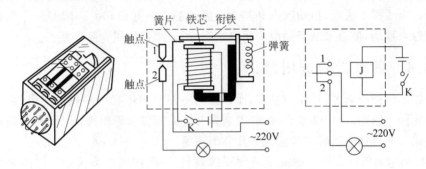

图7.3 继电器的外形、结构与电路

继电器一船由铁芯、线圈、衔铁、常闭触点和常开触点等组成。

7.4.2 继电器的主要技术参数

为了恰当地选用继电器,了解继电器的主要参数是很重要的。继电器的参数很多,就是同一型号中还有很多规格代号。它们的各项参数都不相同,下面介绍几个主要参数。

1) 额定工作电压

它是指继电器正常工作时线圈需要的电压。可以是交流电压,也可以是直流电压。随型号的不同而不同。为使每种型号的继电器能在不同的电压电路中使用,每一种型号的继电器都有7种额定工作电压供选择。

2) 直流电阻

它是指线圈的直流电阻,可以通过万用表进行测量。

3) 吸合电流

它是指继电器能够产生吸合动作的最小电流。在使用时给定的电流必须略大于吸合电流,继电器才能可靠地工作。为保证可靠的吸合动作,必须给线圈加上额定的工作电压,或略高于额定工作电压。但一般不要超过额定工作电压的1.5倍,否则有可能烧毁继电器的线圈。

4) 释放电流

它是指继电器产生释放动作的最大电流。当继电器吸合状态的电流减小到一定程度时,继电器恢复到未通电的释放状态。这个时候的电流比吸合电流小得多。

5) 触点的切换电压和电流(触点负荷)

它是指继电器触点允许加载的电压和电流。它决定了继电器能控制的电压和电流的大小。使用时不能超过此数值。否则将损坏继电器的触点。

7.4.3 继电器的触点

线圈继电器的触点有两种表示方法,一种是把它们直接画到长方框上方或一侧。另一种是按照电路的连接需要,把触点分别画到各自的控制电路中。画到电路中的触点必须标注清楚是哪一个继电器的触点,并用触点编号标明。

继电器常开触点(动合型),用 H 表示。这种触点表示线圈不通电时,两个触点是断开的,通电后两个触点就闭合。另一种触点是常闭触点(动断型),用 D 表示。这种触点表示线圈不通电时,两个触点是闭合的,通电后两个触点就断开。还有一种触点是转换触点,用 Z 表示。这种触点组有 3 个触点,中间的是动触点,上下各有一组静触点。实际上是两种触点的组合。当线圈不通电时,动触点和其中一组静触点断开而和另一组静触点闭合。线圈通电时动触点移动,使原来断开的成为闭合状态,原来闭合的成为断开状态。

7.4.4 继电器的选用常识

继电器不仅种类繁多,具体型号多,而且在同一型号中还有很多规格代码,它们的各项参数都不相同。因此,选用继电器时,必须选择与电路所要求的相符合。否则将造成继电器的动作失误。在具体应用时应考虑以下几方面问题。

(1)控制电路方面。应考虑继电器线圈的数量(一组或两组),线圈所用的是交流电还是直流电。

(2)被控制电路方面,即继电器触点电路。应考虑触点的种类、数量。触点电路是交流还是直流,电流电压的大小,是常开还是常闭触点。另外还应考虑继电器的体积大小、安装方式、寿命长短等。

7.5 半导体二极管

半导体二极管也称晶体二极管,简称二极管。二极管具有单向导电性,可用于整流、检波、稳压及混频电路中。

二极管按材料可以分为锗管和硅管两大类。两者性能区别在于:锗管正向压降比硅管小(锗管为 0.2V,硅管为 0.5~0.7V);锗管的反向漏电流比硅管大(锗管约为几百微安,硅管小于 1 μA);锗管的 PN 结可以承受的温度比硅管低(锗管约为 100℃,硅管约为 200℃)。

二极管按用途不同可以分为普通二极管和特殊二极管。普通二极管包括检波二极管、整流二极管、开关二极管、稳压二极管,特殊二极管包括变容二极管、光电二极管、发光二极管。

7.5.1 半导体二极管的主要参数

除通用参数外,不同用途的二极管,还有其各自的特殊参数。下面介绍常用二极管的参数,如整流、检波等共有的参数。

1)最大整流电流

它是晶体二极管在正常连续工作时,能通过的最大正向电流值。使用时电路的最大电流不能超过此值。否则二极管就会发热而烧毁。

2）最高反向工作电压

二极管正常工作时所能承受的最高反向电压值。它是击穿电压值的一半。也就是说，将一定的反向电压加到二极管两端，二极管的 PN 结不致引起击穿。一般使用时，外加反向电压不得超过此值，以保证二极管的安全。

3）最大反向电流

这个参数是指在最高反向工作电压下允许流过的反向电流。这个电流的大小，反映了晶体二极管单向导电性能的好坏。如果这个反向电流值太大，就会使二极管过热而损坏。因此这个值越小，表明二极管的质量越好。

4）最高工作频率

这个参数是指二极管能正常工作的最高频率。如果通过二极管电流的频率大于此值，二极管将不能起到它应有的作用。在选用二极管时，一定要考虑电路频率的高低。选择能满足电路频率要求的二极管。

7.5.2　常用的半导体二极管

下面介绍几种最常用的半导体二极管。

1）整流二极管

整流二极管主要用于整流电路，即把交流电变换成脉动的直流电。整流二极管都是面结型，因此结电容较大，使其工作频率较低，一般为 3kHz 以下。

从封装上看，有塑料封装和金属封装两大类。常用的整流二极管有 2CZ 型、2DZ 型、IN400X 型，及用于高压、高频电路的 2DGL 型等。

2）检波二极管

检波二极管的主要作用是把高频信号中的低频信号检出，它们的结构为点接触型。其结电容较小、工作频率较高，一般都采用锗材料制成。这种管子的封装多采用玻璃外壳。常用的检波二极管有 2AP 型等。

3）稳压二极管

这种管子是利用二极管的反向击穿特性制成的。在电路中其两端的电压保持基本不变，起到稳定电压的作用。

稳压二极管的稳压原理：稳压二极管的特点就是击穿后，其两端的电压基本保持不变。这样，当把稳压管接入电路以后，若由于电源电压发生波动，或其他原因造成电路中各点电压变动时，负载两端的电压将基本保持不变。

稳压二极管的故障主要表现在开路、短路和稳压值不稳定。在这三种故障中，前一种故障表现出电源电压升高；后两种故障表现为电源电压降低到 0V 或输出不稳定。

常用稳压二极管的型号及稳压值如表 7.5 所示。

表 7.5　常用稳压二极管的型号及稳压值

型号	1N4728	1N4729	1N4730	1N4732	1N4733	1N4734	1N4735	1N4744	1N4750	1N4751	1N4761
稳压值/V	3.3	3.6	3.9	4.7	5.1	5.6	6.2	15	27	30	75

4）阻尼二极管

阻尼二极管多用在高频电压电路中，能承受较高的反向击穿电压和较大的峰值电流。一般用在电视机电路中。常用的阻尼二极管有 2CN1、2CN2、BS-4 等。

5）光电二极管（光敏二极管）

光电二极管跟普通二极管一样，也是由一个 PN 结构成。但是它的 PN 结面积较大，是专为接收入射光而设计的。它是利用 PN 结在施加反向电压时，在光线照射下反向电阻由大变小的原理来工作的。就是说，当没有光照射时反向电流很小，而反向电阻很大；当有光照射时，反向电阻减小，反向电流增大。

光电二极管在无光照射时的反向电流称为暗电流，有光照射时的反向电流称为光电流（亮电流）。另外，光电二极管是反向接入电路的，即正极接低电位，负极接高电位。

6）发光二极管

发光二极管是一种把电能变成光能的半导体器件。它具有一个 PN 结，与普通二极管一样，具有单向导电的特性。当给发光二极管加上正向电压，有一定的电流流过时就会发光。发光二极管是由磷砷化镓、镓铝砷等半导体材料制成的。当给 PN 结加上正向电压时，P 区的空穴进入到 N 区，N 区的电子进入到 P 区，这时便产生了电子与空穴的复合，复合时便放出了能量，此能量就以光的形式表现出来。

发光二极管的种类根据发光的颜色可分为红色光、黄色光、绿色光等。还有三色变色发光二极管和眼睛看不见的红外光二极管。

对于发红光、绿光、黄光的发光二极管，引脚引线以较长者为正极，较短者为负极。发光二极管可以用直流、交流、脉冲等电源点燃。改变电路中电阻的大小，就可以改变其发光的亮度。

发光二极管好坏的判别可用万用表的 $R \times 10k$ 挡测其正、反向阻值。当正向电阻小于 $50k\Omega$，反向电阻大于 $200k\Omega$ 时均为正常。如正、反向电阻均为无穷大，表明此管已坏。

7）变容二极管

变容二极管是根据普通二极管内部 PN 结的结电容能随外加反向电压的变化而变化这一原理专门设计出来的一种特殊二极管。变容二极管在无绳电话机中主要用在手机或座机的高频调制电路上，实现低频信号调制到高频信号上，并发射出去。在工作状态，变容二极管调制电压一般加到负极上，使变容二极管的内部结电容容量随调制电压的变化而变化。

变容二极管发生故障，主要表现为漏电或性能变差。

（1）发生漏电现象时，高频调制电路将不工作或调制性能变差；

（2）变容性能变差时，高频调制电路的工作不稳定，使调制后的高频信号发送到对方，被对方接收后产生失真。

出现上述情况之一时，就应该更换同型号的变容二极管。

7.5.3　半导体二极管的简易测试

二极管好坏的鉴别最简单的方法是用万用表测其正、反向电阻。

1）极性识别方法

常用二极管的外壳上均印有型号和标记。标记箭头所指的方向为阴极；有的二极管只有一个色点，有色的一端为阴极；有的带定位标志，判别时，观察者面对管底，由定位标志起,按顺时针方向,引出线依次为正极和负极。

当二极管外壳标志不清楚时,可以用万用表来判断。将万用表的两只表笔分别接触二极管的两个电极,若测出的电阻约为几十、几百欧或几千欧,则黑表笔所接触的电极为二极管的正极,红表笔所接触的电极是二极管的负极。若测出来的电阻约为几十千欧至几百千欧,则黑表笔所接触的电极为二极管的负极,红表笔所接触的电极为二极管的正极。

2)检测方法

单向导电性的检测是通过万用表欧姆挡测量二极管的正反向电阻来判别的。对于锗小功率二极管,正向电阻一般为 $100\sim1000\Omega$ 之间。对于硅管,一般为几百欧到几千欧之间。反向电阻,不论是硅管还是锗管,一般都在几百千欧以上,而且硅管的比锗管大。

由于二极管是非线性元件,用不同倍率的欧姆挡或不同灵敏度的万用表测量时,所得的数据是不同的。但是正、反向电阻相差几百倍的规律是不变的。

测量时,要根据二极管的功率大小,不同的种类,选择不同倍率的欧姆挡。小功率二极管一般用 $R\times100$ 或 $R\times1k$ 挡。中、大功率二极管一般选用 $R\times1$ 或 $R\times10$ 挡。判别普通稳压管(只有两只脚的)是否断路或击穿损坏,可选用 $R\times100$ 挡。

用指针式万用表的红表笔接二极管的负极,黑表笔接二极管的正极,测得的是正向电阻;将红、黑表笔对调,测得的是反向电阻。有以下几种情况:

(1) 测得的反向电阻(约几百千欧以上)和正向电阻(约几千欧以下)之比值在 100 以上,表明二极管性能良好。

(2) 反、正向电阻之比为几十、甚至几百,表明二极管单向导电性不佳,不宜使用。

(3) 正、反向电阻为无限大,表明二极管断路。

(4) 正、反向电阻为零,表明二极管短路。测试时需注意,检测小功率二极管时应将万用表置于 $R\times100$ 或 $R\times1k$ 挡,检测中、大功率二极管时,方可将量程置于 $R\times1$ 或 $R\times10$ 挡。

7.5.4 半导体二极管的选用

1)二极管类型选择

按照用途选择二极管的类型。如用作检波可以选择点接触式普通二极管,用作整流可以选择面接触型普通二极管或整流二极管,如用作光电转换可以选用光电二极管,在开关电路中应使用开关二极管等。

2)二极管参数选择

用在电源电路中的整流二极管,通常考虑两个参数,即 IF 与 URM,在选择的时候应适当留有余量。

3)二极管材料选择

选择硅管还是锗管,可以按照以下原则决定:要求正向压降小的选锗管,要求反向电流小的选择硅管,要求反向电压高、耐高压的选硅管。

7.6 半导体三极管

半导体三极管又称晶体三极管,通常简称晶体管,或称双极型晶体管,它是一种电流控制电流的半导体器件,可用来对微弱信号进行放大和作无触点开关。它具有结构牢固、寿命长、体积小、耗电省等优点,故在各个领域得到广泛应用。

半导体三极管内部含有两个 PN 结,并且具有放大能力。它分 NPN 型和 PNP 型两种类型,这两种类型的三极管从工作特性上可互相弥补,所谓 OTL 电路中的对管就是由 PNP 型和 NPN 型配对使用。半导体三极管在电路中常用 Q 加数字表示,如,Q8 表示编号为 8 的三极管。

半导体三极管放大的必要条件:要实现放大作用,必须给三极管加合适的电压,即管子发射结必须具备正向偏压,而集电极必须反向偏压,这也是三极管的放大必须具备的外部条件。

7.6.1 半导体三极管的主要参数

晶体三极管的参数可分为直流参数、交流参数、极限参数三大类。

1) 直流参数

(1) 集电极-基极反向电流 I_{cbo}。它是指当发射极开路,集电极与基极间加上规定的反向电压时,集电结中的漏电流。此值越小说明晶体管的温度稳定性越好。一般小功率管 10VA 左右,硅管更小些。

(2) 集电极-发射极反向电流 I_{ceo},也称穿透电流。它是指基极开路,集电极与发射极之间加上规定的反向电压时,集电极的漏电流。这个参数表明三极管稳定性能的好坏。如果此值过大,说明这个管子不宜使用。

2) 极限参数

(1) 集电极最大允许电流 I_{cM}。当三极管的 β 值下降到最大值的一半时,管子的集电极电流就称为集电极最大允许电流。当管子的集电极电流 I_c 超过一定值时,将引起晶体管某些参数的变化,最明显的是 β 值的下降。因此实际使用时 I_c 要小于 I_{cM}。

(2) 集电极最大允许耗散功率 P_{cM}。当晶体管工作时,由于集电极要耗散一定的功率而使集电极发热。当温升过高时就会导致参数变化,甚至烧毁晶体管。为此规定晶体管集电极温度升高到不至于将集电极烧毁所消耗的功率,就称为集电极最大耗散功率。在使用时为提高 P_{cM},可给大功率管加上散热片。

(3) 集电极-发射极反向击穿电压 V_{ceo}。当基极开路时,集电极与发射极间允许加的最大电压。在实际使用时加到集电极与发射极之间的电压,一定要小于 V_{ceo},否则将损坏晶体三极管。

3) 晶体管的电流放大系数

(1) 直流放大系数 β,也可用 h_{FE} 表示。这个参数是指无交流信号输入时,共发射极电路,集电极输出直流电流 I_c 与基极输入直流 I_b 的比值,即

$$\beta_{直} = I_c/I_b$$

(2) 交流放大系数 β,也可用 h_{FE} 表示。这个参数是指在共发射极电路有信号输入时,集电极电流的变化量 ΔI_c 与基极电流变化量 ΔI_b 的比值,即

$$\beta_{交} = \Delta I_c/\Delta I_b$$

以上两个参数分别表明了三极管对直流电流的放大能力及对交流电流的放大能力。但由于这两个参数值近似相等,即 $\beta_{直} \approx \beta_{交}$,因而在实际使用时一般不再区分。

为了能直观地表明三极管的放大系数,常在三极管的外壳上标上不同的色标。为选用三极管带来了很大的方便。

锗、硅开关管、高低频小功率管、硅低频大功率管 D 系列、DD 系列、3CD 系列的分挡标记如表 7.6 所示。锗低频大功率 3AD 系列分挡标记如表 7.7 所示。

表 7.6 D 系列、DD 系列、3CD 系列分挡色标与放大倍数

0～15	15～25	25～40	40～55	55～80	80～120	120～180	180～270	270～400
棕	红	橙	黄	绿	蓝	紫	灰	白

表 7.7 3AD 系列分挡色标与放大倍数

20～30	30～40	40～60	60～90	90～140
棕	红	橙	黄	绿

4) 特征频率 f_T

因为 β 值随工作频率的升高而下降,频率越高 β 下降越严重。三极管的特征频率是当 β 值下降到 1 时的频率值。就是说,在这个频率下工作的三极管,已失去放大能力,即三极管运用的极限频率。因此在选用三极管时,一般管子的特征频率要比电路的工作频率至少高 3 倍以上。但并不是 f_T 越高越好,否则将引起电路的振荡。

7.6.2 半导体三极管极性和类型的判别

对于小功率三极管来说,有金属外壳和塑料外壳封装两种。对于金属外壳封装的,如果管壳上带有定位销,那么,将管底朝上,从定位销起,按顺时针方向,三根电极依次为 e、b、c;如果管壳上无定位销,且三根电极在半圆内,我们将有三根电极的半圆置于上方,按顺时针方向,三根电极依次为 e、b、c。对于塑料外壳封装的,我们面对平面,三根电极置于下方,从左到右,三根电极依次为 e、b、c。

用指针式万用表判别极性的方法如下:

(1) 选择量程。选择 $R×100$ 或 $R×1k$ 挡位。

(2) 判别半导体三极管基极。用万用表黑表笔固定三极管的某一个电极,红表笔分别接半导体三极管另外两个电极,观察指针偏转,若两次的测量阻值都大或是都小,则该脚所接的就是基极(两次阻值都小的为 NPN 型管,两次阻值都大的为 PNP 型管),若两次测量阻值一大一小,则用黑笔重新固定半导体三极管一个引脚电极继续测量,直到找到基极。

(3) 判别半导体三极管的 c 极和 e 极。确定基极后,对于 NPN 管,用万用表两表笔接三极管另外两极,交替测量两次,若两次测量的结果不相等,则其中测得阻值较小的一次黑笔接的是 e 极,红笔接的是 c 极(若是 PNP 型管则黑、红表笔所接的电极相反)。

(4) 判别半导体三极管的类型。如果已知某个半导体三极管的基极,可以用红表笔接基极,黑表笔分别测量其另外两个电极引脚,如果测得的电阻值很大,则该三极管是 NPN 型半导体三极管,如果测量的电阻值都很小,则该三极管是 PNP 型半导体三极管。

7.6.3 半导体三极管的好坏检测

要想知道三极管质量的好坏,并定量分析其参数,需要专用的测量仪器进行测试。如晶体管特性图示仪。当不具备这样的条件时,用万用表也可以粗略判断晶体三极管性能的好

坏,方法如下。

(1) 选择量程。选择 $R\times100$ 或 $R\times1k$ 挡位。

(2) 测量 PNP 型半导体三极管的发射极和集电极的正向电阻值。红表笔接基极,黑表笔接发射极,所测得阻值为发射极正向电阻值,若将黑表笔接集电极(红表笔不动),所测得阻值便是集电极的正向电阻值,正向电阻值越小越好。

(3) 测量 PNP 型半导体三极管的发射极和集电极的反向电阻值。将黑表笔接基极,红表笔分别接发射极与集电极,所测得阻值分别为发射极和集电极的反向电阻,反向电阻越小越好。

(4) 测量 NPN 型半导体三极管的发射极和集电极的正向电阻值的方法和测量 PNP 型半导体三极管的方法相反。

7.6.4　半导体三极管的选用

1) 类型选择

按用途选择三极管的类型。如按电路的工作频率,可分低频放大和高频放大,应选用相应的低频管或高频管;若要求管子工作在开关状态,应选用开关管。根据集电极电流和耗散功率的大小,可分别选用小功率管或大功率管,一般集电极电流在 0.5A 以上,集电极耗散功率在 1W 以上的选用大功率三极管,而 0.1A 以下的称小功率管。还有按电路要求,选用 NPN 型或 PNP 型管等。

2) 参数选择

对放大管,通常必须考虑 4 个参数 β、U(BR)CEO、ICM 和 PCM,一般希望 β 大,但并不是越大越好,需根据电路要求选择 β 值。β 太高,易引起自激振荡,工作稳定性差,受温度影响也大。通常选 β 在 40~100 之间。U(BR)CEO、ICM 和 PCM 是三极管极限参数,电路的估算值不得超过这些极限参数。

3) 三极管的代换原则

(1) 极限参数高的三极管,可以替换极限参数低的三极管。在换用新的三极管时,新换三极管的极限参数应等于或大于原管子的极限参数值,如特征频率、耗散功率、最大反向击穿电压等。

(2) 性能好的三极管可代替性能差的三极管,如穿透电流小的可代换穿透电流大的,电流放大系数高的可代替电流放大系数低的。

(3) 在集电极耗散功率允许的情况下,可用高频三极管代替低频三极管,如 3DG 型可代替 3DX 型。

(4) 用开关三极管代替普通三极管,如 3DK 型代替 3DG 型,3AK 型代替 3AG 型等。

7.7　开关和接插件

7.7.1　开关

开关是在电子电路和电子设备中用来接通、断开和转换电路的机电元件。按驱动方式的不同,开关可分为手动和自动两大类;按应用场合不同,又可分为电源开关、控制开关、转换开关和行程开关等；按机械动作的方式不同，可分为旋转式开关、按动式开关、拨动式开关等；按极位的不同，可分为单极单位开关、单极双位开关、双极双位开关、多极单位开关、多极多位开关等。按结构的不同，可分为钮子开关、波动开关、波段开关、琴键开关、按钮开关等。

下面介绍几种常用的开关。

1）按钮开关

按钮开关是通过按动键帽，使开关触头接通或断开，从而达到电路切换的目的。按钮开关常用于电信设备、电话机、自控设备、计算机及各种家电中。

2）钮子开关

钮子开关有大、中、小型和超小型多种，接点有单极、双极和三极等几种，接通状态有单位和双位等。它体积小、操作方便，是电子设备中常用的一种开关，工作电流从 0.5～5A 不等。钮子开关主要用作电源开关和状态转换开关，广泛应用于小家电及仪器仪表中。

3）船型开关

船型开关也称波形开关，其结构与钮子开关相同，只是把钮柄换成船型。船型开关常用作电子设备的电源开关，其接点分为单极单位和双极双位等几种，有些开关还带有指示灯。

4）波段开关

波段开关有旋转式、拨动式和按键式 3 种。每种形式的波段开关又可分为若干种规格的极和位。在开关结构中，可直接移位或间接移位的导体称为极，固定的导体称为位。波段开关的极和位，通过机械结构，可以接通或断开。波段开关有多少个极，就可以同时接通多少个点；有多少个位，就可以转换多少个电路。波段开关主要用于收音机、收录机、电视机及各种仪器仪表中。

5）键盘开关

键盘开关多用于遥控器、计算器中数字信号的快速通断。键盘有数码键、字母键、符号键和功能键或是它们的组合，其接触形式有簧片式、导电橡胶式和电容式多种。

6）琴键开关

琴键开关是一种采用积木组合式结构，能作多极多位组合的转换开关。它常用在收录机中。琴键开关大多是多挡组合式，也有单挡的，单挡开关通常用作电源开关。琴键开关除了开关挡数及极位数有所不同之外，还有锁紧式和开关组成形式之分。锁紧形式可分自锁、互锁、无锁 3 种。锁定是指按下开关键后位置即被固定，复位需另外的复位键或其他键。开关组成形式主要分为带指示灯、带电源开关和不带灯数种。

7）拨动开关

拨动开关是水平滑动换位式开关，采用切入式咬合接触。波动开关多为单极双位和双极双位开关，主要用于电源电路及工作状态电路的切换。波动开关在小家电产品中应用较多。

8）拨码开关

拨码开关常用的有单极双位、双极双位和 8421 码拨码开关 3 种，常用在有数字预置功能的电路中。

9）薄膜按键开关

薄膜按键开关简称薄膜开关，它是近年来国际流行的一种集装饰与功能为一体的新型开关。和传统的机械开关相比,具有结构简单、外形美观、密闭性好、保险性强、性能稳定、寿命长等优点,目前被广泛用于各种微电脑控制的电子设备中。薄膜开关按基材不同可分为软性和硬性两种,按面板类型不同,可分为平面型和凹凸型;按操作感受又可分为触觉有感型和无感型。

7.7.2　接插件

接插件又称连接器。在电子设备中,接插件可以提供简便的插拔式电气连接。为了便于组装、更换、维修,在分立元器件或集成电路与印制电路板之间、在设备的主机和各部件之间,多采用接插件进行电气连接。

1．接插件的分类

按工作频率可分为低频接插件和高频接插件,低频接插件通常是指频率在 100MHz 以下的连接器;高频接插件是指频率在 100MHz 以上的连接器,这类连接器在结构上就要考虑高频电场的泄漏、反射等问题。

按其外形结构可分为圆形接插件、矩形接插件、印制板接插件、带状扁平排线接插件等。

2．几种常见的接插件

1) 圆形接插件

圆形接插件也称航空插头、插座,它有一个标准的螺旋锁紧机构,接点数目从两个到上百个不等。

2) 矩形接插件

矩形接插件的矩形排列能充分利用空间,并且电流容量也较大,所以其被广泛用于机内安培级电流信号的互联。

3) 印制板接插件

为了便于印制板电路的更换、维修,印制电路板之间或印制电路板与其他部件之间的互连经常采用印制板接插件。按其结构形式分为簧片式和针孔式。

4) 带状扁平排线接插件

带状扁平排线接插件是由几十根以聚氯乙烯为绝缘层的导线并排黏合在一起的。它占用空间小,轻巧柔韧,布线方便,不易混淆。

7.7.3　开关及接插件的选用

选用开关和接插件时,除了应根据产品技术条件所规定的电气、机械、环境要求外,还要考虑元件动作的次数、镀层的磨损等因素。因此,选用开关和接插件时应注意以下几个方面的问题。

(1) 首先应根据使用条件和功能来选择合适类型的开关及接插件。

(2) 开关、接插件的额定电压、电流要留有一定的余量。为了接触可靠,开关的接点和接插件的线数要留有一定的余量,以便并联使用或备用。

(3) 尽量选用带定位的接插件,以免插错而造成故障。

(4) 接点的接线和焊接可靠,为防止断线和短路,焊接处应加套管保护。

7.7.4　开关和接插件一般检测

开关和接插件其检测要点是接触可靠,转换准确。一般用目测和万用表测量即可达到要求。

目测适用于外观检查。对非密封的开关、接插件均可先进行外观检查,检查中的主要工作是检查其整体是否完整,有无损坏,接触部分有无损坏、变形、松动、氧化或失去弹性。波段开关还应检查定位是否准确,有无错位、短路等情况。

用万用表检测开关和接插件性能是否良好。将万用表置于 $R\times1\Omega$ 挡,测量接通两触点之间的直流电阻,这个电阻应接近于零,否则说明触点接触不良。将万用表置于 $R\times1k$ 或 $R\times10k$ 挡,测量接点断开后接点间、接点对"地"间的电阻,此值应趋无穷大,否则开关、接插件绝缘性能不好。

7.8　几种常用的集成电路

集成电路是将电路的有源元件(二极管、三极管)和无源元件(电阻、电容)以及连线等制作在很小的一块半导体材料或绝缘基片上,形成一个具备一定功能的完整电路,然后封装于特制的外壳中。由于将元件集成于半导体芯片上,代替了分立元件,因而集成电路具有体积小、重量轻、可靠性高、电路性能稳定等优点。集成电路的出现改变了传统电子工业和电子产品的面貌,给组装、调试、进行大规模生产提供了方便。产品的质量明显提高,小巧及多功能的电子产品不断涌进我们的生活中。

7.8.1　集成电路的一般检测方法

集成电路的一般检测可采用非在线(集成电路没有接在电路中)与在线(集成电路接在印制电路板中)检测的两种方法。

1．非在线检测各引脚对地电阻

将万用表置于电阻挡,一表笔接触集成电路的接地脚,然后用另一支表笔测量各引脚对地正、反向电阻,将读数与正常的同型号集成电路比较,如果相差不多则可判定被测集成电路是好的。集成电路正常电阻可通过资料或测量同型号的正品集成电路得到。

2．在线电压检测

在印制电路板通电的情况下,先测集成电路各引脚的电压。大部分说明书或资料中都标出了各引脚的电压值。当测出某引脚电压与说明书或资料中所提供的差距较大时,应先检查与此引脚相关的外围各元器件有无问题。若这些外围元器件正常,再用测集成电路引脚对地电阻的办法进一步判断。

在线电压检测时,应注意以下几个方面。

(1) 由于集成电路引脚之间的距离很小,因此测量时要小心,防止因表笔滑动造成两相邻引脚间短路,使集成电路损坏。

(2) 要区别所提供的标称电压是静态工作电压还是动态工作电压,因为集成电路个别引脚的电压随着注入信号的有无发生明显变化,因此测试时可把信号断开,然后再观察电压是否恢复正常,电压正常则说明标称电压属动态工作电压。而动态电压是在某一特定的条件下测得的,若测试时的接收场强不同或音量不同,动态电压也不一样。

（3）要注意外围可变元件引起的引脚电压变化。当测出的电压与标称电压不符时,可能是由于该引脚外围电路所连接的是电位器(如音量、色饱和、对比度电位器等)造成的。所以,当出现某一引脚电压与标称电压不符时,可通过转动电位器看能否调到标称值附近。

（4）要防止测量误差。万用表表头内阻不同或选用不同直流电压挡会造成误差。

3. 在线电阻测量

利用万用表测量集成电路各引脚对地的正、反向(直流)电阻,并与正常数据进行对照。

7.8.2 集成电路的正确选择和使用

集成电路的系列相当多,各种功能的集成电路应有尽有,在选择和使用集成电路时应注意以下几点。

（1）在选用集成电路时,应根据实际情况,查阅器件手册,在全面了解所需集成电路的性能和特点的前提下,选用功能和参数都符合要求的集成电路,充分发挥其效能。

（2）在使用集成电路时,不许超过器件手册规定的参数数值。

（3）结合电路图对集成电路的引脚编号、排列顺序核实清楚,了解各个引脚功能,确认输入输出端位置、电源、地线等。插装集成电路时要注意引脚序号方向,不能插错。

（4）在焊接扁平型集成电路时,由于其引脚成型,所以应注意引脚要与印制电路板平行,不得穿引扭焊,不得从根部弯折。

（5）在焊接集成电路时,不得使用功率大于 45W 的电烙铁,每次焊接的时间不得超过10s,以免损坏集成电路或影响集成电路性能。集成电路引出线间距较小,在焊接时不得相互锡连,以免造成短路。

（6）在安装集成电路时,要选择有利于散热通风、便于维修更换器件的位置。

（7）CMOS 集成电路有金属氧化物半导体构成的非常薄的绝缘氧化膜,加在栅极的电压可以控制源区和漏区之间的电通路,而加在栅极上的电压过大,栅极的绝缘氧化膜就容易被击穿。一旦发生了绝缘击穿,就不可能再恢复集成电路的性能。CMOS 集成电路为保护栅极的绝缘氧化膜免遭击穿,虽备有输入保护电路,但这种保护也有限,使用时如不小心,仍会引起绝缘击穿。因此使用 CMOS 集成电路时应注意以下几点：

① 焊接时采用漏电小的烙铁(绝缘电阻在 10MΩ 以上的 A 级烙铁或起码 1MΩ 以上的B 级烙铁),或焊接时暂时拔掉烙铁电源。

② 电路操作者的工作服、手套等应由无静电的材料制成。工作台要铺上导电的金属板,椅子、工夹器具和测量仪器等均应接到地电位。特别是电烙铁的外壳须有良好的接地线。

③ 当要在印制电路板上插入或拔出大规模集成电路时,一定要先关断电源。

④ 切勿用手触摸大规模集成电路的引脚。

⑤ 直流电源的接地端子一定要接地。

⑥ 在存储 CMOS 集成电路时,必须将集成电路放在金属盒内或用金属箔包装起来。

（8）安装完成之后应仔细检查各引脚焊接顺序是否正确，各引脚有无虚焊及互连现象，一切检查完毕之后方可通电。

7.8.3 几种常用的 TTL 集成电路

国产 TTL 器件，有 5 个系列品种，即 CT1000 通用系列、CT2000 高速系列、CT3000 肖特基系列、CT4000 低功耗肖特基系列。国外 TTL 的典型产品为 74 族数字集成电路。国产 TTL 器件和对应 74 族系列器件的性能基本相同，一般可互换使用，如表 7.8 所示。

表 7.8 国产 TTL 器件和对应 74 族系列器件对应表

国产 TTL	CT1000	CT2000	CT3000	CT4000
国外 74 族	74	74H	74S	74LS

CT4000（74LS）系列产品是低功耗肖特基器件，静态电流小，在保证快速条件下降低了结温和噪声，提高了器件的可靠性，因而应用十分广泛，其部分常用产品如表 7.9 所示。

表 7.9 CT4000（74LS）系列产品功能表

CT4000 系列	74LS 系列	功 能
CT4004	74LS04	六反相器
CT4014	74LS14	六施密特
CT4000	74LS00	四 2 输入与非门
CT4020	74LS20	双 4 输入与非门
CT4011	74LS11	三 3 输入与非门
CT4027	74LS27	三 3 输入或非门
CT4074	74LS74	双 D 上升沿触发器
CT4112	74LS76	双 JK 下降沿触发器
CT4247	74LS47	BCD 七段译码器
CT4160	74LS60	可预置 BCD 同步十进制加法计数器
CT4163	74LS63	可预置四位二进制加法计数器
CT4390	74LS90	双 BCD 同步十进制加法计数器

下面列举几种常用的 TTL 系列产品的测试方法。

1. 反相器（CT4004 或 74LS04）测试

反相器引脚如图 7.4 所示。测量时 14 脚 V_{CC} 接 5V 正电源，7 脚接地，将各输入端分别接高、低电平测输出端是否反相，符合逻辑关系的是好片。

2. 与非门测试 CT4000（74LS00）

CT4000 与非门引脚图如图 7.5 所示，测量时，将 14 脚接＋5V 电源，7 脚接地。以 1 门为例，其两输入端分别接高、低电平，测量输出端电平，若测得如表 7.10 所示的结果，则表明此门逻辑关系正确。用同样方法可测其他 3 个与非门。

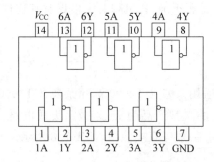

图 7.4　反相器引脚图

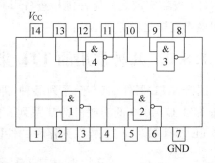

图 7.5　与非门引脚图

表 7.10　与非门真值表

1A	1B	1Y	1A	1B	1Y
0	0	1	1	0	1
0	1	1	1	1	0

注：0 为低电平(0～0.3)V,1 为高电平(2.7～5)V。

3. D 触发器(74LS74)测试

D 触发器(74LS74)引脚如图 7.6(a)所示。测量时,14 脚接＋5V 电源,7 脚接地,以其中一个 D 触发器为例将 D 触发器接成如图 7.6(b)所示的计数形式,在 CP 端送计数脉冲(CP 脉冲源用两个 TTL 与非门搭成),如按一下 SB,Q 的状态变换一次(发光二极管由亮变暗,或由暗变亮),说明此 D 触发器能够正常工作。

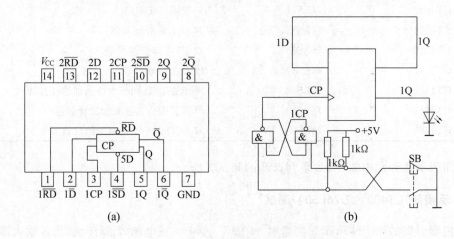

图 7.6　D 触发器引脚图和电路结构

4. JK 触发器(74LS76)测试

JK 触发器(74LS76)引脚如图 7.7(a)所示,测量时,将 5 脚接电源＋5V,13 脚接地,以其中一个 J、K 触发器为例,将此 J、K 触发器接成如图 7.7(b)所示的计数形式,在 CP 端送

计数脉冲(CP 脉冲产生电路见图 7.7(b)),按一下 SB 按钮,Q 的状态变化一次,说明此 J、K
触发器能够正常工作。

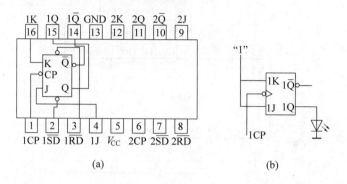

图 7.7　JK 触发器引脚图和电路结构

5. 四位二进制计数器测试(74LS163)

74LS163 具有二进制加法计数、保持、预置数等功能,这里只测试其计数功能,将其接成
图 7.8 所示的计数形式,即 V_{CC} 接 +5V,8 脚接地。

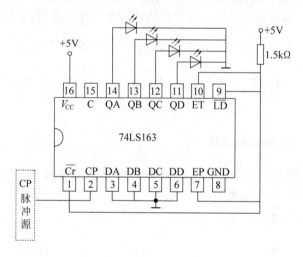

图 7.8　74LS163 测试

$\overline{Cr}$、$\overline{LD}$、ET、EP 均接在高电平"1"上,在 CP 端送计数脉冲,输出端 QD、QC、QB、QA 通
过 4 个发光二极管接地,若发光二极管的亮、暗符合二进制加法计数规律。送入 15 个 CP
脉冲后,4 个二极管全亮;再送一个 CP 脉冲,4 个二极管全暗,则为好片。

6. BCD 十进制加法计数器(74LS160)测试

74LS160 与 74LS163 功能一样,前者为 BCD 十进制计数,后者为二进制计数,计数功
能测试与 74LS163 一样,见图 7.9。第 9 个 CP 来到后,DA、DO 两个二极管亮,DB、DC 暗;
第 10 个 CP 脉冲来后,全部变暗。

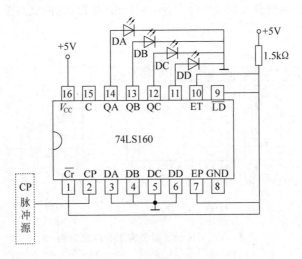

图 7.9　74LS160 测试

7．555 定时芯片的测试

555 是一种模拟、数字混合式定时集成电路,外接适当的电阻、电容就能构成多谐振电路、单稳态电路、施密特触发电路等。这里只测试其中一种电路(施密特触发电路)。将 555 接成如图 7.10 所示的电路,调节电位器 R_P,调到 A 时,因为 $V_i > \frac{2}{3}V_{CC}$,输出为低电平,二极管不亮;调到 B 时,因为 $V_i < \frac{1}{3}V_{CC}$ 输出为高电平,二极管亮。若符合上述现象,说明此 555 芯片可用。

8．LED 数码管(LC5011)的测试

LED 数码管有两种不同的结构形式,即共阳极和共阴极两种,LC5011 为共阴极数码管,高电平有效。测试时,接成图 7.11 所示的电路,然后将各引脚分别接高电平,如将 a 接高电平,则 a 笔画亮,如此依次测试各笔画。

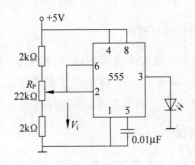

图 7.10　555 定时芯片的测试

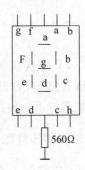

图 7.11　LC5011 的测试

第8章

电子电路安装和调试基础知识

电子电路的理论设计完成后,还必须将所设计的内容付诸于实践,即将电子电路进行硬件安装制作与调试。安装与调试过程是对理论设计作出检验、修改使之更加完善的过程,是进一步培养学生动手能力和解决实际问题能力的过程。实际上,任何一个好的设计方案,变成一个能实际应用的电子装置都要进行安装、调试后,经过多次修改,才能最终获得满意的结果。

8.1 焊接材料

电子实验中所说的焊接是指锡焊。焊接的目的除了保证电路中的电气可靠连通以外,还要使得元器件牢固地固定在电路板上。因此,焊接工作不能草率,否则容易出现虚焊造成接触不良,或者焊接面容易断裂。草率地焊接还会造成电路电极铜箔脱落,甚至破坏元器件外部封装或内部极间的绝缘,影响元器件的质量。所以,必须掌握操作方法,熟知各项焊接要领,才能保证质量。

8.1.1 焊料

一般的焊接都要施加专用的焊料,才能使两个被焊体牢固地熔合在一起。普通焊通常采用以锡铅为主要材料的合金焊料(焊锡丝)。常用的焊接材料为焊锡。焊锡是由60%的锡和40%的铅混合而成,焊锡丝内孔装有辅助焊剂。其作用是把元器件引脚与焊盘连接在一起。它们有多种不同的配方,如电路板锡焊通常采用低温焊锡丝,这是一种空心锡丝,外径有2.5、2、1.5、1mm等,芯内储有松香焊剂,熔点温度约140℃,其中含锡51%、铅31%、镉18%,以降低熔点温度。

此外,贴片器件的焊接还可以选用专用的贴片焊剂,这是一种液体状的焊锡,使用时只要在焊盘和贴片器件的引脚上沾上一点,用烙铁、专用的回流焊机或热风枪就可以完成焊接。

8.1.2 焊剂

被焊件元器件电极的表面一般都有镀层,如镀金、银、锡、镉、镍等。由于过久的储存、不良的包装以及周围有害气体的污染,都会引起氧化。被氧化了的电极镀层,很难焊上焊锡,即焊接活性很差,或者俗称的"不沾锡",因此焊接前应清除氧化层。

焊剂,也称助焊剂,它的主要作用是清洗被焊面的氧化物,增强焊接活性。焊剂一般有强酸性焊剂(腐蚀性大)、弱酸性焊剂(腐蚀性小)、中性焊剂(剂量平衡时呈非酸非碱性)和以松香为主的焊剂等。因为酸性或碱性焊剂在焊接后易留下残渣腐蚀元器件。因此实验室一般应用最广的焊剂是松香,它的软化温度为 $52\sim83℃$,加热到 $125℃$ 时变为液态。若将 20% 的松香、78% 的酒精和 2% 的三乙醇胺配成松香酒精液,比单用松香的效果好。若将 $30g$ 松香、$75g$ 酒精、$15g$ 溴化水杨酸和 $30g$ 树脂 A 配成助焊剂效果更好。松香在达到焊接温度时(约 $150℃$)产生的松香酸可起到温和地除氧化效用。松香是树脂的制成品,呈半透明块状物,以淡黄色为佳,其烟少。

8.2　如何正确使用电烙铁

8.2.1　焊接操作姿势与卫生

电烙铁是锡焊的基本工具,起加热作用。一般电子实验所用的烙铁功率在 $20\sim30W$,它们能够胜任一般小型电子元件的焊接工作,在使用不很频繁的情况下,温度也不会太高。

根据不同装配物体的焊接需要,烙铁头可以选用轴式和弯轴式,其中轴式头便于垂直操作。烙铁头的头端是焊接工作面,根据需要可以锉成不同的形状,如马蹄形和尖形等。焊接小型元件和电路板铜箔的烙铁头,直径一般是 $4\sim5mm$。镀铜烙铁头的工作面在使用过程中,由于受温度、焊料和焊剂的影响,很容易形成凹坑变形,或在烙铁头加温部分生成较多的氧化膜。这些逐渐增厚的氧化膜一方面影响热量传递,使之加热温度不高,呈现所谓"烧死"现象;另一方面,受振后,氧化膜极易碎落在焊接的工作面上,造成焊接点周围不清洁,严重时也影响电路工作。因此要经常将烙铁头配换或用钢锉修整。

电烙铁有内热式、外热式、恒温式和吸锡式等几种。按其功率,分为 15、20、30、45、75、100、200W 等几种,应根据所焊接元器件的大小和导线粗细来选用。一般焊接晶体管、集成电路和小型元件时,选用 30W 以下的即可。如果焊接贴片式元器件,可选用恒温电烙铁。恒温烙铁工作头温度从 $100\sim400℃$ 随意可调。有的烙铁设有瞬间强加热功能,能在短时间($0.5\sim1s$)内将焊点温度上升 $100\sim200℃$。可选配用长寿命的合金材料制成的多种型号工作头,适用于各种不同焊接场合。恒温烙铁寿命长、用电省、体积小、重量轻、手感好、操作方便、外形美观,是焊接电路板的首选。

焊剂加热挥发出的化学物质对人体是有害的,如果操作时鼻子距离烙铁头太近,则很容易将有害气体吸入。一般烙铁离开鼻子的距离应至少不小于 $30cm$,通常以 $40cm$ 为宜。

电烙铁拿法有 3 种,如图 8.1 所示。反握法动作稳定,长时间操作不宜疲劳,适于大功率烙铁的操作。正握法适用于中等功率烙铁或带弯头电烙铁的操作。一般在操作台上焊印制板等焊件时多采用握笔法。

焊锡丝一般有两种拿法,如图 8.2 所示。由于焊丝成分中,铅占一定比例,铅是对人体有害的重金属。因此操作时应戴手套或操作后洗手,避免食入。

使用电烙铁要配置烙铁架,一般放置在工作台右前方,电烙铁用后一定要稳妥放于烙铁架上,并注意导线等物品不要碰烙铁头。

(a) 反握法

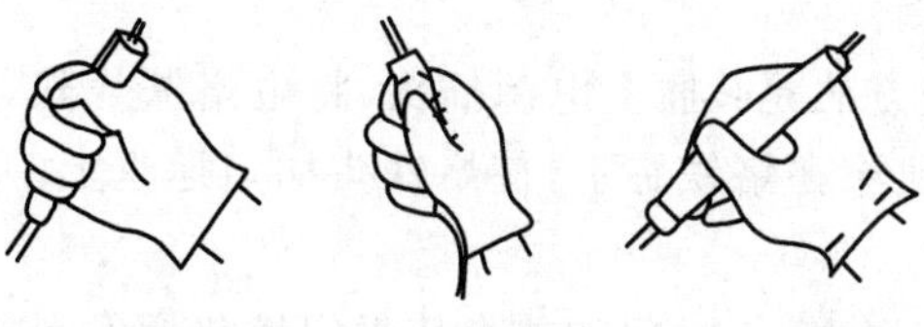

(b) 正握法

(c) 握笔法

图 8.1 电烙铁的操作姿势

(a) 连续锡焊时焊锡丝的拿法

(b) 断续锡焊时焊锡丝的拿法

图 8.2 焊锡丝拿法

8.2.2 焊接的五步法训练

作为一种初学者掌握手工锡焊技术的训练方法,五步法很有效,见图 8.3。

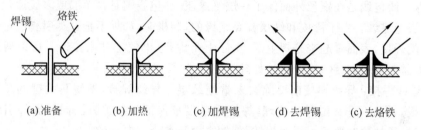

(a) 准备 (b) 加热 (c) 加焊锡 (d) 去焊锡 (c) 去烙铁

图 8.3 五步法训练

当焊锡完全润湿焊点后,移开烙铁,注意移开烙铁的方向应该是大致 45°的方向。上述过程,对一般焊点而言大约二三秒钟。

8.2.3 其他辅助工具

焊接过程通常还需要一些辅助工具,如镊子和烙铁架等。

烙铁架是在焊接间隙用来摆放烙铁的,使得烙铁不至于烫坏桌面和其他物体。

镊子在焊接过程中有两个作用。焊接时,用镊子夹住元器件引脚,一方面可以代替人手固定元件,不至于热量传到手上烫坏手指;另一方面,在被焊面与元器件之间有一个镊子夹住引脚,使得热量顺引脚向上传递过程中,遇到一块较大散热面,加速散热,不至于烫坏元器件。

8.2.4 元器件焊接焊点举例

焊接技术是做电子设计的同学必须掌握的基本技术,需要多多练习才能熟练掌握。图 8.4 是焊接点的不同形态,具体说明如下。

(1) 正确焊点:焊点就像光滑小山丘。

(2) 不正确焊点:焊锡多,中间空,虚焊。

(3) 不正确焊点:元件线未出头。

(4) 不正确焊点:半焊,振动易脱焊。

(5) 不正确焊点:撤离时带出一个小尖峰。

(6) 正确焊点:桃形焊点,烙铁从元件引脚方向离开。

(7) 不正确焊点:像油滴焊点,与焊盘未焊接。

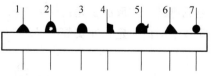

图 8.4 焊接点的不同形态

焊接时需注意的事项如下。

(1) 首次使用电烙铁时,烙铁头要上锡。具体方法是:插上电源插头,将电烙铁烧热,待刚刚能熔化焊锡时,涂上助焊剂,再用焊锡均匀地涂在烙铁头上,使烙铁头均匀地吃上一层锡。

在使用过程中,由于电烙铁温度很高,达 300℃以上,长时间加热会使焊锡熔化挥发,在烙铁头上留下一层污垢,影响焊接,使用时用抹布将烙铁头抹拭干净或在松香里清洗干净,再往烙铁头上加焊锡,保持烙铁头上有一层光亮的焊锡,这样电烙铁才好使用。

(2) 对表面已氧化的焊盘和元器件的引脚,必须用细砂纸打磨干净,涂上助焊剂,然后搪上一层薄而均匀的焊料,这一过程叫做搪锡(挂锡)。这样才焊得快、焊得牢,不至于出现虚焊和假焊。有一些电感类元器件是由漆包线或纱包线绕制而成的,如变压器、扼流圈、线圈、电感等。漆包线是在铜丝外面涂了一层绝缘漆,纱包线则是在单股或多股漆包线外面再缠绕上一层绝缘纱。由于漆皮和纱层都是绝缘的,装机时,如果不把这类引脚线上的漆皮和纱层去掉就焊接,表面看起来是焊上了,实际上是虚焊,电气上并未接通。所以遇到这类器件时,同样需要对引脚(线)进行清洁处理。

(3) 导线焊接:导线焊接前要除去末端绝缘层。导线焊接,搪锡是关键的步骤。尤其是多股导线,如果不进行预焊的处理,焊接质量很难保证。搪锡方法同元器件引线搪锡一样,但注意导线挂锡时要边上锡边旋转,旋转方向与拧合方向一致。

(4) 焊接时间不宜过长,否则容易烫坏元件,必要时可用镊子夹住引脚帮助散热。

(5) 焊点应呈正弦波峰形状,表面应光亮圆滑,无锡刺,锡量适中。

(6) 焊接完成后,要用酒精把线路板上残余的助焊剂清洗干净,以防炭化后的助焊剂影响电路正常工作。

(7) 集成电路应最后焊接,电烙铁要可靠接地,或断电后利用余热焊接。初学者最好使用集成电路专用插座,焊好插座后再把集成电路插上去。

(8) 电烙铁用完后应放在烙铁架上。

初学者在焊接时,一般将电烙铁在焊接处来回移动或者用力挤压,这种方法是错误的。正确的方法是用电烙铁的搪锡面去接触焊接点,这样传热面积大,焊接速度快。

焊接结束后必须检查有无漏焊、虚焊以及由于焊锡流淌造成的元件短路。虚焊较难发现,可用镊子夹住元件引脚轻轻拉动,如发现摇动应立即补焊。

8.2.5 元器件引线成型

如图 8.5 所示,是印制板上装配元器件的部分实例,其中大部分需在装插前弯曲成型。弯曲成型的要求取决于元器件本身的封装外形和印制板上的安装位置,有时也因整个印制板安装空间而限定元件安装位置。

图 8.5 印制板上元器件引线成型

8.3　布线和安装

一般选直径为 0.6mm 的单股导线,长度适当。先将两头绝缘皮剥去 7～8mm,然后把导线两头弯成直角,用镊子夹住导线,垂直插入相应的孔中。为避免或减少故障,面包板上的电路布局与布线,必须合理而且美观。

（1）集成块和晶体管的布局,一般按主电路信号流向的顺序在一小块面包板上直线排列。各级元器件围绕各级的集成块或晶体管布置,各元器件之间的距离应视周围元件多少而定。

（2）为使布线整洁和便于检查,尽可能采用不同颜色的导线,一般正电源线用红色,负电源线用蓝色,地线用黑色。要求连线紧贴面包板,注意尽量在器件周围走线,一个孔只准插一根线,并且不允许导线在集成块上方跨过。

（3）合理布置地线。为避免各级电流通过地线时互相产生干扰,特别要避免末极电流通过地线对某一极形成正反馈,故应将各级单独接地,然后再分别接公共地线。

8.4　检查电路的连接

1. 不通电检查

在接好连线后,不要急于通电测试。首先必须对照电路图认真仔细检查电路连线,如各晶体管或集成块的引脚是否插对了,是否有漏线和错线,二极管及电解电容的极性是否接错,特别要检查电源、检查直流极性是否正确,与地线是否有短路现象。

为确保连线的可靠,在查线的同时,可用万用表电阻挡对接线作连通检查。

若电路经过上述检查,并确认无误后,就可转入通电检查。

2. 通电检查

（1）直接观察。在上述检查无误后,要先调好所需要的电源电压,然后才能给电路通电。观察电路是否有发热、发烫、冒烟等异常现象。如果有,应立即关断电源,待排除故障后,才可重新通电。

（2）静态测试。先不加入信号,用万用表测量电路的 V_{cc} 与地间的电压,测量晶体管的静态工作点是否符合要求。

（3）采用动态逐级跟踪法检查。在输入端加入一个有规律的信号,按信号流程用示波器依次观测各级波形是否符合要求。

（4）采用替换法检查。可通过更换同型号元器件来发现器件故障。

8.5　调试技术

整个调试过程最好也分层次进行,先单元电路,再模块电路,最后系统联调。按照分配的指标、分解的模块,一部分一部分调试,然后将各模块连接起来总调。调试方法通常采用先分调后联调、先静态后动态的调试原则。分调：比如两级放大器的调试,将前后两级在耦合处断开,先调第一级,第一级调好后再调第二级;两级都调好后,接好前后级之间的连线,最后进行整体调试。统调主要是对总电路的性能指标进行测试和调整。若不符合要求,应仔细分析原因,找出相应的单元进行调整。

调试技术包括调整和测试两部分。

(1)调整：主要是对电路参数的调整。一般是对电路中可调元器件,例如电位器、电容器、电感等以及有关机械部分进行调整,使电路达到预定的功能和性能要求。

(2)测试：主要是对电路的各项技术指标和功能进行测量和试验,并同设计性能指标进行比较,以确定电路是否合格。

调整与测试是相互依赖、相互补充的。通常统称为调试,是因为在实际工作中,二者是一项工作的两个方面。测试、调整,再测试、再调整,直到实现电路设计指标。

调试是对装配技术的总检查,装配质量越高,调试的直通率越高,各种装配缺陷和错误都会在调试中暴露。调试又是对设计工作的检验,凡是设计工作中考虑不周或存在工艺缺陷的地方,都可以通过调试发现,并为改进和完善产品提供依据。

8.6　放大器干扰、噪声抑制和自激振荡的消除

放大器的调试一般包括调整和测量静态工作点,调整和测量放大器的性能指标包括放大倍数、输入电阻、输出电阻和通频带等。由于放大电路是一种弱电系统,具有很高的灵敏度,因此很容易接受外界和内部一些无规则信号的影响。也就是在放大器的输入端短路时,输出端仍有杂乱无规则的电压输出,这就是放大器的噪声和干扰电压。另外,由于安装、布线不合理,负反馈太深以及各级放大器共用一个直流电源造成级间耦合等,也能使放大器没有输入信号时,有一定幅度和频率的电压输出,例如收音机的尖叫声或"突突…"的汽船声,这就是放大器发生了自激振荡。噪声、干扰和自激振荡的存在都妨碍了对有用信号的观察和测量,严重时放大器将不能正常工作。所以必须抑制干扰、噪声和消除自激振荡,才能进行正常的调试和测量。

8.6.1　干扰和噪声的抑制

把放大器输入端短路,在放大器输出端仍可测量到一定的噪声和干扰电压。其频率如果是 50Hz(或 100Hz),一般称为 50Hz 交流声,有时是非周期性的,没有一定规律,可以用示波器观察到如图 8.6 所示的波形。50Hz 交流声大都来自电源变压器或交流电源线,100Hz 交流声往往是由于整流滤波不良所造成的。另外,由电路周围的电磁波干扰信号引起的干扰电压也是常见的。由于放大器的放大倍数很高(特别是多级放大器),只要在它的前级引进一点微弱的干扰,经过几级放大,在输出端就可以产生一个很大的干扰电压。还有,电路中的地线接得不合理,也会引起干扰。

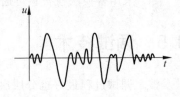

图 8.6　干扰信号

抑制干扰和噪声的措施一般有以下几种。

(1)选用低噪声的元器件

如噪声小的集成运放和金属膜电阻等。另外可加低噪

声的前置差动放大电路。由于集成运放内部电路复杂,因此它的噪声较大。即使是"极低噪声"的集成运放,也不如某些噪声小的场效应对管,或双极型超 β 对管,所以在要求噪声系数极低的场合,以挑选噪声小对管组成前置差动放大电路为宜。也可加有源滤波器。

(2)合理布线

放大器输入回路的导线和输出回路、交流电源的导线要分开,不要平行铺设或捆扎在一起,以免相互感应。

(3)屏蔽

小信号的输入线可以采用具有金属丝外套的屏蔽线,外套接地。整个输入级用单独金属盒罩起来,外罩接地。电源变压器的初、次级之间加屏蔽层。电源变压器要远离放大器前级,必要时可以把变压器也用金属盒罩起来,以利隔离。

(4)滤波

为防止电源串入干扰信号,可在交(直)流电源线的进线处加滤波电路。

图 8.7(a)、(b)、(c)所示的无源滤波器可以滤除天电干扰(雷电等引起)和工业干扰(电机、电磁铁等设备起、制动时引起)等干扰信号,而不影响 50Hz 电源的引入。图中电感、电容元件,一般 L 为几毫亨到几十毫亨,C 为几千皮法。图 8.7(d)中阻容串联电路对电源电压的突变有吸收作用,以免其进入放大器。R 和 C 的数值可选 100Ω 和 $2\mu F$ 左右。

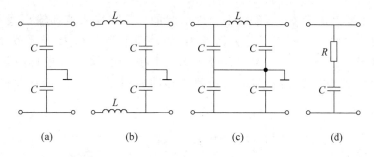

图 8.7 滤波电路消除干扰

(5)选择合理的接地点

在各级放大电路中,如果接地点安排不当,也会造成严重的干扰。例如,在图 8.8 中,同一台电子设备的放大器,由前置放大级和功率放大级组成。当接地点如图中实线所示时,功率级的输出电流是比较大的,此电流通过导线产生的压降,与电源电压一起,作用于前置级,引起扰动,甚至产生振荡。还因负载电流流回电源时,造成机壳(地)与电源负端之间电压波动,而前置放大级的输入端接到这个不稳定的"地"上,会引起更为严重的干扰。如将接地点改成图中虚线所示,则可克服上述弊端。

8.6.2 自激振荡的消除

检查放大器是否发生自激振荡,可以把输入端短路,用示波器(或毫伏表)接在放大器的输出端进行观察,波形如图 8.9 所示。自激振荡和噪声的区别是,自激振荡的频率一般为比较高的或极低的数值,而且频率随着放大器元件参数不同而改变(甚至拨动一下放大器内部导线的位置,频率也会改变),振荡波形一般是比较规则的,幅度也较大,往往使三极管处于饱和和截止状态。

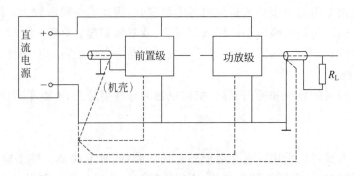

图 8.8　选择合适的接地线消除干扰

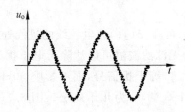

图 8.9　自激振荡产生的干扰信号

高频振荡主要是由于安装、布线不合理引起的。例如输入线和输出线靠得太近，产生正反馈作用。对此应从安装工艺方面解决，如元件布置紧凑、接线要短等。也可以用一个小电阻电容或单一电容（一般 $100\text{pF}\sim0.1\mu\text{F}$，由试验决定），进行高频滤波或负反馈，以压低放大电路对高频信号的放大倍数或移动高频电压的相位，从而抑制高频振荡（见图 8.10）。

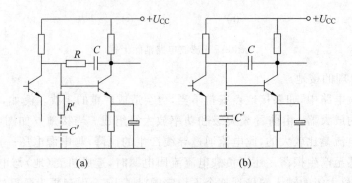

图 8.10　抑制高频振动方法

低频振荡是由于各级放大电路共用一个直流电源所引起。如图 8.11 所示。因为电源总有一定的内阻 R_0，特别是电池用的时间过长或稳压电源质量不高，使得内阻 R_0 比较大时，则会引起 U_{CC} 处电位的波动，U_{CC} 的波动作用到前级，使前级输出电压相应变化，经放大后，使波动更厉害，如此循环，就会造成振荡现象。最常用的消除办法是在放大电路各级之间加上"去耦电路"，如图中的 R 和 C，从电源方面使前后级减小相互影响。去耦电路 R 的值一般为几百欧姆，电容 C 选几十微法或更大一些。

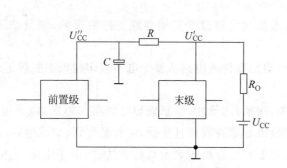

图 8.11 抑制低频振动方法

8.7 故障检测方法

8.7.1 观察法

观察法又可分为静态观察法和动态观察法两种。

1）静态观察法

又称为不通电观察法，指目视、手摸等方法，直接找出故障点。首先看元器件，有无相碰、断线等现象，然后用手或工具拨动一些元器件、导线等进行进一步检查。对照原理图检查接线有无错误，元器件是否符合设计要求，电解电容及二极管的极性是否接反，三极管引脚是否接错，集成电路引脚是否插错方向或折弯，有无漏焊、桥接等故障。实践证明，占电子线路故障相当比例的故障，完全可以通过观察发现。当静态观察未发现异常时，可进一步用动态观察法。

2）动态观察法

也称通电观察法，即给线路通电后，运用人体视、嗅、听、触觉检查线路故障。

通电后，眼要看电路内有无打火、冒烟等现象；耳要听电路内有无异常声音；鼻要闻电器内有无烧焦、烧糊的异味；手要触摸一些管子、集成电路等是否发烫（注意：高压、大电流电路须防触电、防烫伤），发现异常立即断电。

通电观察，有时可以确定故障原因，但大部分情况下并不能确认故障确切部位及原因。例如一个集成电路发热，可能是周边电路故障也可能是供电电压有误，既可能是负载过重也可能是电路自激，当然也不排除集成电路本身损坏，必须配合其他检测方法，分析判断，找出故障所在。

8.7.2 测量法

测量法是故障检测中使用最广泛、最有效的方法。根据检测的电参数特性又可分为电阻法、电压法、电流法、逻辑状态法和波形法。

1）电阻法

电阻是各种电子元器件和电路的基本特征，利用万用表测量电子元器件或电路各点之间电阻值来判断故障的方法称为电阻法。

测量电阻值，有在线和离线两种基本方式。

在线测量,需要考虑被测元器件受其他并联支路的影响,测量结果应对照原理图分析判断。

离线测量需要将被测元器件或电路从整个电路或印制板上脱焊下来,操作较麻烦,但结果准确可靠。

电阻法对确定开关、接插件、导线、印制板导电线路的通断,以及电阻器的变质、电容器短路、电感线圈断路等故障非常有效而且快捷,但对晶体管、集成电路以及电路单元来说,一般不能直接判定故障,需要对比分析或兼用其他方法,但由于电阻法不用给电路通电,可将检测风险降到最小,故一般检测首先采用电阻法。

用电阻法检测时应注意以下几个问题:

(1) 使用电阻法时应在线路断电、大电容放电的情况下进行,否则结果不准确,还可能损坏万用表。

(2) 在检测低电压供电的集成电路(5V)时避免用指针式万用表的 10k 档。

(3) 在线测量时应将万用表表笔交替测试,对比分析。

2) 电压法

电子线路正常工作时,线路各点都有一个确定的工作电压,通过测量电压来判断故障的方法称为电压法。

电压法是通电检测手段中最基本、最常用的方法。根据电源性质又可分为交流和直流两种电压测量。

检测直流电压一般分为 3 步:

(1) 测量稳压电路输出端是否正常。

(2) 测量各单元电路及电路的关键"点",例如放大电路输出点,外接部件电源端等处电压是否正常。

(3) 电路主要元器件如晶体管、集成电路各引脚电压是否正常,对集成电路首先要测电源端。

另外也可对比正常工作的同种电路测得的各点电压。偏离正常电压较多的部位或元器件,往往就是故障所在。

3) 波形法

对交变信号产生和处理电路来说,采用示波器观察信号通路各点的波形有无、形状和参数是最直观、最有效的故障检测方法。

8.7.3 替换法

替换法是用规格、性能相同的正常元器件、电路或部件,代替电路中被怀疑的相应部分,从而判断故障所在的一种检测方法,也是电路调试、检修中最常用、最有效的方法之一。元器件替换除某些电路结构较为方便外(如带插接件的 IC、开关、继电器等),一般都需拆焊,操作比较麻烦且容易损坏周边电路或印制板,因此元器件替换一般只作为其他检测方法均难判别时才采用的方法。例如,怀疑某两个引线元器件开路,可直接焊上一个新元件进行试验;怀疑某个电容容量减小,可再并联一只电容进行试验。

8.7.4 对比法

若怀疑某一电路存在问题,可将此电路的参数和工作状态与相同的正常工作的电路进行对比,从中分析故障原因,判断故障点。

8.8 安装与调试方法

电子线路设计完毕之后,需要安装、焊接出实验电路,有的还要做成实用电子装置。由于课程设计的时间较短,不可能将整个安装、调试过程全部完成,一般只需要在面包板上将所设计的电路插接或者在 PCB 版上焊接、调试。焊接方法前面已经介绍,这里主要介绍面包板的使用方法。

8.8.1 在面包板上插接电路的方法

1. 常用面包板的结构

图 8.12 所示的面包板上小孔孔心的距离与集成电路引脚的间距相等。板中间槽的两边各有 65×5 个插孔,每 5 个一组,a、b、c、d、e 是相通的,f、g、h、i、j 也是相通的。双列直插式集成电路的引脚分别插在两边,每个引脚相当于接出 4 个插孔,它们可以作为其他元器件连接的引出端,接线方便。面包板最外侧也各有一条 11×5 的插孔,共 55 个插孔,每 5 个一组是相通的,各组之间是否完全相通,各厂家生产的产品各不同,须用万用表测量后方可使用。两边的两条插孔一般可用作公共信号线、接地线和电源线。

在多次使用的面包板中,弹簧片会变松,弹性变差,容易造成接触不良。因此,多次使用的面包板应将背后揭开,取出弹性差的弹簧片,用镊子夹紧后,再插入原来的位置,可以使弹性增强,增加面包板的可造性和使用寿命。

2. 布线用的工具

布线用的工具主要有斜口钳、扁嘴钳、镊子等。斜口钳用来剪断导线和元件引脚;扁嘴钳用来折弯导线;镊子用来夹住导线或元器件的引脚,送入到指定位置。

3. 布线技巧

(1)安装的分立元件应便于看到其极性和标志。为了防止裸露的引线短路,必须使用套管,一般不采用剪短引脚的方法,以利于重复使用。

(2)对多次使用过的集成电路的引脚,必须修理整齐,引脚不能弯曲,所有的引脚应稍向外偏,这样才能使引脚与插孔接触良好。

要根据电路图确定元器件在面包板上的排列位置,目的是走线方便,双列直插式集成电路要插在面包板中间槽的两边。为了能够正确布线便于查线,所有集成电路的插入方向要保持一致,不能为了临时走线方便,或缩短导线长度,而把集成电路倒插。

(3)根据信号流向的顺序,采用边安装、边调试的方法,元器件安装之后,先连接电源线和地线。连线通常选用 0.60mm 的单股导线。为了查线方便,连线应用不同的颜色,例如,正电源一般选用红色绝缘的导线,负电源用蓝色,地线用黑色,信号线用黄色,也可根据条件选用其他颜色的导线。

(4)把使用的导线拉直,根据连线的距离及插入插孔的长度剪斜导线,导线两头各留6mm左右作为插入插孔的长度。剥线时,防止将导线剥伤或剪断。使用过的弯曲导线要夹直后再使用,要用镊子夹住导线后垂直插入或拔出面包板。

(5)连线要求紧贴在面包板上,以免碰撞弹出面包板,造成接触不良。必须使连线从集成电路周围通过,不允许跨接在集成电路上,也不要使导线互相重叠在一起,尽可能做到横平竖直,这样有利于查线、更换器件及连线。

(6)在布线过程中,要求把各元件在面包板上的相应位置以及所用的引脚号标在电路图上,以保证调试和查找故障的顺利进行。

(7)为了使电路能够正常工作与测量,所有的地线必须连在一起,形成一个公共参考点。

8.8.2 调试方法

1.检查电路接线

电路安装完毕,不要急于通电,先要认真检查电路接线是否正确,包括错线(连线一端正确,另一端错误)、少线(安装时漏掉的线)、多线(连线两端在电路图上都是不存在的线),在实验中时常发生。若发生上述情况,而又未被查出,无法进行调试。有时因连线的错误往往给人造成错觉,以为问题是元件故障造成。比如把 TTL 两个门电路的输出端无意中连在一起,引起电平不高不低,人们很容易认为是元件损坏了。查线的方法,一是按照设计的电路图检查安装的线路。把电路图中的连线按一定顺序在安装好的线路中逐一对应检查,这种方法比较容易找出错线和少线。

另一种是按照实际线路来对照电路原理图,把每个元件的引脚连线的去向一次查清,检查每个去处在电路图上是否都存在。这种方法不但可查出错线和少线,还很容易查到是否多线。查线时最好用指针或万用表 Ω×1 挡或用数字万用表 Ω 挡的蜂鸣器来测量,而且尽可能直接测量元器件引脚,这样可以同时发现接触不良的地方。

2.调试用的仪器

(1)数字万用表(或指针式万用表)
它可测交、直流电压,交、直流电流,电阻及晶体管 β 值等。
(2)示波器
用示波器可测量直流电位、正弦波、三角波和脉冲波形。用双踪示波器还可以同时测量两个波形的相位关系。
(3)信号发生器
因为经常要在加信号的情况下测试,则在测试和故障诊断时最好备有信号发生器。

3.调试方法

调试包括测试和调整两个方面,测试是在安装后,对电路的参数及工作状态进行测量,调试是在测量的基础上，对电路的参数进行修正，使之满足设计要求。

调试方法有以下两种。

（1）采用边安装边调试的方法。也就是把复杂路，按原理框图上的功能分块进行安装和调试，在分块安装调试的基础上，逐步扩大安装和调试的范围，最后完成整机调试。对于新设计的电路，一般采用这种方法，以便及时发现问题并加以解决。

（2）整个电路安装完毕，进行一次性调试，这种方法一般适用于定型产品和需要相互配合才能运行的电路。

如果电路中包括模拟电路、数字电路和微机系统，一般不允许直接连用。不但它们的输出电压和波形各异，而且对输入信号的要求也不同。如果盲目连在一起，可能会使电路出现不应有的故障，甚至造成元器件的损坏，一般情况下，要求把这三部分分开，对各部分分别进行调试，再经过信号和电平转换电路后实现整机联调，具体调试步骤如下。

1. 通电观察

把经过测量后的电源电压加入电路，电源接通后，不要急于测量数据和观察结果，首先应观察有无异常现象，包括有无冒烟，是否闻到异常气味，手摸元件是否发烫，电源是否有短路现象等。如果出现异常现象，应立即关断电源，待排除故障后，方可重新通电。然后再测量各元器件引脚电源的电压，而不是测量各路总电源电压，以保证元器件正常工作。

2. 分块调试

分块调试是把电路按功能分成不同的部分，把每部分看作一个模块进行调试，在分块调试的过程中，逐步扩大调试范围，最后实现整机调试。比较理想的调试顺序是按照信号流向进行，这样可以把前面调试过的输出信号作为后一级的输入信号。分块调试包括静态调试和动态调试。静态调试是指在没有外加信号的条件下，测试电路信号的电位，比如模拟电路的静态工作点、数字电路的各输入端和输出端的高低电平值及逻辑关系等。动态调试可以利用前级的输出信号作为本功能块的输入信号，也可以利用自身的信号源来检查功能块的各级指标是否满足设计要求，包括信号幅度、波形形态、相位关系、频率、放大倍数等。对于信号产生电路，一般只看到动态指标，把静态和动态测试的结果与设计的指标加以比较，经深入分析后，对电路的参数进行合理的修正。

3. 整机联调

在分块调试的过程中，因逐步扩大调试范围，实际上已经完成了某些局部联调工作。下面要做好各功能块之间的接口电路的测试工作，再把全部电路接通，就可实现整机联调。整机联调只需观察动态结果，就是把各种测量仪器和系统本身提供的信息与设计指标逐一对比，找出问题，然后进一步修改电路的参数，直到完全符合设计要求为止。

4. 系统精度及可靠性测试

系统精度是设计电路时很重要的一个指标。如果是测量电路，被测元器件本身应该由精度高于测量电路的仪器进行测试，然后才能作为标准元器件接入电路校准精度。例如电容量测量电路，校准精度时所用的电容不能以标称值计算，而要经过高精度的电容表测量其准确值后,才可作为校准电容。

对于正式产品,应该就以下几个方面进行可靠性测试:

(1) 抗干扰能力;

(2) 电网电压及环境温度变化对装置的影响;

(3) 长期运行实验的稳定性;

(4) 抗机械振动的能力。

5. 注意事项

(1) 调试前先要熟悉各种仪器的使用方法,并仔细加以检查,避免由于仪器使用不当或出现故障时作出错误判断。

(2) 测量用的仪器地线和被测电路的地线连在一起,只有使仪器和电路之间建立公共参考点,测量的结果才是正确的。

(3) 调试过程中,发现器件或接线有问题需要更换和修改时,应该先关断电源,待更换完毕经认真检查后才可重新通电。

(4) 调试过程中,不但要认真观察和测量,还要善于记录。包括记录观察的现象、测量的数据、波形及相位关系,必要时在记录中要附加说明,尤其是那些和设计不符的现象更应是记录的重点。依据记录的数据才能把实际观察到的现象和理论预计的结果加以定量比较,从中发现电路设计和安装上的问题,加以改进,以进一步完善设计方案。

(5) 安装和调试自始至终要有严谨的科学作风,不能采取侥幸心理。出现故障时要认真查找故障原因,仔细作出判断。切不可一遇故障解决不了就拆掉线路重新安装。因为重新安装的线路仍然会存在各种问题,况且原理上的问题不是重新安装就能解决的。

第9章

电子技术课程设计题目选编

本章列举一些课程设计的题目,学生可以根据自己的专业和兴趣,选择合适的题目。为了培养学生的科研能力和创新能力,在课程设计过程中,查资料、制定设计方案、电路仿真与验证、制作 PCB 版、购买元器件、焊接、测试、完成设计报告等一系列完整的步骤都必须自主完成,设计要有新意,切忌完全照搬、抄袭、上下文不统一、文不对题等。

9.1 循环彩灯控制器

利用编码器,根据不同的花型送出 8 位状态码以控制彩灯按规律亮灭。可以选用双向移位寄存器 74LS194 实现该功能。左、右移位的控制信号及节拍变化均由控制电路提供信号。控制器电路完成对编码器的预置功能,按花型控制编码器的移位功能及节拍变化功能。可先对单一功能进行设计,然后再扩展多种花型节拍。控制电路可以用计数器及译码器、数据分配器实现各种花型及节拍的控制。

设计要求如下:

(1) 8 个彩灯的循环花型(花型 4 请自定义)如表 9.1 所示。

表 9.1 彩灯花型状态编码表

节拍顺序	编码输出 QG、QF、QE、QD、QB、QC、QB、QA		
	花型 1	花型 2	花型 3
0	0 0 0 0 0 0 0 0	0 0 0 0 0 0 0 0	0 0 0 0 0 0 0 0
1	1 0 0 0 0 0 0 0	0 0 0 1 1 0 0 0	1 0 0 0 1 0 0 0
2	1 1 0 0 0 0 0 0	0 0 1 1 1 1 0 0	1 1 0 0 1 1 0 0
3	1 1 1 0 0 0 0 0	0 1 1 1 1 1 1 0	1 1 1 0 1 1 1 0
4	1 1 1 1 0 0 0 0	1 1 1 1 1 1 1 1	1 1 1 1 1 1 1 1
5	1 1 1 1 1 0 0 0	1 1 1 0 0 1 1 1	0 1 1 1 0 1 1 1
6	1 1 1 1 1 1 0 0	1 1 0 0 0 0 1 1	0 0 1 1 0 0 1 1
7	1 1 1 1 1 1 1 0	1 0 0 0 0 0 0 1	0 0 0 1 0 0 0 1
8	1 1 1 1 1 1 1 1	0 0 0 0 0 0 0 0	0 0 0 0 0 0 0 0
9	1 1 1 1 1 1 1 0		
10	1 1 1 1 1 1 0 0		

节拍顺序	编码输出 QG、QF、QE、QD、QB、QC、QB、QA		
	花型 1	花型 2	花型 3
11	1 1 1 1 1 0 0 0		
12	1 1 1 1 0 0 0 0		
13	1 1 1 0 0 0 0 0		
14	1 1 0 0 0 0 0 0		
15	1 0 0 0 0 0 0 0		
16	0 0 0 0 0 0 0 0		

（2）节拍变化的时间为 0.5s 和 0.25s，两种节拍交替运行。

（3）4 种花型要求自动切换电路：花型 1 结束后自动选择到花型 2，花型 2 结束后自动选择到花型 3，花型 4 结束后自动选择到花型 1。

（4）产生追逐的效果。

9.2　可编程彩灯控制器

通过对硬件编程，将图形、文字、动画存储在 EEPROM 中，通过计数器控制图形、文字、动画的地址，再利用显示矩阵显示出来。系统所显示的内容可反复循环，直至手动或加压清零，便可回到初始地址。

设计要求如下：

（1）设计脉冲产生电路、图形控制电路和存储电路。

（2）用发光二极管点阵（8×8）作为显示电路，显示内容的动画感要强。

（3）图形能连续循环，图形大于 64 幅，图形显示间隔在 20ms～2s 范围内连续可调。

（4）有手动清零功能及自动选画功能。

9.3　节拍速度渐变的彩灯控制器

设计要求如下：

（1）控制红、黄、绿、蓝一组彩灯，按如下规律（实际上为 4 位循环码）循环闪亮：全灭—蓝—绿蓝—绿—黄绿—黄绿蓝—黄蓝—黄—红—红蓝—红绿蓝—红绿—红黄绿—红黄绿蓝—红黄蓝—红黄—全灭，如此循环，产生"流水"般的效果。

（2）彩灯白天不亮，夜晚自动亮。

（3）实现不同的速度，交替完成每一循环"流水"过程。如在"流水"中，前 7s 速度快，后 7s 速度慢。

9.4　红绿灯自动控制系统设计

设计要求如下：

（1）能显示十字路口东西、南北两个方向的红、黄、绿的指示状态。用两组红、黄、绿三色灯作为两个方向的红、黄、绿灯。

(2) 能实现正常的倒计时功能。用两组数码管作为东西和南北方向的倒计时显示,主干道每次放行(绿灯)60s,支干道每次放行(绿灯)45s,在每次由绿灯变成红灯的转换过程中,要亮黄灯 5s 作为过渡(时间可设置修改)。

(3) 能实现特殊状态的功能(选做),包括

① 按 S1 键后,能实现特殊状态功能;

② 显示倒计时的两组数码管闪烁;

③ 计数器停止计数并保持在原来的状态;

④ 东西、南北、路口均显示红灯状态;

⑤ 特殊状态解除后能继续计数。

(4) 能实现总体清零功能。按下该键后,系统实现总清零,计数器由初始状态计数,对应状态的指示灯亮。

(5) 同步设置人行横道红、绿灯指示。

9.5 智能抢答器设计

设计要求如下:

(1) 该抢答器最多可供 6 名选手参赛,编号为 1~6 号,各队分别用一个按钮(分别为 S1~S6)控制。

(2) 抢答器开始时数码管无显示,选手抢答实行优先锁存,并将锁存数据用 LED 数码管显示出来,同时蜂鸣器发出间歇式声响(持续时间为 1s),优先抢答选手的编号一直保持到主持人将系统清除为止。抢答后显示优先抢答者序号,同时发出音响,并且不出现其他抢答者的序号。主持人清零后,声音提示停止。

(3) 系统设置复位按钮,按动后,清零并重新开始抢答。该抢答控制开关由主持人控制,当开关被按下时抢答电路清零,松开后则允许抢答。输入抢答信号由抢答按钮开关 S1~S6 实现。

(4) 有抢答信号输入(开关 S1~S6 中的任意一个开关被按下)时,并显示出相对应的组别号码。此时再按其他任何一个抢答器开关均无效,指示灯依旧"保持"第一个开关按下时所对应的状态不变。

(5) 抢答器具有定时抢答功能,且一次抢答的时间由主持人设定,本抢答器的时间设定为 60s,当主持人启动"开始"开关后,定时器开始减计。

(6) 设定的抢答时间内,选手可以抢答,这时定时器停止工作,显示器上显示选手的号码和抢答时间。并保持到主持人按复位键。

(7) 当设定的时间到,而无人抢答时,本次抢答无效,扬声器报警发出声音,并禁止抢答。定时器上显示 00。

9.6 数字式石英钟设计

设计要求如下:

(1) 设计一台能以十进制数字显示"时"、"分"、"秒"的数字式石英钟,以 LED 数码管作

为显示器件,时间以 24 小时为一个周期。

（2）走时精度应高于机械时钟,具有校时功能（能对时、分进行校正）。"时"、"分"通过按键进行校正,至少有单向（最好双向）;"秒"校正通过按键清零。为了保证计时的稳定性及准确性,须由晶体振荡器提供表针时间基准信号。

（3）具有模仿广播电台的整点报时功能,在离整点 10s 时,便自动鸣叫,声长 1s,每隔 1s鸣叫一次。前四声为低音（500Hz）,最后一声为高音（1kHz）,共五次,音响结束时正好为整点。

（4）带闹钟功能。

9.7　钟控定时电路

本系统中的控制器应能完成如下功能:电路的清零（包括保持电路）、输入定时时间、启动计数器工作。设计要求如下:

（1）定时控制时间的输入方式为串行输入（可用计数器实现）,范围是 0～99s,用两位LED 分别显示。

（2）手动开关控制系统的复位、时间的寄存及启动,定时时间到要有声响报警,报警时间为 5s。

（3）在计时开始前"0"时不应报警,只有在启动后时间到才可以报警。

（4）全部电路的控制开关不能超过 2 个。

9.8　象棋快棋赛电子裁判计时器的设计

设计要求如下:

（1）象棋快棋赛规则是:红、黑双方对弈时间累计均为 3min,超时判负。

（2）甲乙对弈方的计时器共用一个秒时钟,双方均用 3 位数码管显示,预定的初值均为3min（180s）,采用倒计时方式,通过按钮启动,由本方控制对方,比如甲方走完一步棋后必须按一次甲方的按键,该按键启动乙方倒计时,甲方停止计数。

同理,乙方走完一步棋后必须按一次乙方的按键,该按键启动甲方倒计时,乙方停止计数。

（3）超时能发出声音,报警判负。

9.9　大小月份自动调节功能的日历

由电子电路实现日期的计数,完成大月 31 天,小月 30 天,二月 28 天的功能。设计要求如下:

（1）用两片十进制计数器级联构成日计数器,再由两片十进制计数器级联构成月计数器。

（2）设计日计数器的状态译码电路。应能输出 3 个信号,分别表示 Y28、Y30、Y31。

（3）设计月计数器的状态译码电路。应能输出两个选择信号 A、B,并能代表当前月是大月、小月、平月。

（4）设计选通电路让信号 A、B 去控制 Y28、Y30、Y31 中的哪个信号去控制日计数器的置数（复位）和月计数器的进位。

（5）日计数器置数（复位）后应为 1，月计数器应为 12，循环计数。

9.10 水温控制系统设计

要求设计一个水温控制系统，能正常控制和测量温度范围。

设计要求如下：

（1）测温和控温范围：室温～80℃（实时控制）；

（2）控温精度：±0.5℃；

（3）控温通道输出为双向晶闸管或继电器，一组转换点为市电（220V，10A）。

提示：水温控制器的基本组成主要包括温度传感器、K—℃变换、温度设置、数字显示和输出功率等部件。温度传感器的作用是把温度信号转换成电流或电压信号，K—℃变换器是将绝对温度 K 变换成摄氏温度℃。信号经放大和刻度定标（0.1/℃）后由三位半数字电压表直接显示温度值，并同时送入比较器与预先设定好的固定电压（对应控制温度点）进行比较，由比较器输出电平的高低变化来控制执行机构（如继电器）工作，实现温度的自动控制。

温度传感器可选用 AD590 单片集成的温度电流源传感器，在制造时按照 K 氏度标定，即在 0℃时，AD590 的电流为 273μA，温度每增加一度，电流随之增加 1μA。为此要解决的问题有以下几个方面：将 AD590 输出的电流信号转换为电压信号，为此应与 AD590 串接一电阻，比如串接一个 10kΩ 的电阻，则在 0℃时电阻上的压降为 2.73V，温度每增加 1℃，电阻上的压降就增加 10mV；为了使温度为 0℃，输出电压为 0V，应加入一偏移量，来抵消此时 AD590 的输出；另外，合理设计整个电路的增益，满足温度电压转换当量的要求。

9.11 数字频率计设计

设计并制作一种用于频率测量的数字频率计电路，频率计电路框图如图 9.1 所示。锁存器电路用于锁存计数器的终值，防止计数时显示混乱，可采用 8 位锁存器或寄存器，控制器可用 74LS194 构成能够自启动的循环状态。

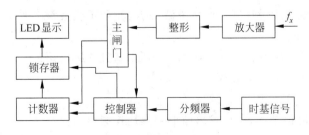

图 9.1 频率计电路框图

控制时序为：①计数器清零；②开主闸门；③开锁存器。主闸门是用来提供计数时间标准的，主闸门的开通时间为1s，则计数器计数的数值就是该信号的频率。

设计要求如下：

（1）测量范围为1Hz～100kHz，要有溢出指示；

（2）输入信号电压为0.5～5V；

（3）频率计的输入要求有波形整形和处理电路；

（4）脉冲周期测量范围100μs～1s；

（5）具有超量程声、光报警功能；

（6）频率计的显示为4位LED数码管。

9.12　商店迎宾机器人电路设计

设计要求如下：

（1）能判断顾客进门与出门，在有顾客进门时"欢迎光临"，出门时"谢谢光临"；

（2）能实时统计来访人数及当前店内人数，并用数码管显示出来；

（3）电路设计要求有抗干扰的措施；

（4）统计误差不超过一人；

（5）电路设计应用普通中小规模集成电路芯片。

机器人原理框图如图9.2所示。

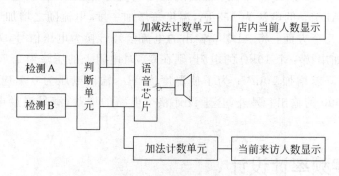

图9.2　机器人原理框图

9.13　波形发生器设计

用中小规模集成芯片设计制作产生方波、三角波和正弦波等多种波形信号输出的波形发生器，具体要求如下：

（1）输出波形工作频率范围为0.02Hz～20kHz，且连续可调；

（2）正弦波幅值±10V，失真度小于1.5%；

（3）方波幅值±10V，占空比可调；

（4）三角波峰-峰值20V，各种输出波形幅值均连续可调。

9.14 双工对讲机设计

用中小规模集成芯片设计并制作一对实现甲、乙双方异地有线通话的双工对讲机,具体要求如下:

(1) 用扬声器兼作话筒和喇叭,双向对讲,互不影响;

(2) 对讲距离 30～500m;

(3) 电源电压为 9V,输出功率小于 0.5W。

9.15 可编程字符显示器设计

可编程字符(图案)显示,是指显示的字符或图案可以通过编制程序的方法进行灵活转换。如列车次数与时刻表显示屏、商品广告宣传显示屏、舞台彩灯图案的显示等,都是将显示的内容预先编程,再由控制电路或者计算机使要显示的内容按照一定的规律显示出来。本课题要求用中小规模集成芯片设计并制作一个可编程字符显示器,原理框图如图 9.3 所示。设计要求如下:

(1) 显示 4 个以上字符(如"欢迎光临");

(2) 显示的字符清晰稳定。

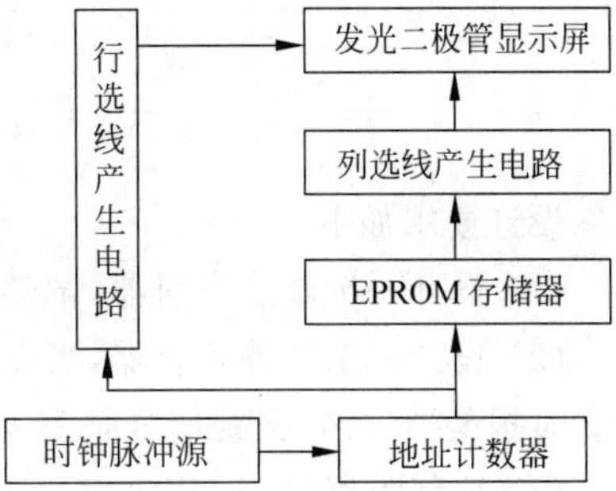

图 9.3 可编程字符显示器原理框图

9.16 功率放大器设计

本设计以 NE5532 为中心,对输入信号进行前端放大,再经过复合管进行功率放大,构成一个完整的乙类功放。主要模块为电源模块、功率放大器模块等。电源模块为功率放大器提供稳定的 15V 电压,信号输入功率放大器模块,经过前级 NE5532 的放大,再经过8050、8550 和 D882 组成的复合管的功率放大级,最后输出。

设计要求如下:

(1) 输入信号≤50mV;

(2) 输出功率可以达到 6W 以上;

(3) 信号频率带宽可以达到 40kHz～几百 kHz。

9.17 数控步进直流调压电源设计

设计一个可以输出不同电压的步进式直流稳压电源,设计要求如下:

(1) 可输出 16 种不同的步进式输出电压;

(2) 步进幅度值为 0.5V;

(3) 可以通过发光二极管来指示输出电压的大小;

(4) 电路具有复位功能,复位时可使输出电压达到最小值(0.5V)。

9.18 红外遥控报警器设计

设计一个红外遥控报警器,当有人要遮挡红外光时应发出报警信号,无人遮挡红外光时报警器不工作(不发声)。红外遥控器由两部分组成:红外发射电路和红外接收电路,各部分方框图如图9.4所示。

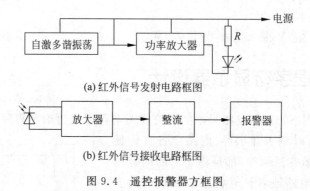

(a)红外信号发射电路框图

(b)红外信号接收电路框图

图 9.4 遥控报警器方框图

设计要求如下:

(1) 设计一个红外发射器,调整频率为 30kHz;

(2) 设计一个红外接收器,当无人遮挡红外光时报警器不发出报警信号,当有人遮挡红外光时报警器发声,报警信号频率为 800Hz;

(3) 控制距离在 2m 以上。

9.19 多级低频阻容耦合放大器设计

设计要求如下:

(1) 输入正弦信号电压:有效值 10mV,内阻 50Ω。

(2) 工作频率 30Hz～30kHz。

(3) 输出电压 $U_o \geqslant 1V$。

(4) 输出电阻 $R_o \leqslant 10\Omega$。

(5) 输入电阻 $R_i \geqslant 20k\Omega$。

(6) 工作稳定:温度变化时闭环增益相对变化率为开环相对变化率的1/10。

(7) 消除自激振荡。

9.20 集成直流稳压电源的设计

直流稳压电源的一般设计思路为:由输出电压 U_o、输出电流 I_o 确定稳压电路形式,通过计算极限参数(电压、电流和功耗)选择器件;由稳压电路所要求的直流输入电压(U_i)、直流输入电流(I_i)确定整流滤波电路形式,选择整流二极管及滤波电容并确定变压器的副边电压 U_i 的有效值、电流 I_i 的有效值及变压器功率。最后由电路的最大功耗工作条件确定稳压器、扩流功率管的散热措施。设计要求如下：

（1）同时输出±15V电压、输出电流为2A；

（2）输出纹波电压小于5mV，稳压系数小于$5×10^{-3}$，输出内阻小于0.1Ω；

（3）加输出保护电路，最大输出电流不超过2A。

9.21 语音放大电路

用集成运算放大器设计并制作一个由集成运算放大器组成的语音放大电路。该放大电路的原理框图如图9.5所示。

图9.5 语音放大电路原理框图

前置放大电路也是测量小信号放大电路。在测量用放大电路中，一般传感器送来的直流或低频信号，经放大后多用单端方式传输，在典型情况下，有用信号的最大幅度可能只有几个毫伏，而共模噪声可能高到几伏，故放大器输入漂移和噪声等因素对于总的精度非常重要，放大器本身的共模抑制特性也是同等重要的问题。因此，前置放大器应该是一个高输入阻抗、高共模抑制比、低零漂的小信号放大电路。

有源滤波电路可用有源器件（如集成运放）与RC网络组成一个二阶有源带通滤波电路。

功率放大电路的主要作用是向负载提供功率，其要求输出功率尽可能大，转换功率尽可能高，非线性失真尽可能小。功率放大电路的形式很多，有双电源供电的OCL功放电路、单电源供电的OTL功放电路、BTL桥式推挽功放电路和变压器耦合功放电路等。这些电路各有特点，可根据要求和具备的实验条件综合考虑，作出选择。

设计要求如下：

（1）前置放大器：输入信号$U_{id}\leqslant10mV$，输入阻抗$R_i\geqslant100k\Omega$，共模抑制比$K_{CMR}\geqslant$ 60dB；

（2）带通滤波器：带通频率范围为300Hz～3kHz；

（3）功率放大器：最大不失真输出功率$P_{om}\geqslant5W$，负载阻抗$R_L=4\Omega$，电源电压为+5V、+12V，输出功率连续可调，直流输出电压$\leqslant50mV$（输出短路时），静态电源电流$\leqslant100mA$（输出短路时）。

9.22 OCL功率放大器设计

采用全部或部分分立元件（末级必须用分立元件）设计一个OCL音频功率放大器，注意功率管的正确选择。设计要求如下：

（1）额定输出功率$P_o\geqslant1W$，负载阻抗$R_L=8\Omega$；

（2）失真度$\gamma\leqslant3\%$；

（3）3dB 带宽 60～30kHz；

（4）输入灵敏度不低于 150mV，可使用实验室直流电源。

9.23　数字逻辑信号测试器的设计

在数字电路测试、调试和检修时，经常要对电路中某点的逻辑电平进行测试，采用万用表或示波器等仪器仪表很不方便，而采用逻辑信号电平测试器可以通过声音来表示被测信号的逻辑状态，使用简单方便。图 9.6 是数字逻辑信号测试器的原理框图，主要由输入电路、逻辑状态识别电路和音响信号产生电路等组成。

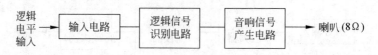

图 9.6　数字逻辑信号测试器原理框图

设计要求如下：

（1）基本功能：测试高电平、低电平或高阻；

（2）测量范围：低电平<0.8V，高电平>3.5V；

（3）高低电平分别用 1kHz 和 800Hz 的音响表示，被测信号在 0.8～3.5V 之间不发出声响。

（4）工作电源为 5V，输入电阻大于 20kΩ。

9.24　电冰箱保护器的设计

电冰箱保护器由电源电路及采样电路、过压欠压比较电路、延迟电路、检测及控制电路等几部构成，其原理框图如图 9.7 所示。

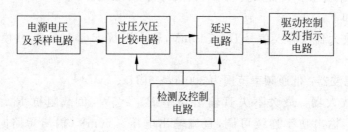

图 9.7　电冰箱保护器原理框图

设计要求如下：

（1）电压在 180～250V 范围内正常供电，绿灯指示，正常范围可根据需要进行调节；

（2）过压、欠压保护：当电压低于设计允许最低电压或高于设定允许最高电压时，自动切断电源，且红灯指示；

（3）上电、过压、欠压保护或瞬时断电时，延迟 3～5min 才允许接通电源；

（4）负载功率>200W。

9.25　音频前置放大器设计

利用合适的集成运算放大器,设计一个音频放大器,可以将话筒语音和录音机音乐进行混合,并放大到要求的幅度。原理框图如图9.8所示。

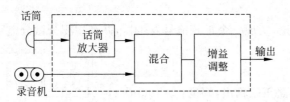

图9.8　音频放大器原理框图

设计要求如下:

(1) 话筒输出:$\leqslant 10\mathrm{mV}, 20\mathrm{k\Omega}$;

(2) 录音机输出:$\leqslant 100\mathrm{mV}, 50\Omega$;

(3) 带宽:$100\mathrm{Hz} \sim 15\mathrm{kHz}$;

(4) 相对于话筒放大器增益:$\geqslant 30\mathrm{dB}$,负载电阻$20\mathrm{k\Omega}$;

(5) 放大器没有明显的非线性失真。

此外,还可以根据自己的能力,进行自由发挥。提高指标,扩展功能,如增加自动增益控制电路等。

9.26　音调控制器设计

音调与信号的频率有关。选用合适的集成运算放大器,设计一个音调控制器,可以将低音、中音和高音进行增益控制。功能结构框图如图9.9所示。

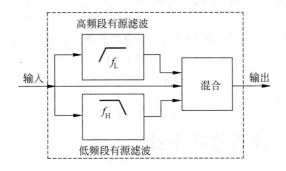

图9.9　音调控制器原理框图

设计要求如下:

(1) 输入:$\leqslant 100\mathrm{mV}, 50\Omega$;

(2) 带宽:$20\mathrm{Hz} \sim 15\mathrm{kHz}$;

(3) $f = 1\mathrm{kHz}$ 时保持 $0\mathrm{dB}$;

（4）$f \leqslant 100\,\text{Hz}$ 或者 $f \geqslant 10\,\text{kHz}$ 时，$0 \sim 12\,\text{dB}$ 可调。

此外，还可以根据自己的能力，进行自由发挥。提高指标，扩展功能，如增加音调控制的频段等。

9.27　移相信号发生器设计

利用正弦振荡理论，实现一个正弦信号发生器，并利用积分微分电路进行移相。原理如图9.10所示。

设计要求如下：

（1）输出 A、B 两路正弦输出，幅度：$\geqslant 100\,\text{mV}$；

（2）频率：$1\,\text{kHz}$；

（3）相对于 A 路，B 路的相位：$-45° \sim +45°$ 可调；

（4）频率稳定度：$\leqslant 10^{-4}(1000\,\text{ppm})$；

（5）没有明显的非线性失真。

此外，可扩展功能，如幅度可调、频率可调等。

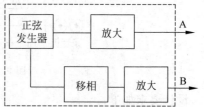

图9.10　移相信号发生器原理框图

9.28　延时路灯设计

用光控电路、声控电路以及一个运放器来实现发光二极管的延时功能。设计要求如下：

（1）在白天，不管有没有声音，发光二极管始终不发光；

（2）在晚上，只要有声响，发光二极管就发光，且延时一段时间后自动熄灭；

（3）时间要求 $1 \sim 60\,\text{s}$ 可调。

9.29　信号周期测量电路设计

设计并制作一种用于周期测量的数字电路，设计技术指标如下：

（1）周期测量范围：$1\,\mu\text{s} \sim 999\,\text{ms}$；显示位数：3 位；

（2）输入信号电压幅度：$300\,\text{mV} \sim 3\,\text{V}$；输入信号波形：任意周期信号；

（3）电源：$220\,\text{V}/50\,\text{Hz}$。

9.30　简易电话计时器的设计

设计要求如下：

（1）每 3 分钟通话计时一次；

（2）数码管显示通话次数，最大 99 次；

（3）详细说明设计方案，并计算元件参数；

（4）当电路发生走时误差时，有手动复位功能；

（5）每 3 分钟通话，声音提醒。

9.31　三位数字显示计时定时器设计

设计要求如下：

（1）计时功能，能任意启停，保持计时结果；

（2）开机自动复位；

（3）最大计时显示为 9 分 59 秒；

（4）定时报警。

9.32　洗衣机定时正反转控制器设计

设计要求及指标如下：

（1）完成洗涤电机实现正转→停止→反转→停止→正转→…的工作循环。

（2）用倒计时的方法，数字显示当前状态的剩余时间。

（3）控制洗涤强度。例如：设洗涤强度分强、弱两挡。

强挡：正转（10s）→ 停（3s）→ 反转（10s）→ 停（3s）→正转（10s）；

弱挡：正转（7s）→ 停（3s）→ 反转（5s）→ 停（3s）→正转（7s）。

（4）可设置总的洗涤时间，总的洗涤时间结束时，有声光报警提示。

9.33　拔河游戏玩具设计

设计要求如下：

（1）设计一个裁判按键，供裁判宣布新一轮游戏开始。裁判按键后，两个竞赛按键才有效，同时将中间的发光二极管点亮（绳子中心居中）。安排 15 个发光二极管模拟绳子。

（2）设计两个竞赛按键供二人游戏使用，每按动一次，产生一个脉冲，使计数器加 1 或减 1，计数器经过译码后，绳子中心相应地移动一次。此处注意：如一方在按键或松开按键时，要保证另一方能正常工作。

（3）当绳子中心（点亮的发光二极管）移到任一端，结束游戏。同时，要锁住计数脉冲，竞赛按键无效，并产生一计分脉冲。

（4）安排两个计分计数器及译码显示电路，实现计分，记录双方获胜的次数。

9.34　停车场车位管理系统

设计要求如下：

（1）设计一个强制清空键。清空后，显示停车场最大泊车位数（如 80 个）。设两个手动调整键（个位，十位），方便调整现场实际空余泊车位数，此键应去抖动。两位 LED 显示。

（2）设计一个方向识别电路供加/减计数器使用，进车后空余的泊车位数目减 1，出车后空余的泊车位数目加 1。

（3）当无空位时应将无空位告警提示灯点亮，此时若有车强行进入，无空位状态要保持不变，若有出车自动解除无空位状态。

（4）设计两个红外线光发射/接收传感器电路供方向识别电路使用，传感器的输出信号需整形处理。

9.35　触摸玩具控制器

设计一个玩具小狗控制电路，控制玩具小狗发声、发光、行走。设计要求如下：

（1）动作状态的循环为：静止—闪烁发光—发声—行走—静止。

（2）任一动作的执行时间限制在 10s 之内，若 10s 内无下一次触摸，则自动进入静止状态。为此需要设计一个由触摸启动的时间控制电路，当定时时间到时对状态锁存电路进行复位，使之进入静止状态。

（3）设计适当的声光控制电路和驱动电路。

9.36　方便预置的倒计时数显定时器

设计要求及指标如下：

（1）设置开始键。按动开始键倒计时开始，定时结束后声响提示。

（2）设置预置键。定时时间可以在 60s 范围任意预置，预置后的定时可重复使用。

（3）数字式显示剩余时间。

（4）定时时间到则自动进入预置状态，倒计时时预置键无效。

9.37　医院病人紧急呼叫系统

设计要求及指标如下：

（1）一个病床有一个供病人呼叫的按键（至少 4 个病床）。呼叫后状态存在一组锁存器内。设计优先编码电路对锁存器内状态编码，根据病人病情设置优先级别，病情严重者优先。

（2）当病人紧急呼叫时，产生声、光提示，并按优先级别显示病人编号。

（3）设计呼叫清除电路（一个按键），当医生处理完当前（最高优先级）显示的病号后，可将该呼叫清除，系统能自动显示优先级病床呼叫信号。

（4）双音频声音。

9.38　车用电子计程表

设计要求及指标如下：

（1）最大行车里程 99.9km。LED 显示，单位为 km，具有 100m 分辨率。

（2）通过开关可设置为多种型号，以适用于多种型号的自行车、摩托车（至少 2 个）。

（3）要求节能、低功耗。

9.39 数字密码锁

设计要求及指标如下：

（1）设置3个正确的密码键，实现按密码顺序输入的电路。密码键只有按顺序输入后才能输出密码正确信号。

（2）设置若干个伪键，任何伪键按下后，密码锁都无法打开。

（3）每次只能接收4个按键信号，且第4个键只能是"确认"键，其他无效。

（4）能显示已输入键的个数（如显示"＊"号）。

（5）第一次密码输错后，可以输入第二次。但若连续三次输入错码，密码锁将被锁住，必须由系统操作员解除（复位）。

9.40 基于单片机的定时报警器

设计一个单片机控制的简易定时报警器。要求根据设定的初始值（1～59s）进行倒计时，当计时到0时数码管闪烁"00"（以1Hz闪烁），按键功能如下：

（1）设定键：在倒计时模式时，按下此键后停止倒计时，进入设置状态；如果已经处于设置状态则此键无效。

（2）增一键：在设置状态时，每按一次递增键，初始值的数字增1。

（3）递一键：在设置状态时，每按一次递减键，初始值的数字减1。

（4）确认键：在设置状态时，按下此键后，单片机按照新的初始值进行倒计时及显示倒计时的数字。如果已经处于计时状态则此键无效。

9.41 基于单片机的频率可调的方波信号发生器

用单片机产生频率可调的方波信号。技术指标如下：

输出方波的频率范围为1～200Hz，频率误差比小于0.5%。要求用"增加"、"减小"两个按钮改变方波给定频率，按钮每按下一次，给定频率改变的步进步长为1Hz，当按钮持续按下的时间超过2s后，给定频率以10次/s的速度连续增加（减少），输出方波的频率要求在数码管上显示。用输出方波控制一个发光二极管的显示，用示波器观察方波波形。开机默认输出频率为5Hz。

9.42 基于单片机的交通灯控制系统设计

本设计系统以单片机为控制核心，连接成最小系统，由车流量检测模块、违规检测模块和按键设置模块等产生输入，信号灯状态模块、LED倒计时模块和蜂鸣器状态模块接收输出。设计思路如下：

（1）分析目前交通路口的基本控制技术以及各种通行方案，并以此为基础提出自己的交通控制的初步方案。

（2）确定系统交通控制的总体设计，包括十字路口具体的通行禁行方案设计以及系统应拥有的各项功能。除了有信号灯状态控制能实现基本的交通功能外，还可以增加倒计时显示提示。基于实际情况，对车流量检测及自调整模拟功能、违规检测及处理、紧急状况处理和键盘可设置等功能提高部分要求。

（3）进行硬件显示电路的设计和对各器件的选择及连接。

（4）在软件方面，运用单片机汇编语言，接受按键的输入设置，并控制信号灯的基本变化，同时实时处理各检查装置输入的数据，产生对信号灯的变化控制信号以实现交通灯的模拟设计。

9.43　基于单片机的音乐播放器的设计

本设计以单片机作为硬件核心控制部件，结合负脉冲电路和 LM386 功率放大器、数码管，构成典型的显示电路，同时增加一些其他外围辅助设备组成完整的音乐播放系统。

音乐演奏控制器是通过控制单片机内部的定时器来产生不同频率的方波，驱动喇叭发出不同音节的声音，再利用延迟来控制发音时间的长短，即控制音调中的节拍。同时设置按钮使所设计的程序能在 5 首歌曲之间进行选曲，设计显示器使其显示歌曲序号。

具体的设计应该满足以下功能。

1．硬件方面

（1）可以通过按键进行曲目的选择。

（2）可以通过按键进行曲目的播放和停止。

（3）CPU 可以控制声音的音节和长短。

（4）记录需要大量非易失性数据存储器实时快速地记录音频数据信息，因此需要具有断电保护功能的大容量存储器。

（5）可以通过显示器知道曲目的序号。

2．软件方面

（1）系统中外扩的器件的初始化工作均在主程序中完成，其次要设计如何调用显示子程序以及乐曲播放程序。

（2）在实际的控制过程中，常要求有实时时钟，以实现定时或延时控制，所以需要此类中断服务程序。

（3）由于按键为机械开关结构，基于机械触点的弹性及电压突跳等原因，往往在触点闭合或断开的瞬间会出现电压抖动。为保证键识别的准确，在电压信号抖动的情况下不能进行状态的输入。为此需要进行去抖动处理的中断服务程序（当然该问题也可以通过硬件方案解决）。

9.44 流水灯控制系统设计

试设计一个闪烁流水灯控制器,该控制器可以控制 8 个灯顺序亮灭,当按钮 K 按下一次后,每次顺序点亮一个灯。而且每个点亮的灯在闪烁 3 次后,才能灭,周而复始,直到按钮 K 二次按下。

设计思路见原理框图 9.11。图中 K 表示按钮,信号 D1~D8 是控制电灯的信号。

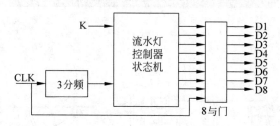

图 9.11 流水灯控制系统原理框图

附录A

课程设计报告模板

上海工程技术大学

课程设计报告

课程设计名称：_____

专 业 班 级：_____

学 生 姓 名：_____

学　　　号：_____

同 组 人 员：_____

指 导 教 师：_____

课程设计时间：_____

目　录

题目(三号、黑体)

1 设计任务、要求以及文献综述

××××××××××(小4号宋体,1.5倍行距)××××××××××

在该部分中叙述:设计题目的重要性及意义;对题目中要求的功能进行的简单的叙述分析。包括所制作的电子装置在国内外的应用与发展。

2 原理叙述和设计方案

××××××××××(小4号宋体,1.5倍行距)××××××××××

注意,文章中使用到的图、表必须有名字、有标号。正文中表格与插图的字体一律用5号宋体。

该部分包括:

2.1 设计方案选择和论证

利用所学的理论知识,并查阅相关资料,提出尽可能多的设计方案来进行比较。

2.2 电路的功能框图及其说明

根据原理正确、易于实现、且实验室有条件实现的原则确定设计方案,画出总体设计功能框图,并加以说明。

2.3 功能块及单元电路的设计、计算

根据功能设计和技术指标要求,确定每个功能块应选择的单元电路,并注意功能块之间耦合方式的合理选择。

对各功能块选择的单元电路分别进行设计,计算出满足功能及技术指标要求的电路,包括元器件选择和电路静态、动态参数的计算等,并要求对单元电路之间的适配进行设计与核算,主要是考虑阻抗匹配,以便提高输出功率、效率以及信噪比等。

2.4 总体电路原理图

3 电路的仿真与调试

××××××××××(小4号宋体,1.5倍行距)××××××××××

该部分包括:

3.1 电路仿真

利用电子线路仿真软件 PSPICE、Multisim(EWB 的升级版)、Protues 等,将所设计的电路原理图在系统界面下创建并用其仪器库中的模拟仪表进行仿真测试。若发现问题,立即修改参数,重新调试直至得到满意的设计结果。

3.2 调试中出现的问题及解决方法

说明调试方法与所用的仪器,调试中出现的问题或故障分析及解决措施。

3.3 测试数据的记录与分析

4 制作与调试(评分重点)

××××××××××(小4号宋体,1.5倍行距)××××××××××

包括:

4.1 PCB 版图和元件清单、实物照片

4.2 调试方法和过程、测试结果波形图

4.3 制作与调试过程中遇到的问题及解决办法

5 心得体会

包括收获、体会及改进想法等。（评分重点）

6 参考文献

在"课程设计报告"的最后应附上所参考的相关文献。

参考文献格式如下：（[1]书籍举例,[2]文章举例）

［1］边肇祺.模式识别[M].2 版.北京：清华大学出版社,1988.

［2］李永忠.几种小波变换的图像处理技术[J].西北民族学院学报（自然科学版），2001,6,22(3)：15-18.

参 考 文 献

[1] 朱金刚. 电子技术实验教程[M]. 杭州：浙江工商大学出版社, 2011.

[2] 康华光. 电子技术基础数字部分[M]. 5 版. 北京：高等教育出版社, 2005.

[3] 廖先芸, 郝军. 电子技术实践教程[M]. 北京：石油工业出版社, 1998.

[4] 朱定华, 蔡苗, 黄松. 电子技术工艺技术[M]. 北京：清华大学出版社, 2007.

[5] 蒋黎红, 黄培根. 电子技术基础实验 & Multisim 10 仿真[M]. 北京：电子工业出版社, 2010.

[6] 毕满清. 电子技术实验与课程设计[M]. 3 版. 北京：机械工业出版社, 2005.

[7] 童诗白, 华成英. 模拟电子技术基础[M]. 北京：高等教育出版社, 2001.

[8] 郑步生, 吴渭. Multisim 2001 电路设计及仿真入门与应用[M]. 北京：电子工业出版社, 2002.

[9] 蒋黎红. 模电数电基础实验及 Multisim 7 仿真[M]. 杭州：浙江大学出版社, 2007.

[10] 赵淑芬, 董鹏中. 电子技术实验与课程设计[M]. 北京：清华大学出版社, 2010.

[11] 秦曾煌, 姜三勇. 电工学[M]. 7 版. 北京：机械工业出版社, 2009.

[12] 赵淑范, 董鹏中. 电子技术实验与课程设计[M]. 北京：清华大学出版社, 2010.

[13] 卓郑安. 电路与电子技术实验教程[M]. 上海：上海科学技术出版社, 2009.

[14] 杨志忠. 电子技术课程设计[M]. 北京：机械工业出版社, 2008.

[15] 聂典. Multisim 9 计算机仿真在电子电路设计中的应用[M]. 北京：电子工业出版社, 2007.

[16] 孙津平. 数字电子技术[M]. 西安：西安电子科技大学出版社, 2002.

[17] 吴培明. 电子技术虚拟实验[M]. 北京：机械工业出版社, 1995.

[18] 周凯, 郝文化. EWB 虚拟电子实验室——Multisim 7 & Ultiboard 7 电子电路设计与应用[M]. 北京：电子工业出版社, 2006.

[19] 陈有卿. 555 时基电路原理：设计与应用[M]. 北京：电子工业出版社, 2007.

[20] 张莉萍, 李洪芹. 电路电子技术及其应用[M]. 北京：清华大学出版社, 2010.

[21] 阎石. 数字电子技术基础[M]. 北京：高等教育出版社, 1997.

[22] Alexander Charles K, Sadiku Matthew N O. 电路基础[M]. 北京：清华大学出版社, 2006.

[23] 王连英. 基于 Multisim 10 的电子仿真实验与设计[M]. 北京：北京邮电大学出版社, 2009.

[24] 陈光明, 施金鸿, 桂金莲. 电子技术课程设计与综合实训[M]. 北京：北京航空航天大学出版社, 2007.

[25] 朱清慧, 张凤蕊, 翟天嵩, 等. Proteus 教程——电子线路设计、制版与仿真[M]. 北京：清华大学出版社, 2008.

[26] 边海龙, 孙永奎. 单片机开发与典型工程项目实例详解[M]. 北京：电子工业出版社, 2008.

[27] 王为青, 邱文勋. 51 单片机开发案例精选[M]. 北京：人民邮电出版社, 2001.

[28] 张鑫, 华臻, 陈书谦. 单片机原理及应用[M]. 北京：电子工业出版社, 2008.

[29] 黄智伟. 凌阳单片机课程设计指导[M]. 北京：北京航空航天大学出版社, 2007.

[30] 蒋辉平, 周国雄. 基于 Proteus 的单片机系统设计与仿真实例[M]. 北京：机械工业出版社, 2009.